创新型高等职业教育精品教材

互联网+教育改革新理念教材

公差配合与技术测量

主编 董小英 朱晓刚 谢 莉

航空工业出版社

北京

内 容 提 要

本书根据教育部最新的职业教育改革实施方案，由职业院校骨干教师联合企业技术人员共同编写而成。本书共分9个项目，主要内容包括：极限与配合、测量技术基础、几何公差及其检测、表面粗糙度与检测、螺纹的公差配合与检测、滚动轴承的公差与配合、圆锥的公差配合与检测、键和花键的公差配合与检测、圆柱齿轮的公差配合与检测。

本书可作为高等职业院校机械类、机电类专业的教材，也可供其他相关工程技术人员自学参考。

图书在版编目（CIP）数据

公差配合与技术测量 / 董小英，朱晓刚，谢莉主编. -- 北京：航空工业出版社，2020.8（2023.12重印）
ISBN 978-7-5165-2324-7

Ⅰ．①公… Ⅱ．①董… ②朱… ③谢… Ⅲ．①公差－配合－高等职业教育－教材②技术测量－高等职业教育－教材 Ⅳ．①TG801

中国版本图书馆CIP数据核字(2020)第148553号

公差配合与技术测量
Gongcha Peihe yu Jishu Celiang

航空工业出版社出版发行
（北京市朝阳区京顺路5号曙光大厦C座四层　100028）
发行部电话：010-85672663　　010-85672683

北京市科星印刷有限责任公司印刷	全国各地新华书店经销
2020年8月第1版	2023年12月第6次印刷
开本：787×1092　　1/16	字数：410千字
印张：17.75	定价：49.80元

前言 PREFACE

公差配合与技术测量课程作为高职机械类、机电类专业的一门专业基础课程，不仅具有联系设计类课程与制造工艺类课程的纽带作用，还具有从基础课程向专业课程过渡的桥梁作用。为了让学生更加轻松地学习这门课程，获得专业技术人员必须掌握的公差配合与技术测量方面的基本知识和基本操作技能，编者在充分考虑教师和学生实际需求的基础上，精心编写了本书。

具体来说，本书具有以下几个特点。

1. 素质教育，立德树人

党的二十大报告指出："育人的根本在于立德。"本书有机融入党的二十大精神，为落实立德树人根本任务，本书融入了丰富的素质元素。例如，在每个任务中设置了"拓展阅读"模块，让学生在学习专业知识的同时了解国家制造业的发展态势，感受一线先进人物爱岗敬业、精益求精、艰苦奋斗、勇于创新、淡泊名利、甘于奉献的时代精神，以点亮学生成长道路上的精神之灯，使其不断提升人格修养。

2. 校企合作，工学结合

在编写本书的过程中，编者充分考虑了相关岗位的实际需求，并走访了多位行业专家和一线工作人员，以企业工作岗位所需的知识和技能为出发点，将理论和方法与岗位需求有机融合，力求让学生学以致用。

3. 全新理念，全新形态

本书采用全新理念、全新形态的项目任务式体例编写，每个项目中设有多个任务，每个任务按照"任务引入"→"相关知识"→"任务实施"的结构安排内容，充分体现"做中学、学中做"的理念。

- ❀ **任务引入**：通过与本任务相关的生产案例、有趣故事、热点新闻等引出问题，让学生带着问题去学习，以激发学生的学习兴趣。
- ❀ **相关知识**：以"理论够用、实用为主"为原则，在保证基础理论知识够用的前提下，侧重介绍生产实际中与任务有关的应用方法。
- ❀ **任务实施**：根据工作岗位所需的知识和技能灵活设置，如"练习使用游标卡尺和千分尺测量零件尺寸""检验孔、轴尺寸的合格性""确定几何误差的检测方案"等，帮助学生在实践中应用并巩固所学知识。

4. 标准最新，紧跟时代

为了适应时代发展，本书中的术语、概念、技术参数及相关图样标注等均采用了最新国家标准，使本书更加科学规范。

5. 图片精美，模块丰富

本书在正文中设置了大量实物照片和结构图片，实物照片精美清晰，结构图片双色勾画突出重点，为学生营造出一个直观的认知环境。同时，书中设有"知识链接""经验传承""课上练习""点拨""头脑风暴"等小模块，可以增强学生的学习兴趣，巩固课堂学习成果，增进师生之间的课堂交流。

6. 数字资源，平台辅助

本书配备了丰富的数字资源（如微课、课件、答案等），为广大师生提供了一站式教学资源。读者可以登录文旌综合教育平台"文旌课堂"（www.wenjingketang.com）体验平台式教学及下载相关教学资源包。

此外，本书还提供了在线题库，支持"教学作业，一键发布"，教师只需通过微信或"文旌课堂"App 扫描扉页二维码，即可迅速选题、一键发布、智能批改，并查看学生的作业分析报告，提高教学效率、提升教学体验。学生可在线完成作业，巩固所学知识，提高学习效率。

由于编者经历和水平有限，书中难免存在疏漏和不当之处，敬请读者批评指正。本书在编写过程中，参考了大量公差配合与技术测量的相关文献资料，在此向这些文献资料的作者表示衷心的感谢。

本书编委会

主　编　董小英　朱晓刚　谢　莉

副主编　宋炎荣　文照辉　宁　寒
　　　　　张克昌　周云典　麻东升
　　　　　彭礼辉　裴圣华

参　编　蒋　帅　杨　文　石金艳
　　　　　范　强　何湘桂　沈　沁
　　　　　张小曼　刘丽瑶

目 录 CONTENTS

绪论 ……………………………………… 1
 一、互换性概述 ………………………… 1
 二、公差与检测 ………………………… 2
 三、标准化 ……………………………… 2
 四、优先数和优先数系 ………………… 4
思考与练习 ………………………………… 6

项目一 极限与配合 ……………………… 8
任务一 极限与配合的基本术语
    及定义 ……………………… 9
 任务引入 ………………………………… 9
 相关知识 ………………………………… 9
  一、尺寸要素 …………………………… 9
  二、孔和轴 ……………………………… 9
  三、尺寸 ………………………………… 10
  四、偏差与公差 ………………………… 11
  五、配合 ………………………………… 13
 任务实施 ………………………………… 18
 拓展阅读——工匠精神：匠心筑梦，
      匠艺强国 ………………… 19
任务二 极限与配合国家标准的
    基本规定 …………………… 19
 任务引入 ………………………………… 19
 相关知识 ………………………………… 20
  一、标准公差系列 ……………………… 20
  二、基本偏差系列 ……………………… 22
  三、公差带及配合的表示
    与标注 ………………………… 24
  四、配合制 ……………………………… 26
  五、常用和优先选用的公差带
    与配合 ………………………… 27
  六、一般公差 …………………………… 29
  七、标准参考温度 ……………………… 30
 任务实施 ………………………………… 31
 拓展阅读——工匠精神的倡导让一线工人
      更有"奔头" ……………… 32
任务三 极限与配合的选择 ……………… 32
 任务引入 ………………………………… 32
 相关知识 ………………………………… 33
  一、配合制的选择 ……………………… 33
  二、公差等级的选择 …………………… 35
  三、配合的选择 ………………………… 37
 任务实施 ………………………………… 43
 拓展阅读——在尽头处超越，
      在平凡中非凡 …………… 43
思考与练习 ………………………………… 44

项目二 测量技术基础 ………………… 47
任务一 测量技术概述 …………………… 48
 任务引入 ………………………………… 48
 相关知识 ………………………………… 48
  一、测量概述 …………………………… 48
  二、长度量值传递系统 ………………… 49
  三、量块 ………………………………… 50
  四、计量器具的分类
    和基本度量指标 ……………… 52
  五、测量方法的分类 …………………… 53
 任务实施 ………………………………… 55
 拓展阅读——锻造中国制造、中国创造的
      技能人才力量 …………… 56

任务二　常用计量器具 …… 56
任务引入 …… 56
相关知识 …… 57
- 一、游标量具 …… 57
- 二、螺旋测微量具 …… 59
- 三、机械式量仪 …… 60
- 四、三坐标测量机 …… 63
任务实施 …… 64
拓展阅读——工匠精神：谱写敬业报国的时代乐章 …… 65

任务三　测量误差及数据处理 …… 66
任务引入 …… 66
相关知识 …… 66
- 一、测量误差的概念 …… 66
- 二、测量误差的来源 …… 67
- 三、测量误差的分类 …… 67
- 四、测量精度 …… 69
- 五、测量结果的数据处理 …… 70
任务实施 …… 74
拓展阅读——毫厘之间　精心雕琢 …… 74

任务四　光滑工件尺寸的检验及光滑极限量规 …… 76
任务引入 …… 76
相关知识 …… 76
- 一、光滑工件尺寸的检验 …… 76
- 二、光滑极限量规 …… 80
任务实施 …… 81
拓展阅读——坚定信念，精益求精，不断超越自我 …… 81

思考与练习 …… 82

项目三　几何公差及其检测 …… 84
任务一　几何公差概述 …… 85
任务引入 …… 85
相关知识 …… 85
- 一、几何公差基础知识 …… 85
- 二、几何公差的标注 …… 89
- 三、几何公差的几何特征 …… 93
- 四、公差原则 …… 105
任务实施 …… 112
拓展阅读——跨过浩瀚宇宙，书写不平凡的成就 …… 112

任务二　几何公差的选择 …… 113
任务引入 …… 113
相关知识 …… 114
- 一、几何公差项目的选择 …… 114
- 二、公差原则的选择 …… 115
- 三、几何公差值的选择 …… 115
- 四、几何公差未注公差值的有关规定 …… 119
任务实施 …… 121
拓展阅读——"蛟龙号"上的"两丝"钳工 …… 122

任务三　几何误差的检测 …… 122
任务引入 …… 122
相关知识 …… 123
- 一、几何误差的检测原则 …… 123
- 二、几何误差的检测方法 …… 124
任务实施 …… 130
拓展阅读——小小铆钉诠释工匠精神 …… 130

思考与练习 …… 131

项目四　表面粗糙度与检测 …… 135
任务一　表面粗糙度的基本知识 …… 136
任务引入 …… 136
相关知识 …… 136
- 一、概述 …… 136
- 二、基本术语及定义 …… 137
- 三、表面粗糙度的评定参数及其数值 …… 139
任务实施 …… 142
拓展阅读——练就"金手指"，铸就大工匠 …… 143

任务二　表面粗糙度的标注 …… 144
任务引入 …… 144

相关知识…………………… 144
 一、表面结构的符号…………… 145
 二、表面结构的代号…………… 145
 三、表面结构在图样和其他技术
  产品文件中的注法………… 147
任务实施………………………… 149
拓展阅读——"高铁首席研磨师"
  宁允展…………………… 149

任务三　表面粗糙度的选择
  及检测………………… 150
任务引入………………………… 150
相关知识………………………… 151
 一、表面粗糙度评定参数的
  选择………………………… 151
 二、表面粗糙度评定参数值的
  选择………………………… 151
 三、表面粗糙度的检测………… 154
任务实施………………………… 154
拓展阅读——用自己的"匠心之尺"，
  让工件精度无限逼近
  零误差…………………… 155
思考与练习……………………… 155

项目五　螺纹的公差配合与检测…… 158

任务一　螺纹概述……………… 159
任务引入………………………… 159
相关知识………………………… 159
 一、螺纹的分类………………… 159
 二、普通螺纹的基本牙型
  及主要几何参数………… 159
 三、普通螺纹几何参数误差
  对互换性的影响………… 162
 四、螺纹中径合格性
  判断原则………………… 164
任务实施………………………… 165
拓展阅读——为高铁拧上
  "中国螺栓"…………… 165

任务二　普通螺纹的公差与配合…… 166
任务引入………………………… 166
相关知识………………………… 166
 一、普通螺纹的公差带………… 167
 二、普通螺纹旋合长度
  和公差精度……………… 169
 三、普通螺纹公差带与配合的
  选择……………………… 170
 四、普通螺纹的表面粗糙度…… 171
 五、普通螺纹标记……………… 171
任务实施………………………… 172
拓展阅读——大国重器生产线上的
  一枚"极致"螺丝钉…… 173

任务三　普通螺纹的检测……… 174
任务引入………………………… 174
相关知识………………………… 174
 一、综合检验…………………… 174
 二、单项测量…………………… 175
任务实施………………………… 176
拓展阅读——奋斗的青春最美丽… 177
思考与练习……………………… 178

项目六　滚动轴承的公差与配合…… 180

任务一　滚动轴承的公差
  及公差带……………… 181
任务引入………………………… 181
相关知识………………………… 181
 一、概述………………………… 181
 二、滚动轴承的公差等级
  及其应用………………… 182
 三、滚动轴承的公差带………… 182
 四、轴和外壳孔的公差带……… 183
任务实施………………………… 185
拓展阅读——高端轴承撑起
  中国制造………………… 185

任务二　滚动轴承的配合
  及选择………………… 186
任务引入………………………… 186

相关知识 …………………………… 186
    一、滚动轴承配合的选择原则 …… 186
    二、滚动轴承配合的选择方法 …… 188
    三、配合表面的其他技术要求 …… 190
任务实施 …………………………… 191
拓展阅读——小轴承带动乡村振兴 … 191
思考与练习 ………………………… 192

项目七 圆锥的公差配合与检测 … 195

任务一 圆锥概述 ……………… 196
  任务引入 …………………………… 196
  相关知识 …………………………… 196
    一、圆锥配合的特点 ……………… 196
    二、圆锥配合的常用术语 ………… 197
    三、圆锥配合的主要参数 ………… 197
    四、圆锥的锥度与锥角系列 ……… 198
  任务实施 …………………………… 200
  拓展阅读——"一孔"之中成就
         "正直"人生 ……… 200

任务二 圆锥的公差与配合 …… 201
  任务引入 …………………………… 201
  相关知识 …………………………… 201
    一、圆锥公差 ……………………… 201
    二、圆锥配合 ……………………… 206
  任务实施 …………………………… 207
  拓展阅读——不断努力，克服困难，才能
         成就更好的自己！ …… 208

任务三 圆锥尺寸及公差标注 … 209
  任务引入 …………………………… 209
  相关知识 …………………………… 209
    一、圆锥尺寸标注 ………………… 209
    二、圆锥的公差标注 ……………… 210
    三、相配合圆锥的公差标注 ……… 211
  任务实施 …………………………… 212
  拓展阅读——"工人院士"李万君 … 213

任务四 圆锥的检测 …………… 213
  任务引入 …………………………… 213
  相关知识 …………………………… 213
    一、比较测量法 …………………… 214

    二、直接测量法 …………………… 214
    三、间接测量法 …………………… 215
  任务实施 …………………………… 216
  拓展阅读——数控系统调控工程师的
         工匠精神 …………… 217
思考与练习 ………………………… 218

项目八 键和花键的公差配合
　　　　与检测 ………………… 220

任务一 键的公差配合与检测 … 221
  任务引入 …………………………… 221
  相关知识 …………………………… 221
    一、键的公差与配合 ……………… 222
    二、平键的检测 …………………… 224
  任务实施 …………………………… 225
  拓展阅读——如切如磋，如琢如磨 … 225

任务二 花键的公差配合
       与检测 ………………… 226
  任务引入 …………………………… 226
  相关知识 …………………………… 226
    一、矩形花键的主要尺寸
       及定心方式 …………………… 226
    二、矩形花键的公差与配合 ……… 228
    三、矩形花键的几何公差
       和表面粗糙度 ………………… 229
    四、矩形花键的标记 ……………… 230
    五、矩形花键的检测 ……………… 230
  任务实施 …………………………… 231
  拓展阅读——高倍显微镜下
         手工精磨刀具 ………… 231
思考与练习 ………………………… 232

项目九 圆柱齿轮的公差配合
　　　　与检测 ………………… 235

任务一 圆柱齿轮精度的评定指标
       及检测 ………………… 236
  任务引入 …………………………… 236
  相关知识 …………………………… 236
    一、齿轮传动的使用要求 ………… 236

目 录

  二、传动准确性的评定指标
   与检测 ·················· 237
  三、传动平稳性的评定指标
   与检测 ·················· 241
  四、载荷分布均匀性的评定指标
   与检测 ·················· 244
  五、传动侧隙合理性的评定指标
   与检测 ·················· 245
 任务实施 ····················· 247
 拓展阅读——王立鼎的齿轮人生 ······ 247
任务二 齿轮副精度的评定指标 ···· 248
 任务引入 ····················· 248
 相关知识 ····················· 248
  一、齿轮副的切向
   综合总偏差 F'_{ic} ············ 248
  二、齿轮副的一齿切向
   综合偏差 f'_{ic} ············· 248
  三、齿轮副的接触斑点 ········· 249
  四、齿轮副的侧隙 ············ 249
  五、齿轮副中心距偏差 f_a
   和齿轮副轴线平行度
   偏差 $f_{\Sigma\delta}$、$f_{\Sigma\beta}$ ··········· 250

 任务实施 ····················· 250
 拓展阅读——齿轮"转动"
   中国高铁 ················· 251
任务三 圆柱齿轮精度标准 ········ 251
 任务引入 ····················· 251
 相关知识 ····················· 252
  一、精度等级及其选择、
   标注 ··················· 252
  二、检验项目的选择 ·········· 258
  三、齿轮副侧隙、齿厚偏差及公法线
   平均长度偏差的确定 ······· 258
  四、齿轮坯和箱体精度 ········ 260
  五、齿面粗糙度 ············· 263
 任务实施 ····················· 263
 拓展阅读——国家的需要，就是
   我科研的方向 ············ 264
 思考与练习 ··················· 264
附表 ·························· **267**

参考文献 ······················· **272**

绪 论

在日常生活和工作中，家里的灯泡坏了，可以换个新灯泡；汽车上的螺钉、螺母坏了，也可以购买同一型号的新产品进行更换。重新更换与装配后，新零件都能很好地满足要求。之所以能这样方便，是因为这些零件具有一定的标准，能相互替代使用，即具有互换性。互换性和标准化在机械制造中具有非常重要的意义。

一、互换性概述

互换性是指在同一规格的一批零件或部件中，任取其一，无须任何挑选、调整或修配（如钳工修理等）就能装在机器上，达到规定的性能要求。

一般来说，组成现代技术装备和日用机电产品的各种零件（如自行车、手表、汽车的零件，规格为 M10-7H 的螺母等），都遵循互换性原则。

> 除上述举例外，请大家开动脑筋想一想，日常生活中还有哪些互换性的例子呢？

1. 互换性的分类

1) 按影响互换性的参数种类分

根据影响互换性的参数种类不同，互换性可分为几何参数互换性和功能互换性两种。

- **几何参数互换性**：是指通过规定几何参数（如尺寸、形状、位置和表面粗糙度等）的极限范围来保证产品的互换性。本书将主要介绍几何参数互换性。
- **功能互换性**：是指通过规定功能参数的极限范围来保证产品的互换性。功能参数除包括几何参数外，还包括力学性能参数，化学、光学、电学和流体力学等参数。

2) 按互换程度分

根据互换程度不同，互换性可分为完全互换和不完全互换两种。

- **完全互换**：是指在零部件装配或更换时，不需要挑选、调整或修配，就可以达到预定的装配精度要求。例如，常见的螺栓、螺母等标准件的互换性就属于完全互换。
- **不完全互换**：是指在装配前需要将零部件预先分组或在装配时需要进行少量修配调整才能达到预定的装配精度要求。例如，拖拉机、汽车的活塞销和活塞销孔装配时的分组装配法、减速机轴承盖装配时的垫片厚度调整装配法等都属于不完全互换。

实际生产中究竟是采用完全互换还是不完全互换，要根据使用要求、制造条件和制造成本等因素具体确定。一般来说，在大批大量生产中，常采用完全互换，但当装配精度要求较高、完全互换难以达到要求时，应采用不完全互换，如分组装配等；在单件小批生产中，常采用不完全互换。

2．互换性的作用

互换性给产品的设计、制造、使用和维修都带来了很大的方便。

1）设计方面

从设计方面看，采用按互换性原则设计和生产的标准零件和部件，可以减少绘图、计算等设计工作量，缩短设计周期，提高设计的可靠性，有利于产品的多样化和计算机辅助设计。

2）制造方面

从制造方面看，互换性有利于组织大规模专业化生产，有利于采用先进工艺和高效专用设备，有利于实现加工和装配过程的机械化、自动化。

3）使用和维修方面

从使用和维修方面看，具有互换性的零部件在磨损或损坏后可以及时更换，因而减少了机器的维修时间和维修费用，可保证机器工作的连续性和持久性，提高机器的使用价值。

因此，互换性在保证产品质量、提高生产率、降低产品成本、降低劳动强度等方面均具有重要意义，它已成为现代机械制造业中一个普遍遵循的原则。

二、公差与检测

合理确定零件公差并进行正确检测，是保证产品质量、实现互换性的必要条件。

1．公差

为了满足互换性的要求，理想状况下需要同一规格零件的几何参数完全一致，但这在实际生产中是不可能的，也是不必要的。一般来说，只要将零件几何参数的误差（加工所得零件的实际几何参数与图样规定的理想几何参数的差值）控制在一定范围内，就能满足互换性的要求。

零件几何参数允许的最大变动量称为公差。**公差是用于限制误差的**，但零件的实际几何参数误差是否在规定的公差范围之内，还需要通过检测来判断。

2．检测

检测包括检验和测量。其中，检验是指采取适当的方法和手段，判断工件的几何参数是否在图样规定的合格范围内，不必测出其具体数值；测量是指将被测量与标准量进行比较，从而准确得到被测量具体数值的过程。

检测不仅可以用来评定产品质量，而且可以用来分析不合格品的产生原因，进而指导生产，预防废品产生。事实证明，产品质量的提高，除了需要设计水平和加工精度的提高外，还必须依靠检测精度的提高。

三、标准化

为了实现互换性生产，机械产品的生产过程必须采用统一的标准进行。标准和标准化是实现互换性的基础,也是联系科研、设计、生产、流通和使用等方面的技术纽带,是使整个社会经济合理化的技术基础。

1. 标准与标准化的概念

标准是指对重复性事务和概念所作的统一规定,它以科学技术和实践经验的综合成果为基础,经有关方面协商一致,由主管机构批准,以特定形式发布,作为共同遵守的准则和依据。标准在一定范围内具有约束力。标准化是指以制定标准和贯彻标准为主要内容的全部活动过程。

2. 标准的分类

1) 根据标准化对象分

根据标准化对象不同,标准可分为技术标准、管理标准和工作标准三大类。

(1) 技术标准。

技术标准是指对标准化领域影响协调统一的技术事项所制定的标准。技术标准的种类繁多,主要有基础标准、产品标准、方法标准、安全和环境保护标准等。

- **基础标准**:是指以标准化共性要求和前提条件为对象的标准,它在一定范围内可作为其他标准的基础,具有广泛的指导意义,如计量单位、术语、符号、优先数系、机械制图、零件结构要素、极限与配合等标准。
- **产品标准**:是指以产品及其构成部分为对象的标准,如机电设备、仪器仪表、工艺装备、零部件、毛坯、半成品及原材料等基本产品或辅助产品的标准。
- **方法标准**:是指以生产技术活动中的重要程序、规划和方法为对象的标准,如测定方法、设计计算方法、工艺规程、运输方法等标准。
- **安全和环境保护标准**:是指有关人们生命财产安全和保护环境可持续发展的标准。

(2) 管理标准。

管理标准是指对标准化领域中需要协调统一的管理事项所制定的标准。管理标准包括管理基础标准、技术管理标准、经济管理标准、行政管理标准和生产经营管理标准等。

(3) 工作标准。

工作标准是指对工作的责任、权利、范围、质量要求、程序、效果、检查方法和考核办法等所制定的标准。工作标准一般包括部门工作标准和岗位(个人)工作标准。

2) 根据级别分

根据级别不同,我国的标准可分为国家标准、行业标准、地方标准和企业标准四级。其中,国家标准的代号为 GB 或 GB/T、GB/Z;行业标准的代号有多种,例如,原机械工业部标准的代号为 JB,原冶金工业部标准的代号为 YB;地方标准的代号为 DB;企业标准的代号为 QB。

从世界范围看,更高级别的标准还有国际标准和区域标准。

- **国际标准**:是指由国际标准化组织(ISO)、国际电工委员会(IEC)和国际电信联盟(ITU)制定的标准,以及国际标准化组织确认并公布的其他国际组织制定的标准。国际标准在世界范围内统一使用。
- **区域标准**:又称为地区标准,是指由世界某一区域标准化团体所制定的标准。通常提到的区域标准主要是指原经互会标准化组织、欧洲标准化委员会、非洲地区标准化组织等地区组织所制定和使用的标准。

3）根据法律属性分

根据法律属性不同，我国的国家标准和行业标准可分为强制性标准和推荐性标准两种。其中，涉及人身安全、健康、卫生及环境保护等的标准属于强制性标准；其余的标准为推荐性标准。强制性国家标准的代号为 GB；推荐性国家标准的代号为 GB/T。本书将主要介绍推荐性标准。

请大家观察以下标准，按上述分类方法，分别说明每种标准的归属。
① 《优先数和优先数系》（GB/T 321—2005）；
② 《滚动轴承　通用技术规则》（GB/T 307.3—2017）；
③ 《电机用深沟球轴承　技术条件》（JB/T 8880—2000）；
④ 《国际单位制及其应用》（GB 3100—1993）。

四、优先数和优先数系

在制定技术标准和设计、制造产品时，会涉及很多技术参数。而这些参数的协调、简化和统一是标准化的一项重要内容。因为当选定某个数值作为产品的基本技术参数后，该数值就会按照一定的规律向一切有关参数指标进行传播扩散。例如，螺栓的直径尺寸确定后，不仅会传播到与之相配合的螺母、加工用的丝锥和板牙、检验用的塞规和环规上，也会传播到垫圈、扳手等专用件上，进一步还会传播到攻丝前的钻孔直径和钻头上。

因此，在设计和生产过程中，技术参数的数值不能随意选取，因为即使是非常微小的差异经过反复传播扩散后，也会造成尺寸规格的繁多杂乱，从而给组织生产、协作配套和设备维修带来很大的困难。

为了解决这一问题，人们在生产实践的基础上总结出了一套科学统一的数值标准，即优先数和优先数系，使产品的参数选择从一开始就纳入标准化轨道。

工程技术上通常采用的优先数系是一种十进制几何级数。级数的各项数值中包括 1、10、100、……、10^n 和 0.1、0.01、……、$1/10^n$，其中，指数 n 是正整数。按 1～10、10～100……和 1～0.1、0.1～0.01……划分区间，称为十进段。级数的公比为 $q = \sqrt[r]{10}$，其中，r 为每个十进段内的项数。

国家标准《优先数和优先数系》（GB/T 321—2005）规定的 r 值有 5、10、20、40、80 五种，分别采用国际代号 R5、R10、R20、R40、R80 表示。五种优先数系的公比 q 为

R5：$q_5 = \sqrt[5]{10} \approx 1.60$；　　R10：$q_{10} = \sqrt[10]{10} \approx 1.25$；　　R20：$q_{20} = \sqrt[20]{10} \approx 1.12$；

R40：$q_{40} = \sqrt[40]{10} \approx 1.06$；　　R80：$q_{80} = \sqrt[80]{10} \approx 1.03$。

其中，R5、R10、R20 和 R40 是常用系列，称为基本系列。基本系列的选用，应遵循先疏后密的原则，即应当按照 R5、R10、R20、R40 的顺序，优先采用公比较大的基本系列。R80 为补充系列，仅在参数分级很细或基本系列中的优先数不能适应实际情况时，才

考虑采用。

优先数各项的理论值是根据优先数系的公比计算得到的。这些理论值除 10 的整数幂外均为无理数,在工程技术上无法直接应用,需要圆整为近似值。根据圆整的精确程度不同,优先数的各项项值可以分为计算值、常用值和化整值。

- ❀ **计算值**:取 5 位有效数字,可代替理论值供精确计算用。
- ❀ **常用值**:取 3 位有效数字,即经常使用的、通常所称的"优先数"。
- ❀ **化整值**:取 2 位有效数字,只在某些特殊情况下才允许使用。

如表 0-1 所示为 1~10 范围内的优先数系基本系列常用值。如将表中所列项值乘以 10、100……或乘以 0.1、0.01……,即可得到大于 10 或小于 1 的同系列的值。

表 0-1　优先数系的基本系列常用值(摘自 GB/T 321—2005)

R5	R10	R20	R40	R5	R10	R20	R40
1.00	1.00	1.00	1.00	4.00	4.00	4.00	4.00
			1.06				4.25
		1.12	1.12			4.50	4.50
			1.18				4.75
	1.25	1.25	1.25		5.00	5.00	5.00
			1.32				5.30
		1.40	1.40			5.60	5.60
			1.50				6.00
1.60	1.60	1.60	1.60	6.30	6.30	6.30	6.30
			1.70				6.70
		1.80	1.80			7.10	7.10
			1.90				7.50
	2.00	2.00	2.00		8.00	8.00	8.00
			2.12				8.50
		2.24	2.24			9.00	9.00
			2.36				9.50
2.50	2.50	2.50	2.50	10.00	10.00	10.00	10.00
			2.65				
		2.80	2.80				
			3.00				
2.50	3.15	3.15	3.15				
			3.35				
		3.55	3.55				
			3.75				

由表 0-1 所示可以看出,五种优先数系之间为包含关系:R5 系列的项值包含在 R10 系列中,R10 系列的项值包含在 R20 系列中,R20 系列的项值包含在 R40 系列中,R40 系列的项值包含在 R80 系列中。

知识链接

当基本系列不能满足分级要求时，还可选用派生系列。派生系列是指从基本系列或补充系列中每隔几项选取一个优先数，组成的新系列。例如，经常使用的派生系列 R10/3，是从基本系列 R10 中每隔两项取出一个优先数组成的，当首项为 1 时，其项值为 1.00、2.00、4.00……，其公比为

$$q = (\sqrt[10]{10})^3 \approx 2$$

思考与练习

一、填空题

1．按影响互换性的参数种类不同，互换性可分为_____和_____。

2．实际生产中究竟是采用完全互换还是不完全互换，要根据使用要求、制造条件和制造成本等因素具体确定。一般来说，在大批大量生产中，常采用_____，但装配精度要求较高时，应采用_____；在单件小批生产中，常采用_____。

3．公差是用于限制_____的，但零件的实际几何参数误差是否在规定的公差范围之内，还需要通过_____来判断。

4．技术标准是指对标准化领域影响协调统一的技术事项所制定的标准。技术标准的种类繁多，主要有_____、_____、_____和_____等。

5．优先数系中，基本系列包括____、____、____和____。基本系列的选用，应遵循_____的原则。补充系列为____，仅在_____时，才考虑采用。

二、选择题

1．影响零件互换性的几何参数有（　　）。
　　A．尺寸　　　　　　　　　　B．形状
　　C．位置　　　　　　　　　　D．表面粗糙度

2．代号为 GB 的标准为（　　），代号为 JB 的标准为（　　）。
　　A．国家标准　　　　　　　　B．行业标准
　　C．地方标准　　　　　　　　D．企业标准

3．下列属于优先数系派生系列的是（　　）。
　　A．R5　　　　　　　　　　　B．R10/3
　　C．R80　　　　　　　　　　 D．R10

三、判断题

1．互换性要求零件按一个指定的尺寸制造。　　　　　　　　　　　　　　（　　）

2．有了公差标准就能保证零件具有互换性。 （ ）
3．工程上，在设计和生产过程中，技术参数的数值应按优先数系选取。 （ ）
4．通常所用的优先数项值是经圆整取 3 位有效数字得到的。 （ ）

四、问答题

1．什么是互换性？互换性在机械设计与制造中的意义如何？
2．完全互换和不完全互换有何区别？
3．按级别不同，标准可分为哪几类？
4．下列两行数据属于哪种优先数系？其公比为多少？
（1）电动机转速（r/min）：375、750、1 500、3 000。
（2）摇臂钻床的最大钻孔直径（mm）：40、50、63、80、100、125。

项目一 极限与配合

项目导读

极限与配合国家标准是机械工业中应用最多、涉及面最广、最主要的互换性基础标准。为了适应我国机械制造业的发展及与国际标准接轨，国家颁布了 GB/T 1800.1—2009、GB/T 1800.2—2009、GB/T 1801—2009、GB/T 1804—2000 等极限与配合及相关标准。本项目主要介绍极限与配合国家标准，在介绍时，凡是有新标准替代旧标准的部分，均以新标准为主。

项目目标

- 掌握极限与配合的基本术语
- 掌握标准公差、基本偏差系列国家标准
- 掌握公差带及配合的表示与标注
- 理解常用和优先公差带与配合、一般公差的国家标准
- 掌握配合制、公差等级和配合的选择

技能目标

- 会画公差带图
- 能够进行公差带及配合的标注
- 能够根据已知条件查标准公差数值表和基本偏差数值表确定零件的标准公差及基本偏差数值
- 能够通过综合分析选用适当的配合制
- 能够根据实际生产条件选用适当的公差等级及配合

素质目标

- 弘扬劳模精神、劳动精神、工匠精神
- 树立技能成才、技能报国的人生理想

任务一 极限与配合的基本术语及定义

任务引入

生活中我们经常见到各种孔和轴,孔和轴装配在一起形成了各种有用的构件。一提到孔和轴,人们都会不由自主地想到圆柱形的内外表面,但这是片面且具有局限性的。在极限与配合的相关标准中,孔和轴被赋予了更广泛的含义,如键和键槽也可以称为孔和轴。请大家思考一下还有哪些表面可以称为孔和轴呢?

相关知识

极限与配合的基本术语主要包括尺寸要素、孔和轴、尺寸、偏差与公差、配合等。

一、尺寸要素

1. 尺寸要素

尺寸要素是指由一定大小的线性尺寸或角度尺寸确定的几何形状。

2. 实际(组成)要素

实际(组成)要素是指由接近实际(组成)要素所限定的工件实际表面的组成要素部分。孔、轴的实际(组成)要素分别用 D_a 和 d_a 表示,它通常采用两点法测量。

3. 提取组成要素

提取组成要素是指按规定方法,由实际(组成)要素提取有限数目的点所形成的实际(组成)要素的近似替代。

4. 拟合组成要素

拟合组成要素是指由提取组成要素形成的并具有理想形状的组成要素。

二、孔和轴

1. 孔

孔通常是指工件的圆柱形内尺寸要素,也包括非圆柱形的内尺寸要素(由两平行平面或切面所形成的包容面)。孔的尺寸用 D 表示。

2. 轴

轴通常是指工件的圆柱形外尺寸要素,也包括非圆柱形的外尺寸要素(由两平行平面或切面所形成的被包容面)。轴的尺寸用 d 表示。

> **点拨**
>
> 从装配关系看，孔是包容面，在它之内无材料，其尺寸越加工越大；轴是被包容面，在它之外无材料，其尺寸越加工越小。国家标准中，孔和轴既可以是圆柱形的，也可以是非圆柱形的。例如，在图 1-1 中，D_1、D_2、D_3 和 D_4 均可称为孔，d_1、d_2、d_3 和 d_4 均可称为轴。
>
>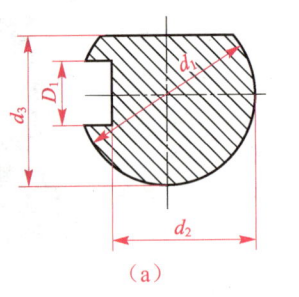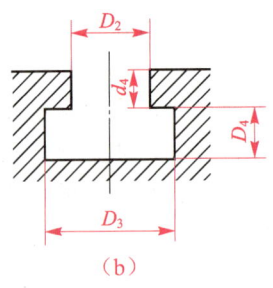
>
> 图 1-1 孔和轴

三、尺寸

1. 尺寸

尺寸是指以特定单位表示线性尺寸值的数值，如长度、高度、直径和半径等都是尺寸。在机械制造中，尺寸通常以"mm"为单位，标注时可将单位"mm"省略，仅标注数值；但当以其他单位表示尺寸时，标注时应注明相应的单位。

2. 公称尺寸

公称尺寸是指由图样规范确定的理想形状要素的尺寸。孔、轴的公称尺寸分别用 D 和 d 表示。设计时，设计者应根据产品的使用性能要求（如强度、刚度、运动、造型、工艺和结构等），参照国家标准规定的标准直径或标准长度数值进行圆整，给定公称尺寸。公称尺寸只表示尺寸的基本大小，不表示在加工中准确得到的尺寸。公称尺寸可以是一个整数值，也可以是一个小数值，如 8、15、32、75、0.5 等。

3. 极限尺寸

极限尺寸是指尺寸要素允许的尺寸的两个极端。提取组成要素的局部尺寸应位于其中，也可以达到极限尺寸。

极限尺寸是依据公称尺寸来确定的，两个极端中，较大的一个称为上极限尺寸，较小的一个称为下极限尺寸。如图 1-2 所示，孔、轴的上极限尺寸分别用 $D_{\max}$ 和 $d_{\max}$ 表示，下极限尺寸分别用 $D_{\min}$ 和 $d_{\min}$ 表示。

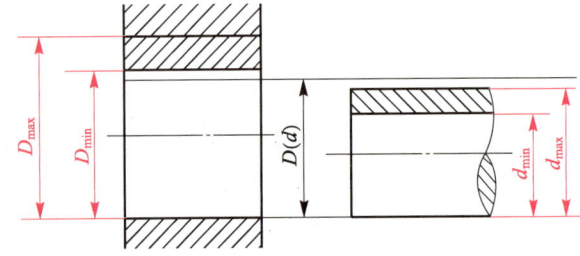

图 1-2 极限尺寸

四、偏差与公差

1. 偏差
偏差是指某一尺寸减其公称尺寸所得的代数差。偏差可以为正,可以为负,也可以为零。

2. 极限偏差
极限偏差包括上极限偏差和下极限偏差。

1）上极限偏差
上极限偏差是指上极限尺寸减其公称尺寸所得的代数差。孔、轴的上极限偏差分别用 ES 和 es 表示。

2）下极限偏差
下极限偏差是指下极限尺寸减其公称尺寸所得的代数差。孔、轴的下极限偏差分别用 EI 和 ei 表示。

3. 实际偏差
实际偏差是指零件的实际（组成）要素减其公称尺寸所得的代数差。孔、轴的实际偏差分别用 E_a 和 e_a 表示。合格零件的实际偏差应在极限偏差范围内。

> 实际偏差与误差的区别在于：对单个零件，只能测出尺寸的实际偏差；而对数量足够多的一批零件，才能确定尺寸误差。

4. 尺寸公差
尺寸公差简称公差，是指上极限尺寸减下极限尺寸之差，或上极限偏差减下极限偏差之差，它是尺寸的允许变动量。孔、轴的公差分别用 T_h 和 T_s 表示。尺寸公差是一个没有符号的绝对值。

公差、极限尺寸和极限偏差的关系如下：

孔的公差

$$T_h = |D_{max} - D_{min}| = |ES - EI| \qquad (1-1)$$

轴的公差

$$T_s = |d_{max} - d_{min}| = |es - ei| \qquad (1-2)$$

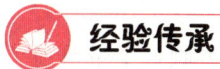

> 公差是用以限制误差的，合格工件的误差应在公差范围内。公差代表尺寸的制造精度要求，可反映加工的难易程度。这一点应与偏差区别开来，因为偏差仅表示尺寸与公称尺寸的偏离程度，与加工的难易程度无关。如图 1-3 所示为尺寸、偏差及公差的关系。

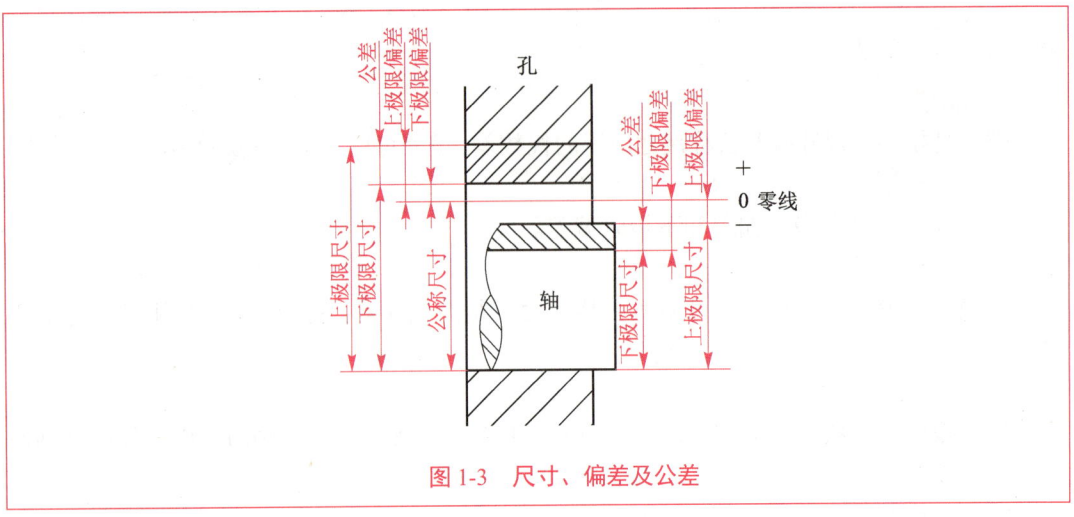

图 1-3 尺寸、偏差及公差

5．公差带图

为了便于研究尺寸、偏差和公差的关系，可以画简图进行分析。由于公差的数值（μm级）与尺寸的数值（mm级）相差很大，不便于用同一比例绘制，因此，在作图时，通常将公差"放大"绘制，只画出放大的孔与轴的公差带位置关系示意图形，这种图形称为尺寸公差带图，简称公差带图，如图1-4所示。

1）零线

零线是指在公差带图中，表示公称尺寸的一条直线，以其为基准确定偏差和公差。通常，零线沿水平方向绘制，正偏差位于其上，负偏差位于其下。

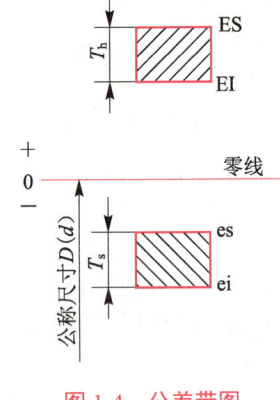

图 1-4 公差带图

2）公差带

公差带是指在公差带图中，由代表上极限偏差和下极限偏差或上极限尺寸和下极限尺寸的两条直线所限定的一个区域。

3）基本偏差

基本偏差是指用以确定公差带相对于零线位置的上极限偏差或下极限偏差，一般为靠近零线的那个极限偏差。

4）公差带图的画法

① 画零线，在零线附近标注相应的符号"+、0、-"，在零线下方画一个带单箭头并垂直指向零线的尺寸线表示公称尺寸。

② 画出两条平行于零线的直线，上面的一条直线代表上极限偏差，下面的一条直线代表下极限偏差，这两条直线之间的宽度代表公差带的大小（即公差值的大小），在公差带的上、下界线旁标注极限偏差值 ES、EI 或 es、ei。

课上练习

【例 1-1】公称尺寸 $D(d) = \phi 50$ mm，孔的极限尺寸为：$D_{max} = 50.025$ mm、$D_{min} = 50$ mm；轴的极限尺寸为：$d_{max} = 49.950$ mm、$d_{min} = 49.934$ mm。现测得孔和轴的实际（组成）要素分别为：$D_a = 50.010$ mm、$d_a = 49.946$ mm。求孔和轴的极限偏差、实际偏差及公差，判别零件的合格性，并画出公差带图。

【解】（1）计算孔和轴的极限偏差、实际偏差及公差。

孔的极限偏差
$$ES = D_{max} - D = 50.025 - 50 = +0.025 \text{ (mm)}$$
$$EI = D_{min} - D = 50 - 50 = 0$$

轴的极限偏差
$$es = d_{max} - d = 49.950 - 50 = -0.050 \text{ (mm)}$$
$$ei = d_{min} - d = 49.934 - 50 = -0.066 \text{ (mm)}$$

孔的实际偏差
$$E_a = D_a - D = 50.010 - 50 = +0.010 \text{ (mm)}$$

轴的实际偏差
$$e_a = d_a - d = 49.946 - 50 = -0.054 \text{ (mm)}$$

孔的公差
$$T_h = |D_{max} - D_{min}| = |50.025 - 50| = 0.025 \text{ (mm)}$$

轴的公差
$$T_s = |d_{max} - d_{min}| = |49.950 - 49.934| = 0.016 \text{ (mm)}$$

（2）判别零件的合格性，并画出公差带图。

由于孔和轴的实际偏差都在两个极限偏差之内，所以孔和轴都合格。

公差带图如图 1-5 所示。

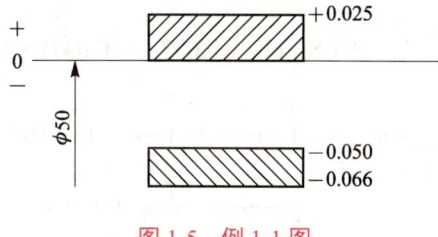

图 1-5　例 1-1 图

五、配合

1. 配合

配合是指公称尺寸相同，并且相互结合的孔和轴公差带之间的关系。

2. 间隙与过盈

间隙是指孔的尺寸减去与其相配合的轴的尺寸之差为正,用 X 表示。过盈是指孔的尺寸减去与其相配合的轴的尺寸之差为负,用 Y 表示。

3. 配合种类

按孔和轴公差带之间关系的不同,配合可分为间隙配合、过盈配合和过渡配合三种。

1)间隙配合

间隙配合是指具有间隙(包括最小间隙等于零)的配合。此时,孔的公差带在轴的公差带之上,如图 1-6 所示。

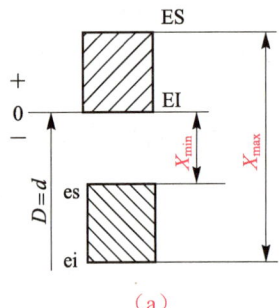
(a)

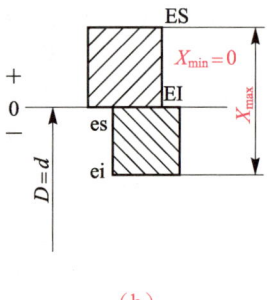
(b)

图 1-6 间隙配合

孔的上极限尺寸与轴的下极限尺寸之差称为最大间隙,用 $X_{\max}$ 表示,即

$$X_{\max} = D_{\max} - d_{\min} = \mathrm{ES} - \mathrm{ei} \tag{1-3}$$

孔的下极限尺寸与轴的上极限尺寸之差称为最小间隙,用 $X_{\min}$ 表示,即

$$X_{\min} = D_{\min} - d_{\max} = \mathrm{EI} - \mathrm{es} \tag{1-4}$$

课上练习

【例 1-2】试计算孔 $\phi 30^{+0.033}_{\ 0}$ mm 与轴 $\phi 30^{-0.020}_{-0.041}$ mm 配合的最大间隙和最小间隙,并画出公差带图。

【解】最大间隙为

$$X_{\max} = D_{\max} - d_{\min} = \mathrm{ES} - \mathrm{ei} = +0.033 - (-0.041) = +0.074 \text{ (mm)}$$

最小间隙为

$$X_{\min} = D_{\min} - d_{\max} = \mathrm{EI} - \mathrm{es} = 0 - (-0.020) = +0.020 \text{ (mm)}$$

其尺寸公差带图如图 1-7 所示。

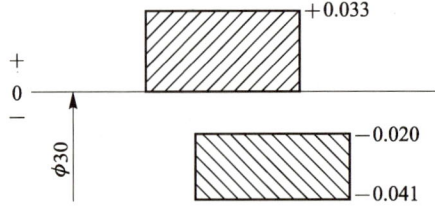

图 1-7 间隙配合尺寸公差带图

2）过盈配合

过盈配合是指具有过盈（包括最小过盈等于零）的配合。此时，孔的公差带在轴的公差带之下，如图 1-8 所示。

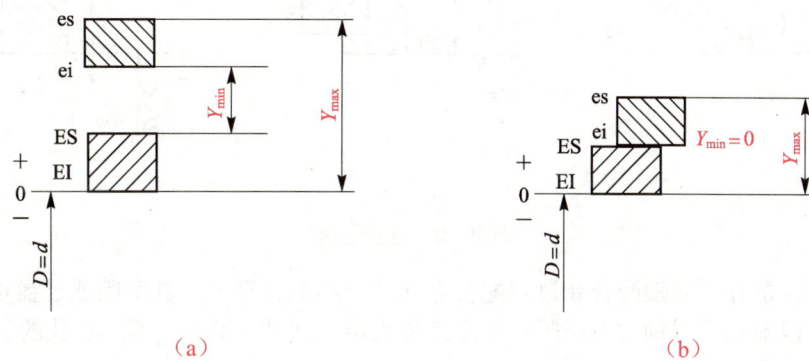

图 1-8　过盈配合

孔的下极限尺寸与轴的上极限尺寸之差称为最大过盈，用 Y_{max} 表示，即

$$Y_{max} = D_{min} - d_{max} = EI - es \tag{1-5}$$

孔的上极限尺寸与轴的下极限尺寸之差称为最小过盈，用 Y_{min} 表示，即

$$Y_{min} = D_{max} - d_{min} = ES - ei \tag{1-6}$$

课上练习

【例 1-3】试计算孔 $\phi 30^{+0.033}_{0}$ mm 与轴 $\phi 30^{+0.056}_{+0.035}$ mm 配合的最大过盈和最小过盈，并画出公差带图。

【解】最大过盈为

$$Y_{max} = D_{min} - d_{max} = EI - es = 0 - (+0.056) = -0.056 \text{ (mm)}$$

最小过盈为

$$Y_{min} = D_{max} - d_{min} = ES - ei = +0.033 - (0.035) = -0.002 \text{ (mm)}$$

其尺寸公差带图，如图 1-9 所示。

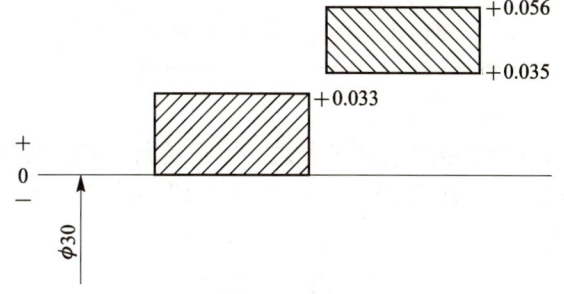

图 1-9　过盈配合尺寸公差带图

3）过渡配合

过渡配合是指可能具有间隙或过盈的配合。此时，孔的公差带与轴的公差带相互交叠，

如图 1-10 所示。

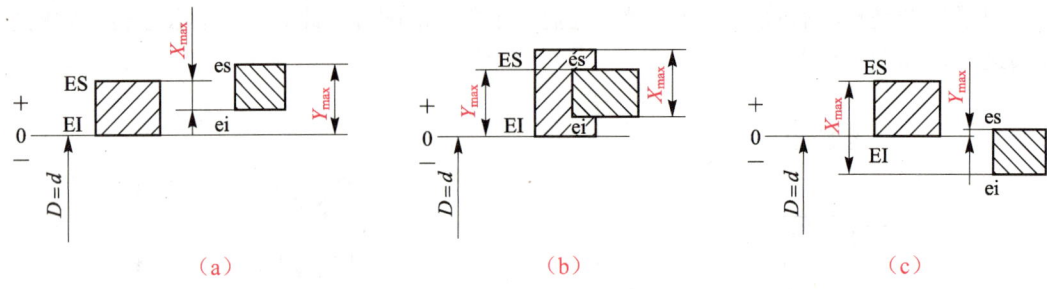

图 1-10 过渡配合

过渡配合是介于间隙配合和过盈配合之间的一种配合形式，其间隙或过盈都不大。

孔的上极限尺寸与轴的下极限尺寸之差称为最大间隙，用 X_{max} 表示；孔的下极限尺寸与轴的上极限尺寸之差称为最大过盈，用 Y_{max} 表示。过渡配合最大间隙和最大过盈的计算公式与式（1-3）和式（1-5）相同。

 课上练习

【例 1-4】试计算孔 $\phi 30^{+0.010}_{-0.023}$ mm 与轴 $\phi 30^{\ 0}_{-0.021}$ mm 配合的最大间隙和最大过盈，并画出公差带图。

【解】最大间隙为

$$X_{max} = D_{max} - d_{min} = \text{ES} - \text{ei} = +0.010 - (-0.021) = +0.031 \text{ (mm)}$$

最大过盈为

$$Y_{max} = D_{min} - d_{max} = \text{EI} - \text{es} = -0.023 - 0 = -0.023 \text{ (mm)}$$

其尺寸公差带图，如图 1-11 所示。

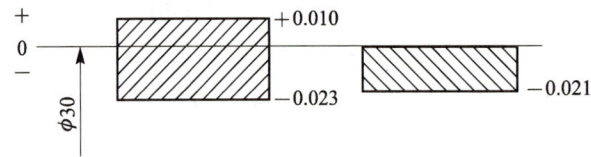

图 1-11 过渡配合尺寸公差带图

4. 配合公差

配合公差是指组成配合的孔和轴的公差之和。它是允许间隙或过盈的变动量，反映配合的松紧变化程度。配合公差用 T_f 表示，它是一个没有符号的绝对值。

对于间隙配合　　　　　$T_f = |X_{max} - X_{min}|$ 　　　　　　（1-7）

对于过盈配合　　　　　$T_f = |Y_{min} - Y_{max}|$ 　　　　　　（1-8）

对于过渡配合　　　　　$T_f = |X_{max} - Y_{max}|$ 　　　　　　（1-9）

若将式（1-3）至式（1-6）代入式（1-7）至式（1-9）中，可得三种配合的配合公差均为

$$T_f = T_h + T_s \qquad (1\text{-}10)$$

式（1-10）表明，配合公差（配合精度）是由相互配合的孔和轴的尺寸公差（尺寸精

度）决定的。

5．配合公差带图

配合公差带是指由配合允许的最大间隙（或最小过盈）和最小间隙（或最大过盈）所限制的带域。

配合公差带图是指表示相配合的孔与轴间隙或过盈变动范围的图形，如图 1-12 所示。其画法为：① 画零线，代表零间隙或零过盈；② 画一条垂直于零线的直线，并标注双箭头分别表示间隙和过盈，标注符号"X、$+$、0、$-$、Y"；③ 画代表极限间隙或过盈的两条直线，并标注极限间隙或过盈值。

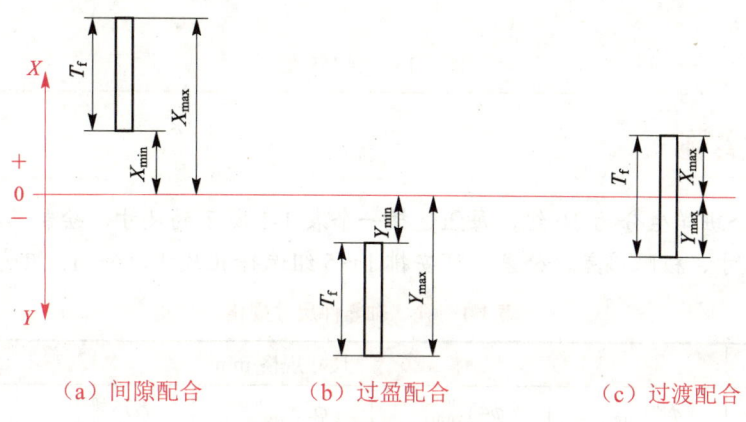

（a）间隙配合　　　　　（b）过盈配合　　　　　（c）过渡配合

图 1-12　配合公差带图

课上练习

【**例 1-5**】若已知某配合的公称尺寸为 $\phi 60$ mm，配合公差 T_f 为 49 μm，最大间隙 X_{max} 为 19 μm，孔的公差 T_h 为 30 μm，轴的下极限偏差 ci 为 +11 μm，试画出该配合的尺寸公差带图和配合公差带图，并说明配合的种类。

【**解**】（1）计算孔和轴的极限偏差。

由式（1-10）可得轴的公差为

$$T_s = T_f - T_h = 49 - 30 = 19 \ (\mu m)$$

由式（1-2）可得轴的上极限偏差为

$$es = T_s + ei = 19 + 11 = +30 \ (\mu m)$$

由式（1-3）可得孔的上极限偏差为

$$ES = X_{max} + ei = 19 + 11 = +30 \ (\mu m)$$

由式（1-1）可得孔的下极限偏差为

$$EI = ES - T_h = 30 - 30 = 0$$

（2）画尺寸公差带图，判断配合类型。

画出尺寸公差带图，如图 1-13（a）所示。可以看出，孔和轴的公差带有交叠，故为过渡配合。

（3）求最大过盈，画配合公差带图。

由式（1-9）可得最大过盈为

$$Y_{\max} = X_{\max} - T_f = 19 - 49 = -30 \,(\mu m)$$

根据上述计算结果，画出配合公差带图，如图1-13（b）所示。

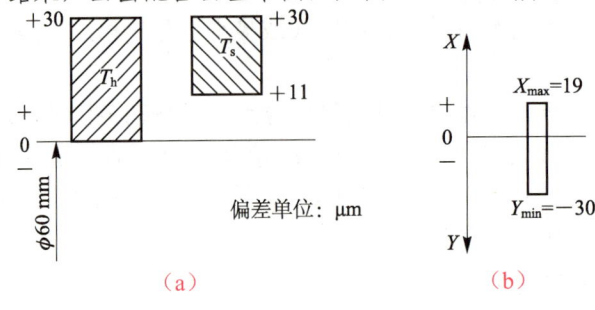

图 1-13　例 1-5 图

⚙️ 任务实施

（1）将全班学生分为10组，每组选择一个表1-1所示的尺寸，绘制其公差带图，并计算其极限尺寸、极限偏差、公差。可安排1～5组选择孔尺寸，6～10组选择轴尺寸。

表 1-1　孔、轴零件尺寸规格

零件类型	尺寸规格/mm				
孔	$\phi 80^{+0.024}_{-0.012}$	$\phi 45^{\ 0}_{-0.012}$	$\phi 35^{-0.012}_{-0.024}$	$\phi 75^{+0.024}_{\ 0}$	$\phi 60 \pm 0.012$
轴	$\phi 80^{+0.012}_{\ 0}$	$\phi 45^{+0.024}_{+0.012}$	$\phi 35^{+0.024}_{-0.012}$	$\phi 75^{-0.024}_{-0.036}$	$\phi 60^{+0.024}_{\ 0}$

（2）各小组将自己绘制的公差带图裁剪下来，粘贴在展示板（见图1-14）上指定的零线位置区域，并判断所粘贴的孔、轴公差带代表哪种配合关系。提示：1～5组先在展示板的指定位置粘贴公差带纸片，6～10组根据前组完成情况补充粘贴使其形成孔轴配合关系。

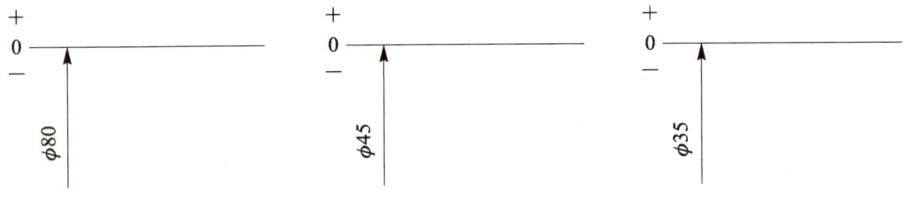

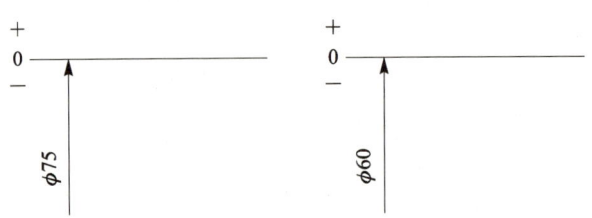

图 1-14　展示板布局

项目一 极限与配合

拓展阅读

工匠精神：匠心筑梦，匠艺强国

工匠是产业发展的重要力量，工匠精神是创新创业的重要精神源泉。"执着专注、精益求精、一丝不苟、追求卓越"，有着深厚历史沉淀的工匠精神正激励着中华儿女在新征程上创造新的辉煌。

要在火箭发动机喷管 0.33 mm 厚的管壁上完成 3 万多次精密操作，大国工匠高凤林能做到连焊 10 min 不眨眼，他先后为我国 40% 的运载火箭焊接过"心脏"，助力中国航天不断向深空探索。要用比头发还细的金丝连起中国最尖端雷达设备的收发组件，中国电子科技集团公司第十四研究所的顾春燕每天用尺子反复测量手腕抬起的高度，只为键合时确保金丝拱起的弧度一致。为了让手握焊接更稳定，中国航天科工集团有限公司的姜涛用沙袋绑住双臂，每天做至少 6 个小时的钢板焊接训练。

器物有形，匠心无界。小到一枚螺钉、一根电缆的打磨，大到运载火箭、载人飞船等大国重器的锻造，工匠精神正激励越来越多的劳动者特别是青年一代走上技能成才、技能报国之路。

时代发展需要大国工匠，工匠精神历久弥坚。如今，我国已有超过 1.7 亿的技能人才奋战在各行各业，有力支撑着中国制造、中国创造不断阔步向前。

（资料来源：https://www.12371.cn/2021/11/09/VIDE1636458840954597.shtml，有改动）

任务二　极限与配合国家标准的基本规定

 ### 任务引入

如图 1-15 所示为两个光轴零件，它们直径的公称尺寸相同，下极限偏差也相同，但上极限偏差不同，那么这两个零件的精度哪个比较高，更难加工呢？观察发现，图 1-15（a）所示光轴的上极限偏差为 0.03 mm，而图 1-15（b）所示光轴的上极限偏差为 0.15 mm，显然图 1-15（a）所示光轴的加工精度更高，更难加工。那么，得出这个结论的依据是什么呢？

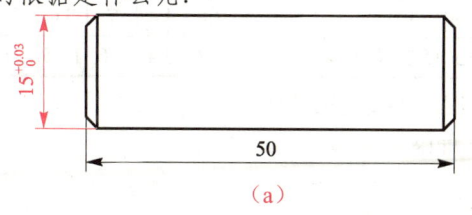
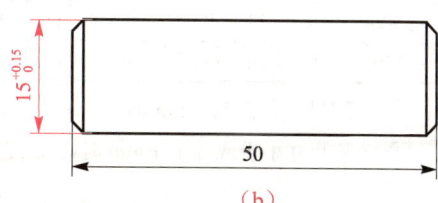

图 1-15　两个光轴零件

相关知识

任何机械产品的尺寸精度都需从两方面得到保证：① 零件加工时的公差数值；② 装配时配合的松紧程度。这两者组成了尺寸公差带的两个基本要素，即公差带的大小和位置，而标准公差决定了公差带的大小，基本偏差决定了公差带的位置，故为了实现公差和配合的标准化，国家标准规定了两个基本系列，即标准公差系列和基本偏差系列。

一、标准公差系列

标准公差（IT）是指国家标准中规定的公差值，如表 1-2 所示。标准公差值的大小与公称尺寸分段和公差等级有关。

表 1-2 公称尺寸至 3 150 mm 的标准公差数值（摘自 GB/T 1800.1—2009）

公称尺寸/mm	IT01	IT0	IT1	IT2	IT3	IT4	IT5	IT6	IT7	IT8	IT9	IT10	IT11	IT12	IT13	IT14	IT15	IT16	IT17	IT18
	μm													mm						
≤3	0.3	0.5	0.8	1.2	2	3	4	6	10	14	25	40	60	0.1	0.14	0.25	0.4	0.6	1	1.4
>3～6	0.4	0.6	1	1.5	2.5	4	5	8	12	18	30	48	75	0.12	0.18	0.3	0.48	0.75	1.2	1.8
>6～10	0.4	0.6	1	1.5	2.5	4	6	9	15	22	36	58	90	0.15	0.22	0.36	0.58	0.9	1.5	2.2
>10～18	0.5	0.8	1.2	2	3	5	8	11	18	27	43	70	110	0.18	0.27	0.43	0.7	1.1	1.8	2.7
>18～30	0.6	1	1.5	2.5	4	6	9	13	21	33	52	84	130	0.21	0.33	0.52	0.84	1.3	2.1	3.3
>30～50	0.6	1	1.5	2.5	4	7	11	16	25	39	62	100	160	0.25	0.39	0.62	1	1.6	2.5	3.9
>50～80	0.8	1.2	2	3	5	8	13	19	30	46	74	120	190	0.3	0.46	0.74	1.2	1.9	3	4.6
>80～120	1	1.5	2.5	4	6	10	15	22	35	54	87	140	220	0.35	0.54	0.87	1.4	2.2	3.5	5.4
>120～180	1.2	2	3.5	5	8	12	18	25	40	63	100	160	250	0.4	0.63	1	1.6	2.5	4	6.3
>180～250	2	3	4.5	7	10	14	20	29	46	72	115	185	290	0.46	0.72	1.15	1.85	2.9	4.6	7.2
>250～315	2.5	4	6	8	12	16	23	32	52	81	130	210	320	0.52	0.81	1.3	2.1	3.2	5.2	8.1
>315～400	3	5	7	9	13	18	25	36	57	89	140	230	360	0.57	0.89	1.4	2.3	3.6	5.7	8.9
>400～500	4	6	8	10	15	20	27	40	63	97	155	250	400	0.63	0.97	1.55	2.5	4	6.3	9.7
>500～630			9	11	16	22	32	44	70	110	175	280	440	0.7	1.1	1.75	2.8	4.4	7	11
>630～800			10	13	18	25	36	50	80	125	200	320	500	0.8	1.25	2	3.2	5	8	12.5
>800～1 000			11	15	21	28	40	56	90	140	230	360	560	0.9	1.4	2.3	3.6	5.6	9	14
>1 000～1 250			13	18	24	33	47	66	105	165	260	420	660	1.05	1.65	2.6	4.2	6.6	10.5	16.5
>1 250～1 600			15	21	29	39	55	78	125	195	310	500	780	1.25	1.95	3.1	5	7.8	12.5	19.5
>1 600～2 000			18	25	35	46	65	92	150	230	370	600	920	1.5	2.3	3.7	6	9.2	15	23
>2 000～2 500			22	30	41	55	78	110	175	280	440	700	1 100	1.75	2.8	4.4	7	11	17.5	28
>2 500～3 150			26	36	50	68	96	135	210	330	540	860	1 350	2.1	3.3	5.4	8.6	13.5	21	33

注：① 公称尺寸大于 500 mm 的 IT1～IT5 的标准公差数值为试行的。
　　② 公称尺寸小于或等于 1 mm 时，无 IT14～IT18。

1. 公称尺寸分段

标准公差和基本偏差都是按表 1-2 中的公称尺寸段进行计算的。计算各公称尺寸段的标准公差和基本偏差时，会用到公称尺寸段的几何平均值 D，其为所属尺寸段（$>D_1 \sim D_2$）内首、尾两项的几何平均值，即

$$D = \sqrt{D_1 D_2} \qquad (1\text{-}11)$$

对于小于或等于 3 mm 的公称尺寸段，计算标准公差和基本偏差时，D 为 1 mm 和 3 mm 的几何平均值 $\sqrt{1 \times 3} = 1.732 \text{ (mm)}$。

2. 标准公差因子

标准公差因子是指用来确定标准公差的基本单位，它是公称尺寸的函数，是制定标准公差数值的基础。

公称尺寸≤500 mm 时，标准公差因子用 i 表示，单位为 μm，其计算公式为

$$i = 0.45\sqrt[3]{D} + 0.001D \qquad (1\text{-}12)$$

式中：

D——公称尺寸段的几何平均值，单位为 mm。

式（1-12）中第一项主要反映加工误差，它呈抛物线规律；第二项用以补偿测量误差（主要是测量时温度的变化以及量规变形等引起的测量误差）的影响，当零件的公称尺寸很小时，第二项所占比重很小。

公称尺寸>500～3 150 mm 时，标准公差因子用 I 表示，单位为 μm，其计算公式为

$$I = 0.004D + 2.1 \qquad (1\text{-}13)$$

3. 标准公差等级

标准公差等级代号由符号 IT 和数字组成，如 IT7。

国家标准规定：公称尺寸≤500 mm 时，标准公差分为 20 个等级，分别为 IT01、IT0、IT1、IT2、……、IT18，其中，IT01 级精度最高，公差数值最小，IT18 级精度最低，公差数值最大；公称尺寸>500～3 150 mm 时，标准公差分为 18 个等级，分别为 IT1、IT2、……、IT18。

各级标准公差数值的计算公式如表 1-3 和表 1-4 所示。

表 1-3 公称尺寸≤500 mm 的标准公差数值计算公式（摘自 GB/T 1800.1—2009）

公差等级	公式	公差等级	公式	公差等级	公式	公差等级	公式
IT01	$0.3 + 0.008D$	IT4	$(IT1)(IT5/IT1)^{3/4}$	IT9	$40i$	IT14	$400i$
IT0	$0.5 + 0.012D$	IT5	$7i$	IT10	$64i$	IT15	$640i$
IT1	$0.8 + 0.02D$	IT6	$10i$	IT11	$100i$	IT16	$1\,000i$
IT2	$(IT1)(IT5/IT1)^{1/4}$	IT7	$16i$	IT12	$160i$	IT17	$1\,600i$
IT3	$(IT1)(IT5/IT1)^{2/4}$	IT8	$25i$	IT13	$250i$	IT18	$2\,500i$

表1-4　公称尺寸>500～3 150 mm 的标准公差数值计算公式（摘自 GB/T 1800.1—2009）

公差等级	公式	公差等级	公式	公差等级	公式	公差等级	公式
IT1	2I	IT6	10I	IT11	100I	IT16	1 000I
IT2	2.7I	IT7	16I	IT12	160I	IT17	1 600I
IT3	3.7I	IT8	25I	IT13	250I	IT18	2 500I
IT4	5I	IT9	40I	IT14	400I		
IT5	7I	IT10	64I	IT15	640I		

课上练习

【例1-6】 公称尺寸为 20 mm，求公差等级为 IT6，IT7 时的标准公差数值（用计算法求）。

【解】 公称尺寸为 20 mm，属于 18～30 mm 尺寸段，根据式（1-11）可得

$$D = \sqrt{D_1 D_2} = \sqrt{18 \times 30} = 23.24 \text{ (mm)}$$

根据式（1-12）可得标准公差因子 i 为

$$i = 0.45\sqrt[3]{D} + 0.001D = 0.45\sqrt[3]{23.24} + 0.001 \times 23.24 = 1.31 \text{ (μm)}$$

根据表 1-3 可知：

公差等级为 IT6 时，标准公差值为

$$10i = 10 \times 1.31 = 13.1 \approx 13 \text{ (μm)}$$

公差等级为 IT7 时，标准公差值为

$$16i = 16 \times 1.31 = 20.96 \approx 21 \text{ (μm)}$$

二、基本偏差系列

1. 基本偏差代号

基本偏差是决定公差带位置的参数。为了实现公差带位置的标准化，国家标准对孔和轴各规定了 28 个基本偏差，如图 1-16 所示。

基本偏差的代号用拉丁字母表示，包括 21 个单写字母（在 26 个字母中，除去易混淆的 5 个字母 I、L、O、Q、W 或 i、l、o、q、w 后的剩余字母）和 7 个双写字母（CD、EF、FG、JS、ZA、ZB、ZC 或 cd、ef、fg、js、za、zb、zc），大写代表孔，小写代表轴。其中，JS 和 js 的公差带对称分布于零线两侧；H 和 h 的基本偏差均为零。

点　拨

基本偏差系列图中，仅绘出了公差带属于基本偏差一端的极限偏差，而另一端则是开口的，其取决于公差带的大小。

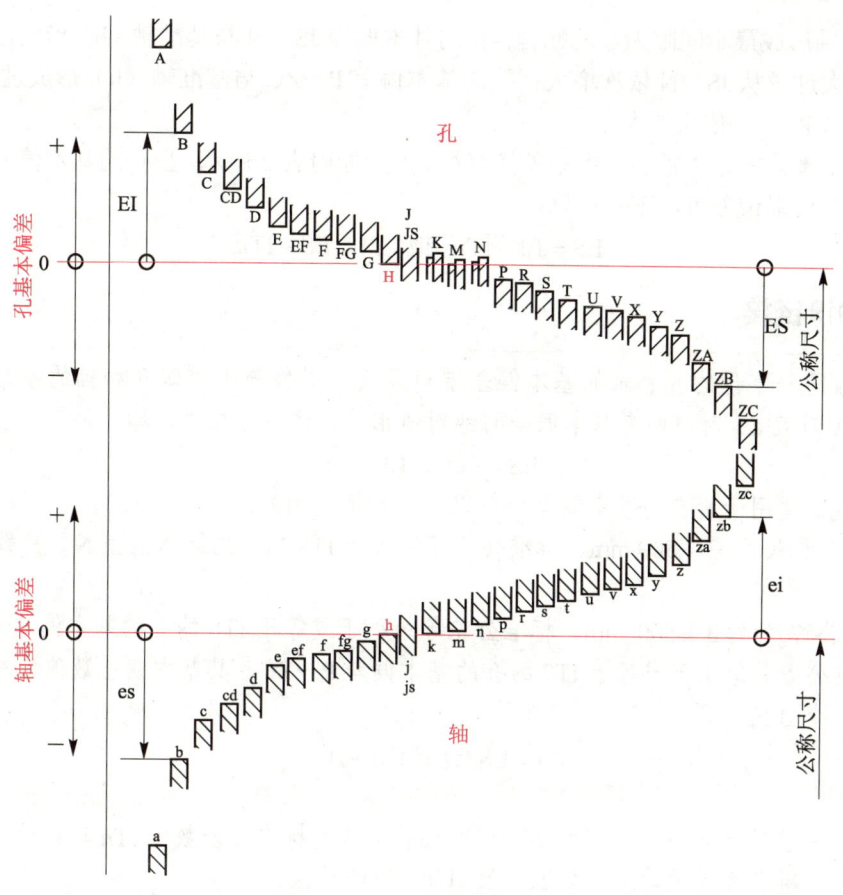

图 1-16 基本偏差系列图

2. 基本偏差分布规律

① 对于轴：a～h 的基本偏差为上极限偏差 es，其绝对值逐渐减小；j～zc 的基本偏差为下极限偏差 ei，其绝对值逐渐增大。

② 对于孔：A～H 的基本偏差为下极限偏差 EI，其绝对值逐渐减小；J～ZC 的基本偏差为上极限偏差 ES，其绝对值逐渐增大。

3. 轴的基本偏差

轴的基本偏差 a～h，与基准孔（H）形成间隙配合，配合间隙从 a～h 依次减小，基准孔与 h 轴形成最小间隙为零的配合；轴的基本偏差 js～n 与基准孔（H）形成过渡配合，配合的最大过盈从 js～n 依次增大；轴的基本偏差 p～zc 与基准孔（H）形成过盈配合，配合过盈从 p～zc 依次增大。

轴的基本偏差数值如附表 1 所示。当轴的基本偏差确定后，轴的另一个极限偏差可由下式计算：

$$es = ei + ITn \quad 或 \quad ei = es - ITn \tag{1-14}$$

4. 孔的基本偏差

孔的基本偏差 A～H，与基准轴（h）形成间隙配合，配合间隙从 A～H 依次减小，基准轴与 H 轴形成最小间隙为零的配合；孔的基本偏差 JS～N 与基准轴（h）形成过渡配合，配合的最大过盈从 JS～N 依次增大；孔的基本偏差 P～ZC 与基准轴（h）形成过盈配合，配合过盈从 P～ZC 依次增大。

孔的基本偏差是由轴的基本偏差换算得到的，如附表 2 所示。当孔的基本偏差确定后，孔的另一个极限偏差可由下式计算：

$$ES = EI + ITn \quad 或 \quad EI = ES - ITn \qquad (1-15)$$

知识链接

一般同一字母的孔和轴的基本偏差相对零线呈对称分布，即孔和轴的基本偏差对应（如 A 对应 a）时，两者基本偏差的绝对值相等，而符号相反，即

$$ES = -ei \quad 或 \quad EI = -es \qquad (1-16)$$

该规则适用于所有的基本偏差，但以下两种情况例外：

① 公称尺寸>3～500 mm、标准公差等级大于 IT8 的孔的基本偏差 N，其数值(ES)等于零。

② 公称尺寸>3～500 mm、标准公差等级小于或等于 IT8 的孔的基本偏差 K、M、N 和标准公差等级小于或等于 IT7 的孔的基本偏差 P～ZC，其基本偏差数值应在计算值上附加一个 Δ 值，即

$$ES = ES(计算值) + \Delta \qquad (1-17)$$

式中：

Δ——公称尺寸段内给定的某一标准公差等级的标准公差数值 ITn 与更精一级的标准公差等级的标准公差数值 IT(n−1) 的差值。

三、公差带及配合的表示与标注

1. 公差带的表示与标注

公差带用基本偏差代号和公差等级数字表示，称为公差带代号。例如，H7 为孔的公差带代号，f6 为轴的公差带代号。

公差带的标注方法有三种，如图 1-17 所示。

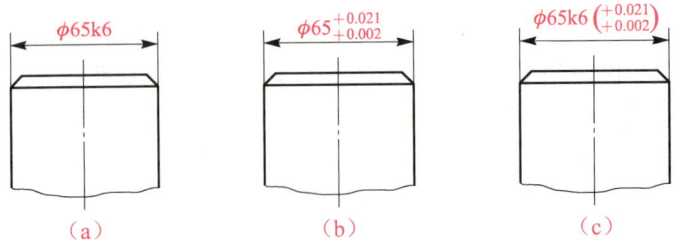

图 1-17 公差带的标注

① 在公称尺寸后注出所要求的公差带，如 $\phi 65k6$、$\phi 100g6$。

② 在公称尺寸后注出所要求的公差带对应的极限偏差值，如 $\phi 65^{+0.021}_{+0.002}$、$100^{-0.012}_{-0.034}$。

③ 在公称尺寸后注出所要求的公差带和对应的极限偏差值，如$\phi 65k6(^{+0.021}_{+0.002})$、$\phi 100g6(^{-0.012}_{-0.034})$。

2．配合的表示与标注

配合用公称尺寸后跟孔和轴的公差带表示，孔和轴的公差带写成分数形式，分子为孔公差带，分母为轴公差带，如$\phi 30\frac{H7}{f6}$或$\phi 30H7/f6$。其标注如图1-18所示。

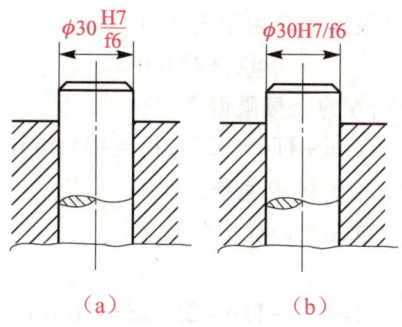

图1-18 配合的标注

 课上练习

【例1-7】确定$\phi 25H8/p8$、$\phi 25P8/h8$配合中孔与轴的极限偏差。

【解】25 mm在18～30 mm尺寸段内，由表1-2可知，IT8 = 33 μm。

（1）确定$\phi 25H8/p8$孔与轴的极限偏差。

孔H8的下极限偏差为0，根据式（1-17），可得其上极限偏差为

$$ES = EI + IT8 = 0 + 33 = +33\,(\mu m)$$

轴p8的基本偏差为下极限偏差，由附表1可知

$$ei = +22\,\mu m$$

根据式（1-14），可得轴p8的上极限偏差为

$$es = ei + IT8 = +22 + 33 = +55\,(\mu m)$$

（2）确定$\phi 25P8/h8$孔与轴的极限偏差。

孔P8的基本偏差为上极限偏差，由附表2可知

$$ES = -22\,\mu m$$

根据式（1-17），可得孔P8的下极限偏差为

$$EI = ES - IT8 = -22 - 33 = -55\,(\mu m)$$

轴h8的上极限偏差为0，根据式（1-14），可得其下极限偏差为

$$ei = es - IT8 = 0 - 33 = -33\,(\mu m)$$

综上所述，$\phi 25H8 = \phi 25^{+0.033}_{0}$、$\phi 25p8 = \phi 25^{+0.055}_{+0.022}$、$\phi 25P8 = \phi 25^{-0.022}_{-0.055}$、$\phi 25h8 = \phi 25^{0}_{-0.033}$。

课上练习

【例 1-8】 确定 $\phi 25H7/p6$、$\phi 25P7/h6$ 孔与轴的极限偏差。

【解】 25 mm 在 18～30 mm 尺寸段内，由表 1-2 可知，IT6 = 13 μm、IT7 = 21 μm。

（1）确定 $\phi 25H7/p6$ 孔与轴的极限偏差。

孔 H7 的下极限偏差为 0，根据式（1-15），可得其上极限偏差为

$$ES = EI + IT7 = 0 + 21 = +21 \, (\mu m)$$

轴 p6 的基本偏差为下极限偏差，由附表 1 可知

$$ei = +22 \, \mu m$$

根据式（1-14），可得轴 p6 的上极限偏差为

$$es = ei + IT6 = +22 + 13 = +35 \, (\mu m)$$

（2）确定 $\phi 25P7/h6$ 孔与轴的极限偏差。

孔 P7 的基本偏差为上极限偏差，应进行计算。

因为

$$\Delta = IT7 - IT6 = 21 - 13 = 8 \, (\mu m)$$

且由附表 2 可知，孔 P 的上极限偏差计算值为

$$ES(\text{计算值}) = -22 \, \mu m$$

所以，根据式（1-17），可得孔 P7 的上极限偏差为

$$ES = ES(\text{计算值}) + \Delta = -22 + 8 = -14 \, (\mu m)$$

根据式（1-15），可得孔 P7 的下极限偏差为

$$EI = ES - IT7 = -14 - 21 = -35 \, (\mu m)$$

轴 h6 的上极限偏差为 0，根据式（1-14），可得其下极限偏差为

$$ei = es - IT6 = 0 - 13 = -13 \, (\mu m)$$

综上所述，$\phi 25H7 = \phi 25^{+0.021}_{0}$、$\phi 25p6 = \phi 25^{+0.035}_{+0.022}$、$\phi 25P7 = \phi 25^{-0.014}_{-0.035}$、$\phi 25h6 = \phi 25^{0}_{-0.013}$。

四、配合制

配合制又称为基准制，是指在制造相互配合的零件时，使其中一种零件作为基准件，其基本偏差固定，通过改变另一种零件的基本偏差来获得各种不同性质配合的制度。国家标准规定，配合制可分为基孔制配合和基轴制配合两种。

1. 基孔制配合

基孔制配合是指基本偏差一定的孔的公差带，与不同基本偏差的轴的公差带形成各种配合的制度，如图 1-19（a）所示。基孔制配合的孔为基准件，称为基准孔，以基本偏差代号 H 表示；轴为非基准件，称为配合轴。国家标准规定基准孔的下极限尺寸与公称尺寸相等，即下极限偏差 EI（基本偏差）为零。

2. 基轴制配合

基轴制配合是指基本偏差一定的轴的公差带，与不同基本偏差的孔的公差带形成各种配合的制度，如图1-19（b）所示。基轴制配合的轴为基准件，称为基准轴，以基本偏差代号 h 表示；孔为非基准件，称为配合孔。国家标准规定基准轴的上极限尺寸与公称尺寸相等，即上极限偏差 es（基本偏差）为零。

图1-19中，水平实线代表孔和轴的基本偏差，虚线代表另一极限，表示孔和轴之间可能的不同组合与它们的公差等级有关。

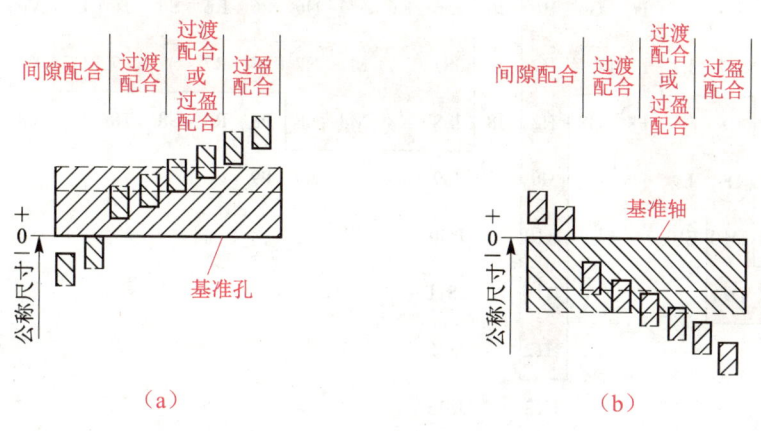

图1-19 配合制

五、常用和优先选用的公差带与配合

国家标准规定了20个公差等级和28种基本偏差，其中，基本偏差 J 仅保留 J6～J8，j 仅保留 j5～j8，由此可以得到孔公差带$(28-1)\times 20+3=543$种，轴公差带$(28-1)\times 20+4=544$种。由孔和轴的公差带又可组成大量的配合，这么多的公差带和配合如果都使用，显然是不经济的。因此，国家标准对公差带和配合的选用进行了限制。

1. 一般、常用和优先公差带

国家标准对孔和轴规定了一般、常用和优先公差带。选用公差带时，应按优先、常用、一般公差带的顺序选取。

公称尺寸≤500 mm 的孔，国家标准规定了一般、常用和优先公差带共105种，如图1-20所示。其中，圆圈内的13种为优先公差带，方框内的44种为常用公差带，其余的为一般公差带。

公称尺寸≤500 mm 的轴，国家标准规定了一般、常用和优先公差带共116种，如图1-21所示。其中，圆圈内的13种为优先公差带，方框内的59种为常用公差带，其余的为一般公差带。

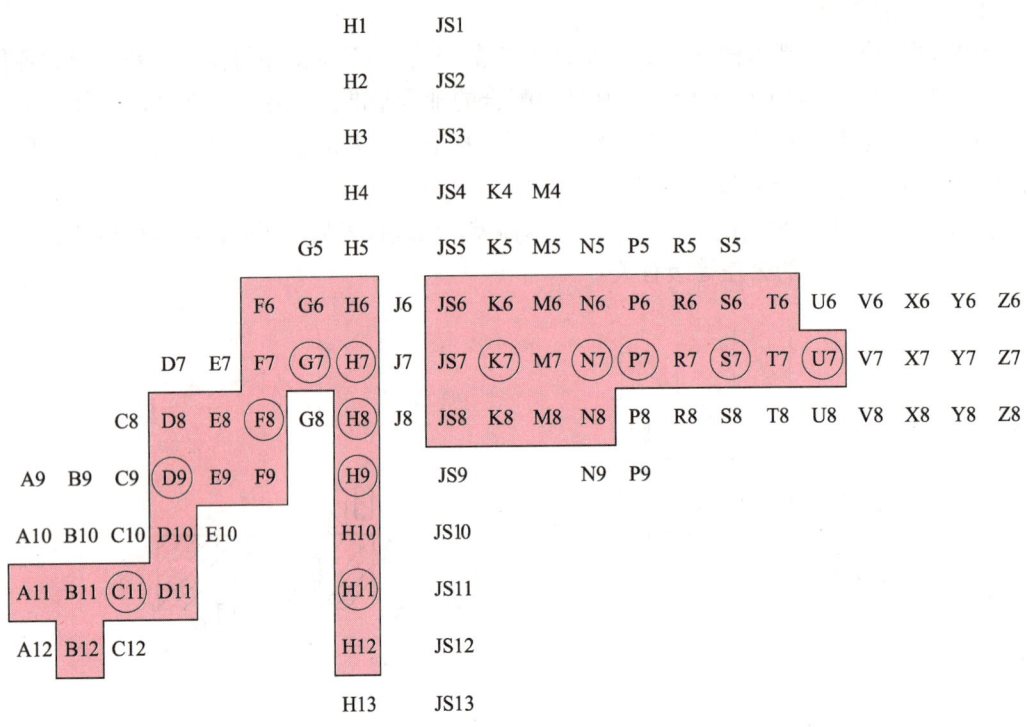

图 1-20　公称尺寸 ≤ 500 mm 孔的一般、常用和优先公差带

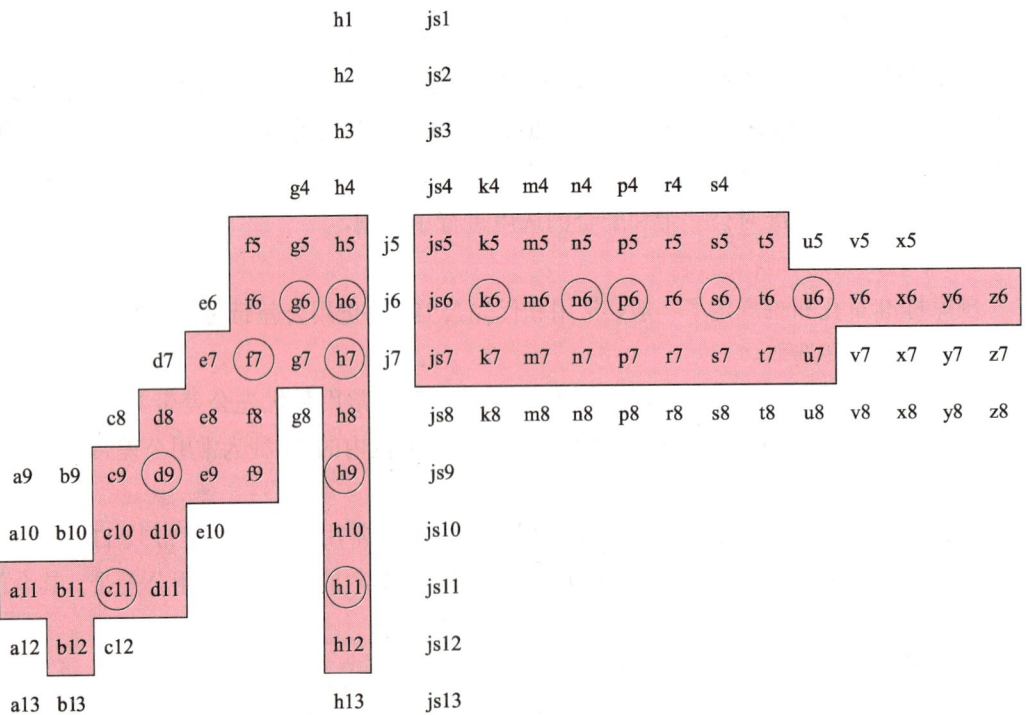

图 1-21　公称尺寸 ≤ 500 mm 轴的一般、常用和优先公差带

2. 常用和优先配合

国家标准在规定孔和轴公差带选用的基础上，还规定了孔和轴公差带的常用和优先配合。选用配合时，应按优先、常用配合的顺序选取。

公称尺寸≤500 mm 时，规定了 59 种基孔制常用配合，其中，标注黑三角符号的 13 种为优先配合，如表 1-5 所示；规定了 47 种基轴制常用配合，其中，标注黑三角符号的 13 种为优先配合，如表 1-6 所示。

六、一般公差

一般公差是指在车间普通工艺条件下可保证的公差。在正常维护和操作的条件下，它代表经济加工精度。采用一般公差的尺寸在正常车间精度保证的条件下，一般可不检验。

1. 一般公差的优点

① 采用一般公差的要素在图样上可不单独注出其公差，而是在技术要求或技术文件（如企业标准）中作出总的说明，这样可以简化制图，使图面清晰易读。

② 设计人员不必逐一考虑或计算公差值，大大减小了设计工作量，节约了图样设计时间。

③ 图样明确了由一般工艺水平保证的要素，可简化检验要求，有助于质量管理。

④ 突出了图样上注出公差的尺寸，使其能在加工和检验时引起重视。

表 1-5 基孔制优先、常用配合（摘自 GB/T 1801—2009）

基准孔	轴																			
	a	b	c	d	e	f	g	h	js	k	m	n	p	r	s	t	u	v	x	y	z
	间隙配合								过渡配合				过盈配合								
H6						$\frac{H6}{f5}$	$\frac{H6}{g5}$	$\frac{H6}{h5}$	$\frac{H6}{js5}$	$\frac{H6}{k5}$	$\frac{H6}{m5}$	$\frac{H6}{n5}$	$\frac{H6}{p5}$	$\frac{H6}{r5}$	$\frac{H6}{s5}$	$\frac{H6}{t5}$					
H7						$\frac{H7}{f6}$	$\frac{H7}{g6}$ ▼	$\frac{H7}{h6}$	$\frac{H7}{js6}$	$\frac{H7}{k6}$ ▼	$\frac{H7}{m6}$	$\frac{H7}{n6}$	$\frac{H7}{p6}$ ▼	$\frac{H7}{r6}$	$\frac{H7}{s6}$	$\frac{H7}{t6}$	$\frac{H7}{u6}$ ▼	$\frac{H7}{v6}$	$\frac{H7}{x6}$	$\frac{H7}{y6}$	$\frac{H7}{z6}$
H8					$\frac{H8}{e7}$	$\frac{H8}{f7}$ ▼	$\frac{H8}{g7}$	$\frac{H8}{h7}$	$\frac{H8}{js7}$	$\frac{H8}{k7}$	$\frac{H8}{m7}$	$\frac{H8}{n7}$	$\frac{H8}{p7}$	$\frac{H8}{r7}$	$\frac{H8}{s7}$	$\frac{H8}{t7}$	$\frac{H8}{u7}$				
				$\frac{H8}{d8}$	$\frac{H8}{e8}$	$\frac{H8}{f8}$		$\frac{H8}{h8}$													
H9			$\frac{H9}{c9}$	$\frac{H9}{d9}$ ▼	$\frac{H9}{e9}$	$\frac{H9}{f9}$		$\frac{H9}{h9}$ ▼													
H10			$\frac{H10}{c10}$	$\frac{H10}{d10}$				$\frac{H10}{h10}$													
H11	$\frac{H11}{a11}$	$\frac{H11}{b11}$	$\frac{H11}{c11}$ ▼	$\frac{H11}{d11}$				$\frac{H11}{h11}$ ▼													
H12		$\frac{H12}{b12}$						$\frac{H12}{h12}$													

注：① $\frac{H6}{n5}$、$\frac{H7}{p6}$ 在公称尺寸小于或等于 3 mm 和 $\frac{H8}{r7}$ 在公称尺寸小于或等于 100 mm 时，为过渡配合。

② 标注黑三角的配合为优先配合。

2. 一般公差的适用范围

一般公差适用于金属切削加工的尺寸，也适用于一般冲压加工的尺寸。非金属材料和其他工艺方法加工的尺寸可参照采用。

3. 一般公差的公差等级和极限偏差

国家标准规定，一般公差分精密 f、中等 m、粗糙 c 和最粗 v 四个等级。各公差等级线性尺寸的极限偏差数值如表 1-7 所示；倒圆半径和倒角高度尺寸的极限偏差数值如表 1-8 所示；角度尺寸的极限偏差数值如表 1-9 所示。

4. 一般公差的表示方法

采用一般公差时，应在图样标题栏附近或技术要求、技术文件中注出国家标准号及公差等级代号。例如，选取中等级时，标注为 GB/T 1804—m。

七、标准参考温度

国家标准规定的标准参考温度为 20℃，即技术文件及设计图样上规定的尺寸、公差与配合，如果没有特殊说明均为 20℃ 时的数值。测量零件时，如果偏离标准参考温度，则需对测量结果进行修正；选择配合时，应考虑不同工作温度对配合性质的影响。

表 1-6 基轴制优先、常用配合（摘自 GB/T 1801—2009）

基准轴	孔																				
	A	B	C	D	E	F	G	H	JS	K	M	N	P	R	S	T	U	V	X	Y	Z
	间隙配合								过渡配合				过盈配合								
h5						$\frac{F6}{h5}$	$\frac{G6}{h5}$	$\frac{H6}{h5}$	$\frac{JS6}{h5}$	$\frac{K6}{h5}$	$\frac{M6}{h5}$	$\frac{N6}{h5}$	$\frac{P6}{h5}$	$\frac{R6}{h5}$	$\frac{S6}{h5}$	$\frac{T6}{h5}$					
h6						$\frac{F7}{h6}$	$\frac{G7}{h6}$	$\frac{H7}{h6}$	$\frac{JS7}{h6}$	$\frac{K7}{h6}$	$\frac{M7}{h6}$	$\frac{N7}{h6}$	$\frac{P7}{h6}$	$\frac{R7}{h6}$	$\frac{S7}{h6}$	$\frac{T7}{h6}$	$\frac{U7}{h6}$				
h7					$\frac{E8}{h7}$	$\frac{F8}{h7}$		$\frac{H8}{h7}$	$\frac{JS8}{h7}$	$\frac{K8}{h7}$	$\frac{M8}{h7}$	$\frac{N8}{h7}$									
h8				$\frac{D8}{h8}$	$\frac{E8}{h8}$	$\frac{F8}{h8}$		$\frac{H8}{h8}$													
h9				$\frac{D9}{h9}$	$\frac{E9}{h9}$	$\frac{F9}{h9}$		$\frac{H9}{h9}$													
h10				$\frac{D10}{h10}$				$\frac{H10}{h10}$													
h11	$\frac{A11}{h11}$	$\frac{B11}{h11}$	$\frac{C11}{h11}$	$\frac{D11}{h11}$				$\frac{H11}{h11}$													
h12		$\frac{B12}{h12}$						$\frac{H12}{h12}$													

注：标注黑三角的配合为优先配合。

表1-7 线性尺寸的极限偏差数值（摘自 GB/T 1804—2000）　　　　　　　　　　单位：mm

公差等级	公称尺寸分段							
	0.5～3	>3～6	>6～30	>30～120	>120～400	>400～1 000	>1 000～2 000	>2 000～4 000
精密 f	±0.05	±0.05	±0.1	±0.15	±0.2	±0.3	±0.5	—
中等 m	±0.1	±0.1	±0.2	±0.3	±0.5	±0.8	±1.2	±2
粗糙 c	±0.2	±0.3	±0.5	±0.8	±1.2	±2	±3	±4
最粗 v	—	±0.5	±1	±1.5	±2.5	±4	±6	±8

表1-8 倒圆半径和倒角高度尺寸的极限偏差数值（摘自 GB/T 1804—2000）　　　　单位：mm

公差等级	公称尺寸分段			
	0.5～3	>3～6	>6～30	>30
精密 f	±0.2	±0.5	±1	±2
中等 m	±0.2	±0.5	±1	±2
粗糙 c	±0.4	±1	±2	±4
最粗 v	±0.4	±1	±2	±4

表1-9 角度尺寸的极限偏差数值（摘自 GB/T 1804—2000）

公差等级	长度分段/mm				
	～10	>10～50	>50～120	>120～400	>400
精密 f	±1°	±30′	±20′	±10′	±5′
中等 m	±1°	±30′	±20′	±10′	±5′
粗糙 c	±1°30′	±1°	±30′	±15′	±10′
最粗 v	±3°	±2°	±1°	±30′	±20′

注：角度尺寸的长度按角度短边长度确定，对圆锥角按圆锥素线长度确定。

任务实施

（1）将学生分为10组，各小组根据表1-2"标准公差数值"和附表"孔和轴的基本偏差"，查出表1-10中公差带的上、下极限偏差。提示：JS 与 js 没有基本偏差，其上、下极限偏差与零线对称，分别是±IT/2。

表1-10 查询公差带的上、下偏差

组　别	第1组	第2组	第3组	第4组	第5组
公差带	$\phi 35h7$	$\phi 120K7$	$\phi 80h11$	$\phi 150JS8$	$\phi 45D9$
组　别	第6组	第7组	第8组	第9组	第10组
公差带	$\phi 35F8$	$\phi 120p6$	$\phi 80JS10$	$\phi 150f7$	$\phi 45m6$

（2）完成查表任务后，各小组选派代表在展示板上公示所查结果，找到与之配合的孔（轴）尺寸标记，并说明是哪种性质的配合。

拓展阅读

工匠精神的倡导让一线工人更有"奔头"

工作10余年,李锋从一个普通员工成长到陕西法士特汽车传动集团有限责任公司壳体三车间旋压组加工中心的操作工、高级技师,并于2019年荣获全国五一劳动奖章。

回首过去,李锋感受良多。他坦言,自己像大多数技术工人一样,不太懂得去表达自己的想法,能够取得这些荣誉,离不开公司的支持和鼓励。

他说,大国工匠的提出,实际给一线员工带来很多机遇和"奔头"。大多身处一线的技术工人,只知道埋头苦干,对自己的职业认同感很低。有人甚至会觉得,再怎么干,也始终就是一个工人,难有出头的日子。

李锋说,如今不管是国家层面还是地方政府机关和集团公司,他们能够重视工人的价值,领导干部愿意俯下身来聆听一线工人的想法,还制订了各种各样的激励机制,这让大家觉得得到尊重,有了"奔头",极大程度地调动了工人创新的积极性。

在李锋看来,现代科技日新月异,公司创新步伐不断加快,作为一名技术工人,必须要秉持一贯的责任感和上进心,始终怀揣梦想,鞭策自己,不断提升,为企业、社会创新发展做出更多贡献。

(资料来源:https://www.sohu.com/a/310231632_120122160,有改动)

任务三 极限与配合的选择

 任务引入

齿轮是日常生活中用途非常广的一种零件,不管是小型家用机器,还是大型生产机器,都会用到型号不同的各种齿轮。齿轮有很多类型,也分不同的精度等级,那不同精度的齿轮该怎样选用呢?用于自行车上的齿轮和用于航天飞行器的齿轮,可以选用同一精度吗?设计零件时是否一定要求零件采用高精度呢?

 **相关知识**

合理选择极限与配合是机械设计与制造中的一个重要环节，它对提高产品的性能、质量以及降低生产成本具有重要影响。极限与配合的选择主要包括配合制的选择、公差等级的选择及配合种类的选择三个方面，其选择原则是在充分满足使用要求的前提下尽可能获得最佳经济效益。

极限与配合的选择方法主要有计算法、试验法和类比法三种。

- **计算法**：是指按一定的理论与公式，通过计算来确定所需的间隙或过盈。计算法理论根据比较充分，但计算较麻烦，且计算时对许多条件进行了近似处理，因此，计算结果不一定完全符合实际，在生产中应用较少。
- **试验法**：是指通过科学试验和统计分析来确定所需的间隙或过盈。试验法确定的极限与配合最为合理可靠，但成本较高，故一般只用于比较重要的场合。
- **类比法**：是指以经过生产验证的、类似的机构和零部件为参照，结合自己的具体情况来选择极限与配合。类比法是实际生产中应用最多的方法。本节主要采用类比法选择极限与配合。

一、配合制的选择

选择配合制时，应从零件的结构性、工艺性和经济性等几个方面综合考虑，合理选择。

1. 优先选用基孔制配合

一般情况下，设计时应优先选用基孔制配合。孔加工时通常采用钻头、铰刀和拉刀等定尺寸刀具，检测时通常采用塞规等定尺寸量具，因此，设计时，若采用基孔制可以减少孔公差带的数量，从而大大减少定尺寸刀具和量具的规格和数量，有利于刀具和量具的标准化和系列化，具有较好的经济性。

2. 选择基轴制配合的情况

在下列情况下采用基轴制配合比较合理。

1) 采用冷拉钢材作为基准轴

由于冷拉钢材是按基准轴的公差带制造的，可直接用于一些精度不太高的机械产品（如农业机械和纺织机械等）的制造中，无须进行表面加工，故当采用冷拉钢材作为轴时，应选择基轴制配合，对孔进行加工。

2) 根据结构需要和加工方便采用基轴制配合

例如，同一公称尺寸的轴与多个孔相配合，而要求形成不同的配合性质时，应采用基轴制配合。如图 1-22（a）所示为发动机活塞销与活塞孔和连杆套孔的配合。根据工作需要，活塞销与活塞孔的配合较紧，应为过渡配合；活塞销与连杆套孔的配合较松，应为间隙配合。

当选择基孔制配合时，活塞销将必须做成如图 1-22（b）所示的阶梯状，这样既不便于加工又不便于装配；当选择基轴制配合时，如图 1-22（c）所示，活塞销可以做成光轴，而将活塞孔和连杆套孔选用不同的孔公差带，这样既方便加工又利于装配。

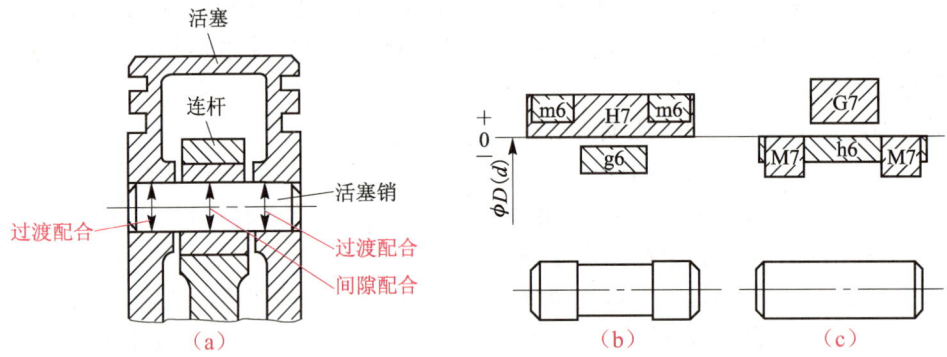

图 1-22　活塞销与活塞孔和连杆套孔的配合

3）特小尺寸的配合应选用基轴制配合

在特小尺寸（加工尺寸小于 1 mm）的配合中，加工小尺寸的精密轴比加工同级孔要难，因此，在仪表、无线电工程中，使用光扎成形的钢丝直接作为基准轴，更加经济。

3．与标准件配合时，应选以标准件为基准的基准制

例如，滚动轴承为标准件，其内圈（孔）与轴配合时采用基孔制配合，外圈（轴）与轴承座孔配合时采用基轴制配合；平键为标准件，其与键槽配合时，应采用基轴制配合。

4．特殊需要时，可采用非配合制配合

非配合制配合是指由不包含基本偏差 H 和 h 的孔、轴公差带组成的配合。

如图 1-23 所示为外壳孔同时与滚动轴承外圈和端盖组成定位配合的情况。由于滚动轴承是标准件，其外圈与外壳孔的配合应为基轴制过渡配合，故轴承外壳孔的公差带可选为 $\phi52J7$；而外壳孔与端盖的定位外圆表面应为间隙配合，由于外壳孔的公差带已选定为 $\phi52J7$，考虑到端盖的使用性能要求和加工的经济性，端盖定位外圆表面的公差带可选为 $\phi52f9$。因此，轴承外壳孔与端盖定位外圆之间采用 $\phi52J7/f9$ 的非配合制配合。

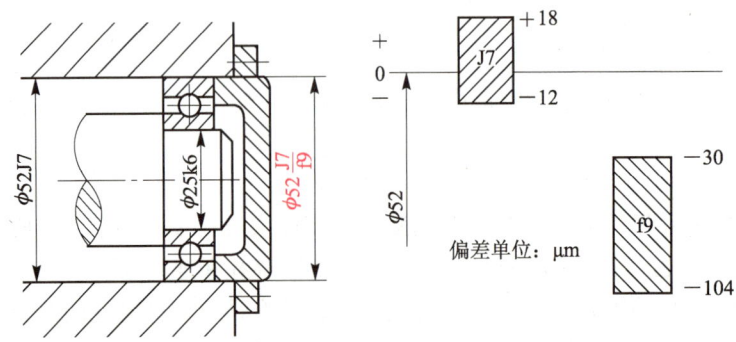

图 1-23　非配合制配合

二、公差等级的选择

选择公差等级时，要正确处理使用要求、制造工艺和成本之间的关系，其选择原则是在满足使用要求的前提下，尽可能选择较低的公差等级。设计时，可参考表1-11至表1-13。

表1-11 公差等级的划分范围

应用	公差等级（IT）																			
	01	0	1	2	3	4	5	6	7	8	9	10	11	12	13	14	15	16	17	18
量块	—	—	—																	
量规			—	—	—	—	—	—	—											
一般配合							—	—	—	—	—	—	—							
特别精密的零件				—	—	—	—													
非配合尺寸														—	—	—	—	—	—	—
原材料公差									—	—	—	—	—	—						

表1-12 公差等级的应用范围

公差等级	应用范围
IT01～IT1	用于量块，大致相当于量块的1、2、3级精度
IT2～IT5	用于精密零件的配合
轴IT5 孔IT6	用于高精度的重要配合，如精密机床中主轴轴径与轴承、发动机中活塞销与活塞销孔、车床尾座孔与顶尖套筒的配合等。其配合公差很小，加工要求很高，故应用较少
轴IT6 孔IT7	用于较高精度的重要配合，如机床传动机构中齿轮与轴、轴与轴承的配合，内燃机中曲柄与轴套的配合等。其配合公差较小，一般精密加工能够实现，在精密机械制造中应用较广，国家标准推荐的常用公差带也较多
IT7～IT8	用于中等精度的配合，如一般机械中速度不高的配合（轴与轴承的配合）、重型机械中精度要求稍高的配合（发动机活塞环与活塞环槽）、农业机械中较重要的配合（拖拉机上的齿轮与轴）等。其配合公差中等，加工易于实现，在一般机械中广泛应用
IT9～IT10	用于一般要求的配合或长度精度要求较高的配合，某些配合尺寸的特殊要求，如飞机机身外壳的尺寸，由于其重量限制，要求达到此等级。其配合公差稍大，加工易于实现，在一般机械中广泛应用
IT11～IT12	用于不重要或只要求便于连接的配合，如螺栓或螺孔、铆钉和孔等
IT13～IT18	用于未注公差的尺寸或粗加工的工序尺寸，如箱体的外形、手柄的直径、冲压件及铸锻件等

表1-13 各种加工方法的加工精度

加工方法	公差等级/IT																
	01	0	1	2	3	4	5	6	7	8	9	10	11	12	13	14	15	16
研磨	—	—	—	—	—	—	—											
珩					—	—	—	—	—									

表 1-13（续）

加工方法	公差等级/IT																	
	01	0	1	2	3	4	5	6	7	8	9	10	11	12	13	14	15	16
圆磨							—	—	—	—								
平磨							—	—	—	—								
金刚石车							—	—	—									
金刚石镗							—	—	—									
拉削							—	—	—	—								
铰孔								—	—	—	—	—						
车									—	—	—	—	—					
镗									—	—	—	—	—					
铣										—	—	—	—					
刨、插												—	—					
钻孔												—	—	—	—			
滚压、挤压												—	—					
冲压												—	—	—	—	—		
压铸												—	—	—	—			
粉末冶金成形								—	—	—								
粉末冶金烧结									—	—	—	—						
砂型铸造、气割																	—	—
锻造																—	—	—

选用公差等级时，还应考虑以下问题。

1．孔和轴的工艺等价性

孔和轴的工艺等价性是指孔和轴的加工难易程度应相当。在公称尺寸≤500 mm、标准公差等级高于 IT8 时，由于相同尺寸、同一公差等级的孔比轴难加工，因此应选用孔比轴低一级配合；但公称尺寸≤500 mm、标准公差等级低于 IT8 或公称尺寸＞500 mm 时，由于孔的测量精度比轴容易保证，因此应采用同级孔、轴配合。

2．配合性质

过渡和过盈配合的公差等级不宜太低，一般孔的公差等级≤IT8，轴的公差等级≤IT7；间隙配合中，间隙小的配合，公差等级应高些，间隙大的配合，公差等级可低些。

3．与相配件的精度匹配

例如，齿轮孔与轴的配合，其公差等级取决于齿轮的精度等级；滚动轴承与轴颈和外壳孔的配合，其公差等级取决于滚动轴承的精度等级。

4．加工成本

为满足配合公差的要求，所选孔、轴应符合 $T_h + T_s \leqslant T_f$。在此前提下，为了降低加工成本，应尽可能选取较低的公差等级。

课上练习

【例1-9】 基本尺寸为$\phi 10$ mm，要求配合间隙为0.013～0.038 mm。试确定孔、轴的公差等级。

【解】 由题意可知，配合公差为

$$T_f = |X_{max} - X_{min}| = |0.038 - 0.013| = 0.025 \text{ (mm)}$$

从加工成本角度考虑，应满足：$T_f \geqslant T_h + T_s = 0.025$ (mm)。

由表1-2可知，IT5 = 0.006 mm、IT6 = 0.009 mm、IT7 = 0.015 mm、IT8 = 0.022 mm。结合工艺等价原则，只能选T_h = IT7、T_s = IT6，这样，$T_h + T_s = 0.024$ mm $\leqslant T_f$。如果选T_h = IT6、T_s = IT6，不仅增加了加工难度，也增加了加工成本。

三、配合的选择

在进行配合的选择时，应尽量选用国家标准推荐的优先配合和常用配合；优先配合和常用配合不能满足使用要求时，可选国家标准推荐的一般用途孔、轴公差带，组成所需要的配合；仍不能满足使用要求时，允许从国家标准所提供的孔、轴公差带中任意选取合适的公差带，组成所需要的配合。

配合的选择包括配合类别的选择和非基准件基本偏差代号的选择。

1. 配合类别的选择

选择配合时，应首先根据配合的具体要求，参考表1-14所示确定配合类别。

表1-14 配合类别选择的一般方法

相互运动情况	配合处的装配要求与使用要求		配合选择
配合件之间无相互运动	需要传递载荷	要求精确同轴 永久结合	过盈配合
		要求精确同轴 可拆结合	过渡配合或基本偏差为H（h）的间隙配合，传递载荷时要加紧固件（销、键和螺钉等）
		不要求精确同轴	间隙配合加紧固件
	不需要传递载荷		过渡配合或过盈量较小的过盈配合
配合件之间有相互运动	只有移动		基本偏差为H（h）、G（g）等间隙配合
	转动、移动或往复运动		基本偏差为A（a）～F（f）等间隙配合

2. 非基准件基本偏差代号的选择

在确定了配合类别后，需进一步通过类比，确定应选哪一种配合。如表1-15所示为各种基本偏差的特性及应用，如表1-16所示为公称尺寸$\leqslant$500 mm常用和优先配合的特征及应用，可供选择时参考。

表1-15 各种基本偏差的特性及应用

配合	基本偏差	特性及应用
间隙配合	A（a）、B（b）	可得到特别大的间隙，应用很少
	C（c）	可得到很大的间隙，一般用于缓慢、松弛的间隙配合。当用于工作条件较差（如农业机械）、工作时受力变形，或为了便于装配而必须保证有较大间隙的配合时，推荐配合为H11/c11，如光学仪器中光学镜片与机械零件的连接。较高等级的配合H8/c7，适用于在高温工作的间隙配合，如内燃机排气阀和导管的配合
	D（d）	一般用于IT7~IT11级，适用于较松的间隙配合，如密封盖、滑轮、空转带轮等与轴的配合，也适用于大直径滑动轴承的配合，如透平机、球磨机、重型弯曲机及其他重型机械中的一些滑动轴承配合
	E（e）	多用于IT7~IT9级，通常用于要求有明显间隙、易于转动的轴承配合，如大跨距轴承、多支点轴承等的配合。公差等级较高的e轴适用于大尺寸、高速、重载支承的轴与轴承的配合，如涡轮发电机、大型电动机及内燃机的主要轴承与凸轮轴承的配合等
	F（f）	多用于IT6~IT8级的一般间隙配合。当温度影响不大时，被广泛用于普通润滑油（或润滑脂）润滑的轴与轴承的配合，如齿轮箱、小电动机、泵等的转轴与滑动轴承的配合
	G（g）	配合间隙很小，制造成本很高，除很轻载荷的精密装置外，不推荐用于间隙配合。多用于IT5~IT7级，最适合不回转的紧密滑动配合，也可用于插销等定位配合，如精密连杆轴承、活塞等处的配合
	H（h）	多用于IT4~IT11级，广泛用于无相对转动的配合、一般的定位配合。若没有温度、变形影响，也可用于精密滑动配合
过渡配合	JS（js）	偏差完全对称、平均间隙较小的配合。多用于IT4~IT7级、要求间隙比h轴小、并允许略有过盈的定位配合，如联轴器、齿圈与钢制轮毂的配合。可用木槌装配
	K（k）	平均间隙接近于零的配合。适用于IT4~IT7级，推荐用于稍有过盈的定位配合，如滚动轴承的内、外圈分别与轴颈和外壳孔的配合。一般用木槌装配
	M（m）	平均过盈较小的配合。适用于IT4~IT7级，推荐用于精密的定位配合。一般用木槌装配，但在最大过盈时，要求有相当的压入力
	N（n）	平均过盈稍大的配合，很少得到间隙。适用于IT4~IT7级，一般推荐用于紧密的组件配合。用锤或压入机装配
过盈配合	P（p）	与H6或H7孔配合时为过盈配合，与H8孔配合时则为过渡配合。对非铁类零件，为较轻的压入配合，当需要时易于拆卸；对钢、铸铁或铜钢组件装配时，为标准压入配合
	R（r）	用于传递大载荷或受冲击载荷需要加键的配合。与H8孔配合时，直径在100 mm以上时为过盈配合，直径≤100 mm时为过渡配合。对非铁类零件，为轻打入配合，当需要时可以拆卸；对铁类零件，为中等打入配合
	S（s）	用于钢和铁制零件的永久性和半永久性装配，可产生相当大的结合力。当用弹性材料（如轻合金）时，配合性质与铁类零件的p轴相当，如套环压装在轴上的配合。尺寸较大时，为了避免损伤配合表面，需用热胀或冷缩法装配

表 1-15（续）

配合	基本偏差	特性及应用
过盈配合	T（t）	过盈较大的配合。对钢和铸铁零件适用于永久性结合，不用键可传递载荷。需用热胀或冷缩法装配，如联轴器和轴的配合
	U（u）	这种配合过盈大，一般应验算在最大过盈时工件材料是否损坏。用热胀或冷缩法装配，如火车轮毂和轴的配合
	V（v）、X（x）Y（y）、Z（z）	这些基本偏差所组成的配合过盈量更大，目前使用的经验和资料还很少，须经试验后才能应用，一般不推荐

表 1-16　公称尺寸 ≤ 500 mm 常用和优先配合的特征及应用

配合类别	配合特征	配合代号（轴或孔）	应用
间隙配合	特大间隙	H11/a11、H11/b11、H12/b12 A11/h11、B11/h11、B12/h12	用于高温或工作时要求大间隙的配合
	很大间隙	（**H11/c11**）、H11/d11 （**C11/h11**）	用于工作条件差、受力变形大或为便于装配而需要大间隙的配合和高温工作的配合
	较大间隙	H9/c9、H10/c10、H8/d8、 （**H9/d9**）、H10/d10、H8/e7、 H8/e8、H9/e9 （**D9/h9**）、D10/h10、D8/h8、 D11/h11、E8/h7、E8/h8、 E9/h9	用于高速重载的滑动轴承或大直径的滑动轴承，也可用于大跨距或多支点支承的配合
	一般间隙	H6/f5、H7/f6、（**H8/f7**）、 H8/f8、H9/f9 F6/h5、F7/h6、（**F8/h7**）、 F8/h8、F9/h9	用于一般转速的间隙配合。当温度影响不大时，广泛应用于普通润滑油润滑的支承配合
	较小间隙	H6/g5、（**H7/g6**）、H8/g7、 G6/h5、（**G7/h6**）	用于精密滑动零件或缓慢间歇回转零件的配合
	很小间隙和零间隙	H6/h5、（**H7/h6**）、 （**H8/h7**）、H8/h8、 （**H9/h9**）、H10/h10、 （**H11/h11**）、H12/h12	用于不同精度要求的一般定位件的配合及缓慢移动和摆动零件的配合
过渡配合	绝大部分有微小间隙	H6/js5、H7/js6、H8/js7 JS6/h5、JS7/h6、JS8/h7	用于易于装拆的定位配合或加紧固件后可传递一定静载荷的配合
	大部分有微小间隙	H6/k5、（**H7/k6**）、H8/k7 K6/h5、（**K7/h6**）、K8/h7	用于稍有振动的定位配合，加紧固件后可传递一定的载荷。装拆方便，可用木槌敲入
	大部分有微小过盈	H6/m5、H7/m6、H8/m7 M6/h5、M7/h6、M8/h7	用于定位精度要求较高且能抗振的定位配合，加键可传递较大的载荷。可用铜锤敲入或小压力压入
	绝大部分有微小过盈	（**H7/n6**）、H8/n7 （**N7/h6**）、N8/h7	用于精确定位或紧密组合件的配合，加键能传递大力矩或冲击性载荷。只在大修时拆卸

表 1-16（续）

配合类别	配合特征	配合代号（轴或孔）	应用
过渡配合	绝大部分有较小过盈	H8/p7	用于加键后能传递很大扭矩，且承受振动和冲击的配合，装配后不拆卸
过盈配合	轻型	H6/n5、H6/p5、（**H7/p6**）、H6/r5、H7/r6、H8/r7 N6/h5、P6/h5、（**P7/h6**）、R6/h5、R7/h6	用于精确定位配合。一般不能靠过盈传递力矩，要传递力矩需加紧固件
过盈配合	中型	H6/s5、（**H7/s6**）、H8/s7、H6/t5、H7/t6、H8/t7 S6/h5、（**S7/h6**）、T6/h5、T7/h6	用于不需加紧固件就可传递较小力矩和轴向力、加紧固件后可承受较大载荷或动载荷的配合
过盈配合	重型	（**H7/u6**）、H8/u7、H7/v6、（**U7/h6**）	用于不需加紧固件就可传递较大力矩和动载荷的配合，要求配合件的材料有较高的强度
过盈配合	特重型	H7/x6、H7/y6、H7/z6	用于能传递和承受很大力矩和动载荷的配合，须经试验后方可应用

注：表中括号内的配合为优先配合。

3. 选择配合时应考虑的其他因素

当选定配合后，还需要按工作条件，参考机器或机构工作时配合件的运动速度、运动方向、停歇时间、运动精度、温度变化、承载情况、配合的重要性、润滑条件、装卸条件及材料的物理和力学性能等，根据具体条件，对配合的间隙或过盈进行相应修正，如表 1-17 所示。

表 1-17 工作情况对间隙和过盈的影响

具体情况	间隙应增大或减小	过盈应增大或减小	具体情况	间隙应增大或减小	过盈应增大或减小
运动速度高	增大	增大	润滑油黏度增大	增大	—
有轴向运动	增大	—	装配精度高	减小	减小
工作时，孔温高于轴温	减小	增大	经常拆卸	—	减小
工作时，轴温高于孔温	增大	减小	装配时可能歪斜	增大	减小
有冲击载荷	减小	增大	材料许用应力小	—	减小
配合长度较大	增大	减小	表面粗糙度高度参数值大	减小	增大
配合面几何误差大	增大	减小	生产批量小	增大	减小

课上练习

【例 1-10】有一孔、轴配合的公称尺寸为 $\phi 30$ mm，要求配合间隙为 $+0.020 \sim +0.055$ mm，试确定孔和轴的精度等级和配合种类。

【解】（1）选择基准制。

本例无特殊要求，选用基孔制。孔的基本偏差代号为 H，EI = 0。

（2）确定公差等级。

根据使用要求，其配合公差为

$$T_f = |X_{max} - X_{min}| = +0.055 - (+0.020) = 0.035 \text{ (mm)}$$

因 $T_f = T_h + T_s$，假设孔、轴同级配合，则

$$T_h + T_s = T_f / 2 = 0.017\,5 \text{ mm} = 17.5 \text{ μm}$$

从表 1-2 查得孔和轴的公差等级介于 IT6 和 IT7 之间。

根据工艺等价性原则，在 IT6 和 IT7 的公差等级范围内，孔应比轴低一个公差等级，故选孔为 IT7，$T_h = 21$ μm；轴为 IT6，$T_s = 13$ μm。

配合公差

$$T_f = T_h + T_s = 0.021 + 0.013 = 0.034 \text{ (mm)} < 0.035 \text{ mm}$$

满足使用要求。

（3）选择配合种类。

根据使用要求，本例为间隙配合。采用基孔制配合，孔的基本偏差代号为 H，孔的上极限偏差为

$$ES = EI + T_h = 0 + 0.021 = +0.021 \text{ (mm)}$$

孔的公差带代号为 $\phi 30H7(^{+0.021}_{0})$。

根据式（1-4）可得轴的上极限偏差为

$$es = EI - X_{min} = 0 - 0.020 = -0.020 \text{ (mm)}$$

因 es 为轴的基本偏差，从附表 1 中查得轴的基本偏差代号为 f。又因

$$ei = es - IT = -0.020 - (+0.013) = -0.033 \text{ (mm)}$$

所以轴的公差带代号为 $\phi 30f6(^{-0.020}_{-0.033})$，选择的配合为 $\phi 30H7/f6$。

（4）验算设计结果。

$$X_{max} = ES - ei = +0.021 - (-0.033) = +0.054 \text{ (mm)}$$

$$X_{min} = EI - es = 0 - (-0.020) = +0.020 \text{ (mm)}$$

所选配合 $\phi 30H7/f6$ 的最大间隙和最小间隙在要求的间隙范围 +0.020 ～ +0.055 mm 内，因此设计结果满足使用要求。本例选定的配合为 $\phi 30H7/f6$。

 拓展升华

锥齿减速器的公差等级和配合选择

如图 1-24 所示为锥齿减速器，已知传递功率 $P = 100$ kW，输入轴转速 $n = 750$ r/min，稍有冲击，在中小型工厂小批生产。试选择以下四处的公差等级和配合：① 联轴器 1 和输入轴 2 输入端轴颈，② 套杯 4 外径和箱体 6 座孔，③ 皮带轮 9 和输出轴 8 输出端轴颈，④ 小锥齿轮 11 和轴颈。

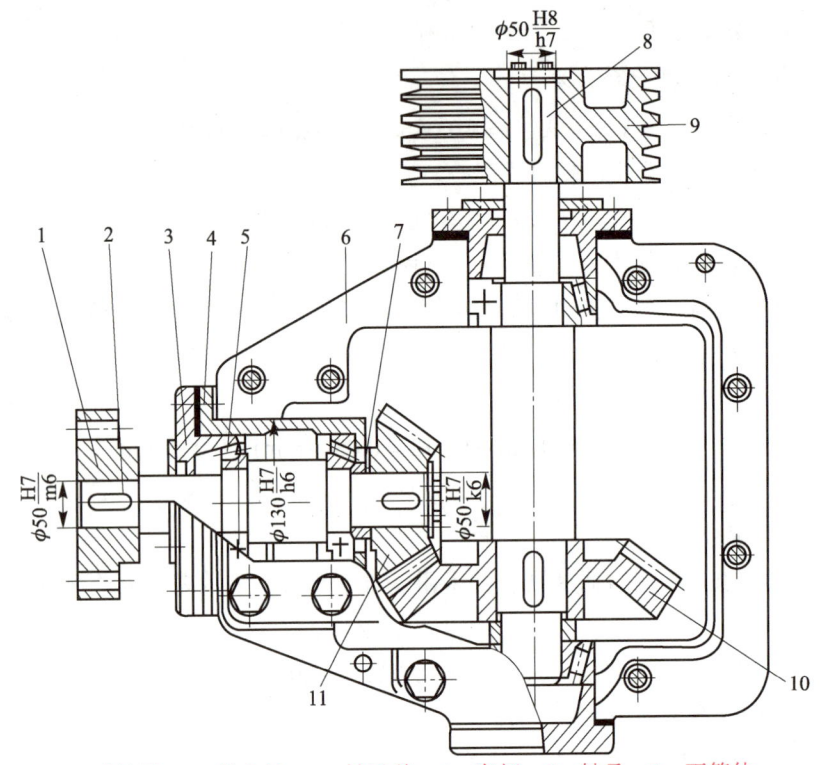

1—联轴器；2—输入轴；3—轴承盖；4—套杯；5—轴承；6—下箱体；
7—隔套；8—输出轴；9—皮带轮；10—大锥齿轮；11—小锥齿轮。

图 1-24 锥齿减速器

【解】（1）配合制的选择。

由于四处配合均无特殊要求，所以优先采用基孔制。

（2）公差等级的选择。

这四处配合均为减速器的重要配合，其中，联轴器 1 和输入轴 2 输入端轴颈的配合、套杯 4 外径和箱体 6 座孔的配合，公差等级要求较高，根据工艺等价性原则及表 1-12 可选择其公差等级：孔为 IT7 级，轴为 IT6 级；皮带轮 9 和输出轴 8 输出端轴颈的配合，由于精度要求相对不高，根据表 1-12 可选择其公差等级：孔为 IT8 级，轴为 IT7 级；小锥齿轮 10 和输入轴 2 输出端轴颈的配合，其公差等级取决于齿轮的精度等级，一般减速器齿轮精度为 7 级，故根据工艺等价性原则可选择其公差等级：孔为 IT7 级，轴为 IT6 级。

（3）配合的选择。

① 联轴器 1 是用精制螺栓连接的固定式刚性联轴器，为防止偏斜引起附加载荷，要求对中性好。联轴器是输入轴上的重要配合件，无轴向附加紧固装置，结构上有平键传递载荷，根据表 1-15 和表 1-16 可选择基本偏差 m，形成过渡配合 $\phi 50H7/m6$。

② 套杯 4 外径和箱体 6 座孔是影响齿轮传动性能的重要部位，其配合定心精度要求较高，但考虑到可能需因为调整锥齿轮间隙而使套杯 4 轴向移动，故根据表 1-15 和表 1-16 可选择基本偏差 h，形成间隙配合 $\phi 130H7/h6$。

③ 皮带轮 9 和输出轴 8 输出端轴颈的配合，定心精度要求不高，且有轴向定位件，

但需经常更换皮带轮,根据表 1-15 和表 1-16 可选择基本偏差 h,形成间隙配合 $\phi 50H8/h7$。

④ 小锥齿轮 10 和输入轴 2 输出端轴颈的配合是影响齿轮传动的重要配合,为保证齿轮的工作精度和啮合性能,要求准确对中,一般选用过渡配合加紧固件(平键),根据表 1-15 和表 1-16 所示,可供选择的配合有 H7/js6、H7/k6、H7/m6、H7/n6,甚至 H7/p6、H7/r6。但考虑到此处的具体工作条件:稍有冲击、小批生产,可选择过渡配合 $\phi 50H7/k6$。

任务实施

(1)将学生分为若干小组,各小组可自行查找机械,为其选择适合的配合制、公差等级和公差;也可以根据以下条件,为其确定配合代号。

> 某配合的公称尺寸为 $\phi 60$ mm,经计算,为保证连接可靠,其最小过盈的绝对值不得小于 20 μm。为保证装配后孔不发生塑性变形,其最大过盈的绝对值不得大于 55 μm。若已决定采用基轴制,试确定该配合代号。

(2)小组成员讨论、计算,达成一致后,将最终结果以报告形式提交给老师,并在课堂上由选派的代表上台阐述。

拓展阅读

在尽头处超越,在平凡中非凡

他是维修工,也是设计师,更像是永不屈服的斗士!临危请命,只为国之重器不能受制于人。他展示出中国工匠的风骨,在尽头处超越,在平凡中非凡。他就是潍柴动力股份有限公司一号工厂机修钳工王树军。

王树军致力于中国高端装备研制,不被外界高薪诱惑,坚守打造重型发动机"中国心"。他攻克的进口高精加工中心光栅尺气密保护设计缺陷,填补了国内空白,成为中国工匠勇于挑战进口设备的经典案例。他独创的"垂直投影逆向复原法",解决了进口加工中心定位精度为千分之一度的 NC 转台锁紧故障,打破了国外技术封锁和垄断。

作为潍柴工匠人才的一面旗帜,王树军凭借精益求精、持之以恒、爱岗敬业、不断创新的工匠精神,为广大职工树立了一个正直进取、勤学实干、技能突出的榜样形象。他是千千万万坚守一线岗位,默默奉献工匠的缩影,他们正在为中国制造业自主创新、迈向高端不懈奋斗。

(资料来源:https://m.thepaper.cn/baijiahao_5498764,有改动)

思考与练习

一、填空题

1．实际（组成）要素通常采用_____测量。

2．公差是用以限制_____的，合格工件的_____应在公差范围内。公差代表_____，反映加工的_____。偏差表示_____的偏离程度，与加工难易程度无关。

3．尺寸 $\phi 48F6$ 中，"F"代表_____。$\phi 40js8$ 的尺寸公差带图和尺寸零线的关系是_____。

4．在选择配合制时，应优先选用_____。在采用_____、_____及_____中，可选择基轴制配合。

二、选择题

1．以下关于公差叙述中正确的是（   ）。
　A．上极限尺寸减下极限尺寸之差
　B．是一个没有符号的绝对值
　C．用以限制误差
　D．反映加工的难易程度

2．520g6、520g7、520g8 三个公差带（   ）。
　A．上极限偏差相同且下极限偏差相同
　B．上极限偏差相同但下极限偏差不相同
　C．上极限偏差不相同但下极限偏差相同
　D．上、下极限偏差各不相同

3．基本偏差为 k 的轴的公差带与基准孔 H 形成（   ）。
　A．间隙配合　　　　　　　　　B．过盈配合
　C．过渡配合　　　　　　　　　D．过渡或过盈配合

4．配合的松紧程度取决于（   ）。
　A．公称尺寸　　　　　　　　　B．基本偏差
　C．极限尺寸　　　　　　　　　D．标准公差

5．当轴的基本偏差为（   ）时与基准孔 H 形成间隙配合。
　A．a～h　　　　　　　　　　　B．j～n
　C．p～zc　　　　　　　　　　　D．js

6．以下所示的加工方法所达到的公差等级不符合实际的是（   ）。
　A．车可能达到 7～11 级　　　　B．铣可能达到 5～11 级
　C．磨可能达到 5～8 级　　　　　D．钻可能达到 6～10 级

7. 公差与配合标准的应用，主要是对配合种类、基准制和公差等级进行合理选择，其选择顺序应该是（　　）。

  A．基准制、公差等级、配合种类　　　　B．配合种类、基准制、公差等级
  C．公差等级、基准制、配合种类　　　　D．公差等级、配合种类、基准制

三、判断题

1. 某孔要求尺寸为 $20_{-0.067}^{-0.046}$ mm，今测得其实际尺寸为 19.962 mm，可以判定该孔合格。（　　）
2. 配合公差总是大于孔或轴的尺寸公差。（　　）
3. H7/f6 比 H7/x6 的配合要紧。（　　）
4. 图样上没有标注公差的尺寸没有公差要求。（　　）
5. 有相对运动的配合应选间隙配合，无相对运动的配合均选用过盈配合。（　　）
6. 某孔的实际尺寸小于轴的实际尺寸，则形成过盈配合。（　　）

四、问答题

1. 按表 1-18 已给出的数值，经过计算填写空格处的数值。

表 1-18　计算空格处数值　　　　　　　　　　　　　　　　　　单位：mm

公称尺寸	上极限尺寸	下极限尺寸	上极限偏差	下极限偏差	公差
孔ϕ30		30.020			0.100
轴ϕ55			+0.060	+0.040	
轴ϕ60			−0.060		0.046

2. 公称尺寸 $D = d = 25$ mm，孔的极限尺寸 $D_{max} = 25.021$ mm、$D_{min} = 25$ mm；轴的极限尺寸 $d_{max} = 24.980$ mm、$d_{min} = 24.967$ mm。现测得孔、轴的实际（组成）要素分别为 $D_a = 25.010$ mm、$d_a = 24.971$ mm。求孔、轴的极限偏差、实际偏差及公差，并画出孔、轴的公差带图。

3. 计算 $\phi 25_{0}^{+0.021}$ 孔与 $\phi 25_{+0.002}^{+0.015}$ 轴配合的最大间隙、最大过盈及配合公差，并画出公差带图。

4. 查表确定下列尺寸的公差带代号。

  （1）$\phi 18_{-0.011}^{0}$（轴）；　　　　　　　　（2）$\phi 120_{0}^{+0.087}$（孔）；
  （3）$\phi 50_{-0.075}^{-0.050}$（轴）；　　　　　　（4）$\phi 65_{-0.041}^{+0.005}$（孔）。

5. 有一配合，公称尺寸为 $\phi 40$ mm，工作要求：$X_{max} = +0.068$ mm、$X_{min} = +0.025$ mm。要求选择合适的配合代号，并对结果进行检验。

6. 如图 1-25 所示为钻孔夹具简图。已知：（1）配合面①和②都有定心要求，需用过盈不大的固定连接；（2）配合面③有定心要求，在安装和取出定位套时需轴向移动；（3）配合面④有导向要求，且钻头能在转动状态下进入钻套。试选择上述各配合面的配合种类，并简述理由。

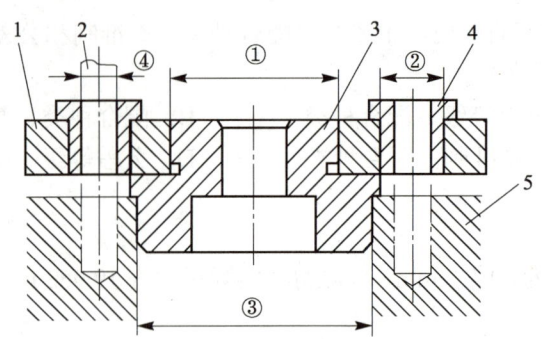

1—钻模板；2—钻头；3—定位套；4—钻套；5—工件。

图1-25 钻孔夹具简图

项目二 测量技术基础

项目导读

在机械制造中,为保证机械零件的互换性,需在加工过程中和加工之后对其进行测量和检验,以确定它是否符合技术要求。测量和检验共同组成了测量技术。测量技术在机械制造中具有非常重要的作用,测量技术水平的高低将会反映出一个国家科技发展水平的高低。

项目目标

- 掌握测量的含义及其四个要素
- 掌握量块的相关知识
- 熟悉计量器具的分类及几种常用计量器具
- 理解计量器具的基本度量指标和测量方法的分类
- 掌握测量误差的概念、分类及其数据处理
- 了解光滑工件尺寸的检验及光滑极限量规

技能目标

- 会用游标卡尺、千分尺、百分表等进行测量
- 能够根据实际测得值计算测量结果

素质目标

- 弘扬爱岗敬业、忠于职守的职业精神
- 树立勇于探索未知、追求真理的科学精神

任务一 测量技术概述

任务引入

实际生产中,无论是对机械零件尺寸的测量,还是对机床、夹具在加工中定位尺寸的调整,都是在统一长度量值的基础上进行的。这就需要引入尺寸传递这一概念,即将量度基准和量值准确地传递到生产中应用的工件上。在此过程中又会涉及各种测量方法,应用到各种计量器具。下面我们来学习有关测量基础和尺寸传递的相关知识。

相关知识

一、测量概述

1. 测量的定义

测量是指为确定被测几何量的量值而进行的实验过程,其实质是将被测几何量的量值 L 与作为计量单位的标准量 E 进行比较,从而确定其比值 q 的过程,即 $q = L/E$。因此,被测几何量的量值为

$$L = qE \tag{2-1}$$

式(2-1)表明,任何几何量的量值都是由表征几何量的数值和几何量的计量单位两部分组成的。例如,某一被测长度为 L,与标准量 E(mm)进行比较后,得到比值为 $q = 20$,则被测长度 $L = qE = 20$ mm。

2. 测量要素

由式(2-1)可知,任何一个测量过程都必须有明确的测量对象和确定的计量单位,此外,还要考虑二者如何进行比较及比较结果精确程度如何的问题,即测量方法和测量精度的问题。因此,一个完整的测量过程应包括测量对象、计量单位、测量方法和测量精度四个要素。

- **测量对象**:本课程研究的测量对象是几何量,包括长度、角度、表面粗糙度、几何误差、螺纹及齿轮等零件的几何参数等。
- **计量单位**:我国的法定计量单位采用国际单位制。其中,长度的计量单位为米(m);角度的计量单位为弧度(rad)和度(°)、分(′)、秒(″)。
- **测量方法**:是指测量时所采用的测量原理、计量器具和测量条件的总和。

- **测量精度**：是指测量结果与测量对象真实值的一致程度。测量结果越接近真实值，测量精度越高；反之，测量精度越低。

二、长度量值传递系统

为了保证长度测量的精度，必须建立一个国际统一的、稳定可靠的长度基准。1983 年，在第 17 届国际计量大会上通过了作为长度基准的米的定义，规定："米"是光在真空中于 1/299 792 458 s 的时间间隔内所行经路程的长度。由于激光稳频技术的发展，国际计量大会推荐采用激光波长作为长度基准。我国采用碘吸收稳定的 0.633 μm 氦氖激光辐射作为波长标准来复现"米"的定义。

在实际生产中，由于用光波波长作为长度基准进行测量不方便，因此一般采用各种计量器具进行测量。为了保证量值统一，必须将长度基准的量值准确地传递到生产中应用的计量器具和工件上去。因此，必须建立一套从长度的最高基准到被测工件的、严密而完整的长度量值传递系统。

我国的长度量值传递系统如图 2-1 所示，从国家基准波长开始，通过两个平行系统向下传递：一个是刻线量具（线纹尺）系统，另一个是端面量具（量块）系统。其中，以量块为媒介的量值传递系统应用较广。

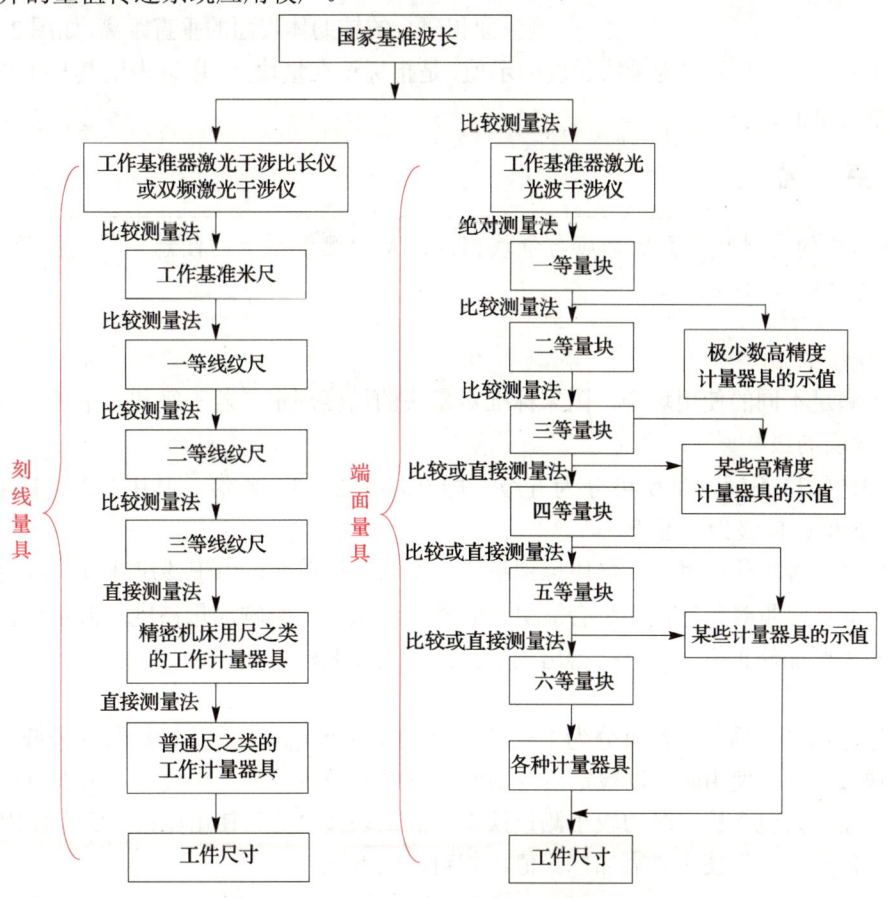

图 2-1　长度量值传递系统

三、量块

量块又称为块规，是一种没有刻度的端面量具。它用特殊合金钢（一般为 CrWMn 钢）制成，具有线膨胀系数小、不易变形、硬度高、耐磨性好、工作面粗糙度值小及研合性好等特点。量块除可作为长度基准外，生产中还可用来检定和校准计量器具、调整精密机床、进行精密划线和精密测量等。

1. 量块的形状和尺寸

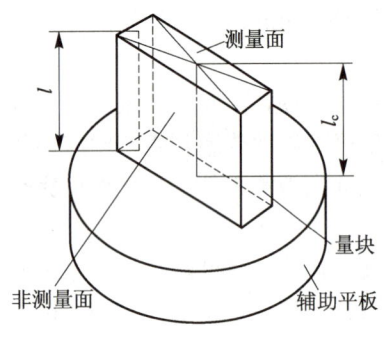

图 2-2 量块

量块的形状有长方体和圆柱体两种，常用的是长方体量块。如图 2-2 所示，量块有两个平行的测量面和四个非测量面。其测量面极为光滑、平整，且两测量面之间具有精确的尺寸。

量块的尺寸主要包括量块长度 l、量块中心长度 l_c、量块标称长度 l_n 等。

量块长度 l 是指一个测量面上的任意点到与另一测量面相研合的辅助体表面的垂直距离，如图 2-2 所示。

量块中心长度 l_c 是指一个测量面上的中心点到与另一测量面相研合的辅助体表面的垂直距离，如图 2-2 所示。

量块标称长度 l_n 又称为量块长度的示值，是指标记在量块上，用以表明其与主单位（m）之间关系的量值。

 点　拨

辅助体的材料和表面质量应与量块相同；量块测量面上的任意点不包括距离测量面边缘为 0.8 mm 区域内的点。

2. 量块的精度

为了满足不同的使用场合，国家标准对量块的精度规定了若干级和若干等。

1）量块的级

按制造精度不同，量块可分为五级，即 0、1、2、3、K 级。其中，0 级精度最高，3 级精度最低，K 级为校准级。

量块按"级"使用时，以量块标称长度 l_n 作为工作尺寸。由于该尺寸包含量块的制造误差，因此，测量时制造误差将会被引入到测量结果中，影响测量精度。但量块按"级"使用时不需要加修正值，可直接得出测量结果，故使用较方便。

2）量块的等

按检定精度不同，量块可分为 1～5 等。其中，1 等精度最高，5 等精度最低。

量块按"等"使用时，以检定后得到的实测中心长度作为工作尺寸。由于该尺寸不包含制造误差，只包含检定时的较小测量误差，故量块按"等"使用比按"级"使用的测量精度高，但按"等"使用时需加修正值，相对比较麻烦。

3. 量块的研合性与应用

量块的研合性是指量块的一个测量面与另一量块的测量面或另一经精加工的类似量块测量面的表面，通过分子力的作用相互黏合的性能。

量块是定尺寸量具，一个量块只有一个尺寸。为了满足一定尺寸范围内的不同要求，可以利用量块的研合性组合使用，即将几个量块研合在一起组成所需的尺寸，因此量块是成套生产的。

国家标准 GB/T 6093—2001 规定，我国成套生产的量块有 91 块、83 块、46 块、38 块等 17 种规格。如表 2-1 所示为 91 块和 83 块一套的量块尺寸系列。

表 2-1 成套量块的尺寸（摘自 GB/T 6093—2001）

套别	总块数	级别	尺寸系列/mm	间隔/mm	块数
1	91	0、1	0.5	—	1
			1	—	1
			1.001、1.002、……、1.009	0.001	9
			1.01、1.02、……、1.49	0.01	49
			1.5、1.6、……、1.9	0.1	5
			2.0、2.5、……、9.5	0.5	16
			10、20、……、100	10	10
2	83	0、1、2	0.5	—	1
			1	—	1
			1.005	—	1
			1.01、1.02、……、1.49	0.01	49
			1.5、1.6、……、1.9	0.1	5
			2.0、2.5、……、9.5	0.5	16
			10、20、……、100	10	10

使用量块时，应合理选择若干量块组成所需的尺寸。为减少量块组合时的长度累积误差，应尽量减少量块的组合块数，通常不超过 4～5 块。选取量块时，应从所需组合尺寸的最后一位数开始，每选一块至少应减去所需尺寸的一位尾数。

例如，从 83 块一套的量块中选取尺寸为 36.745 mm 的量块组，选取方法为：

$$
\begin{array}{ll}
36.745 & \text{所需尺寸} \\
-1.005 & \text{第一块量块尺寸} \\
\hline
35.740 & \\
-1.24 & \text{第二块量块尺寸} \\
\hline
34.500 & \\
-4.5 & \text{第三块量块尺寸} \\
\hline
30.000 & \text{第四块量块尺寸}
\end{array}
$$

即 $36.745 = 1.005 + 1.24 + 4.5 + 30$。

四、计量器具的分类和基本度量指标

计量器具是指能直接或间接测出被测对象量值的技术装置。

1. 计量器具的分类

按结构特点不同,计量器具可分为量具、量规、量仪和计量装置。

1)量具

量具是指以固定形式复现量值的计量器具,包括单值量具和多值量具两种。其中,单值量具是指用来复现单一量值的量具,如量块、角度量块、直角尺、平尺等;多值量具是指能够复现一定范围内的一系列不同量值的量具,如线纹尺、游标卡尺、千分尺等。

2)量规

量规是指没有刻度的专用计量器具,主要用于检验零件实际尺寸和几何误差的综合结果。它只能判断零件是否合格,而不能得出具体尺寸,如光滑极限量规和螺纹量规等。

3)量仪

量仪是指能将被测量值转换成可直接观察的指示值或等效信息的计量器具。按原始信号的转换原理不同,量仪可分为机械式、光学式、气动式、电动式和光电式等几种。

4)计量装置

计量装置是指为确定被测几何量值所必需的计量器具和辅助设备的总体。它能够测量较多的几何量和较复杂的零件,有助于实现检测自动化,如齿形齿向测量仪和齿轮综合精度检查仪等。

2. 计量器具的基本度量指标

度量指标是用于表征计量器具性能和功用的指标,也是选择和使用计量器具、研究和判断测量方法正确性的依据。计量器具的基本度量指标主要有以下几项。

1)刻线间距 c

刻线间距 c 是指计量器具的标尺或刻度盘上两相邻刻线中心之间的距离。为了适于人眼观察和读数,刻线间距 c 应大于 0.75 mm,一般为 1~2.5 mm。

2)分度值 i

分度值 i 又称为刻度值,是指计量器具的标尺或刻度盘上每一刻线间距所代表的量值。例如,千分尺的分度值 i 为 0.01 mm。一般来说,分度值 i 越小,计量器具的测量精度就越高。

点　拨

> 对于数显式仪器,没有刻度尺,其分度值称为分辨率。分辨率是指计量器具显示的最末一位数字所代表的量值。

3)示值范围

示值范围是指计量器具所显示或指示的最小值到最大值的范围。例如,一支下限为 -20℃,上限为 +50℃ 的玻璃温度计,其示值范围为 -20~+50℃。

4)测量范围

测量范围是指使计量器具的误差处于规定的极限范围内时,计量器具所能测量的最小值到最大值的范围。有些计量器具的测量范围与其示值范围相同,如游标卡尺、千分尺、体温计等,但有些却不同。例如,湿度计的示值范围为1%~100% RH,但测量范围可能只有30%~100% RH,因为超过测量范围的部分虽然有示值显示,但其误差已经超过规定极限范围。

  头脑风暴

> 请同学们观察自己随身携带的尺子或老师提供的量具,说一下每种量具的分度值、示值范围、测量范围,指出哪种量具的示值范围和测量范围不同,并解释为什么不同?

5)灵敏度 S

灵敏度 S 是指计量器具对被测量变化的反应能力。若被测量变化为 Δx,该量值引起计量器具上的相应变化为 ΔL,则灵敏度 S 为

$$S = \Delta L / \Delta x \tag{2-2}$$

当 Δx 和 ΔL 为同一类量时,灵敏度又称为放大比 K,其值为常数。放大比 K 可用下式表示:

$$K = c / i \tag{2-3}$$

式(2-3)表明,当刻线间距 c 一定时,分度值 i 越小,放大比 K(即灵敏度 S)越高。

6)测量力

测量力是指计量器具测头与被测工件之间的接触压力。在接触测量中,为保证示值稳定,要求测量力必须恒定;同时因测量力太小会影响接触的可靠性,太大则会使工件或测头产生变形,影响测量精度,故测量力的大小必须适当。

7)示值误差

示值误差是指计量器具显示的数值与被测量真值的代数差。一般来说,示值误差越小,计量器具的测量精度越高。

8)测量的重复性误差

测量的重复性误差是指在相同的测量条件下,对同一被测量进行连续多次测量时,所有测得值的分散程度。它是计量器具本身各种误差的综合反映。

9)不确定度

不确定度是指由于测量误差的存在而对被测量值不能肯定的程度。不确定度用极限误差表示,它是一个综合指标,包括示值误差、示值变动和回程误差等。

五、测量方法的分类

广义的测量方法是指采用的测量原理、测量器具和测量条件的总和。但在实际工作中,往往单纯地按获得测量结果的方式来理解测量方法。测量方法可按其不同的特征来分类。

1. 按所获得被测结果的方法划分

按所获得被测结果的方法不同,测量方法可分为直接测量和间接测量。

直接测量是指直接从计量器具的读数装置上得到被测量的数值或其相对于标准量的偏差值的测量方法。

间接测量是指先测出与被测量有一定函数关系的量,然后通过函数关系计算出被测量值的测量方法。

 经验传承

> 直接测量的测量过程简单,其测量精度只与测量过程有关;而间接测量的测量精度不仅与有关量的测量精度有关,还与计算的精度有关。因此,为减少测量误差,应尽量采用直接测量,必要时也可采用间接测量。

2. 按被测表面与计量器具的测头是否接触划分

按被测表面与计量器具的测头是否接触,测量方法可分为接触测量和非接触测量。

接触测量是指被测工件表面与计量器具的测头直接接触,并有机械测量力存在的测量方法,如用游标卡尺和千分尺测量工件。

非接触测量是指被测工件表面与计量器具的测头不接触,没有机械测量力的测量方法,如光学投影测量、激光测量和气动测量等。

 经验传承

> 在接触测量中,由于测量力的存在,会使计量器具或工件产生变形,从而造成测量误差,影响测量精度;而非接触测量则无此影响。

3. 按零件上同时被测参数的多少划分

按零件上同时被测参数的多少,测量方法可分为单项测量和综合测量。

单项测量是指单独地、彼此没有联系地测量零件各项参数的测量方法。例如,分别测量齿轮的齿厚、齿形和齿距,或螺纹的中径、螺距等。

综合测量是指同时测量零件的几个相关参数的综合效应或综合参数,从而综合判断零件合格性的测量方法。例如,用单啮仪测量齿轮的切向综合误差来判断其传递运动的准确性等。

 经验传承

> 一般来说,单项测量的结果便于工艺分析;而综合测量一般用于终结检验(验收检验),即主要是为了判断零件合格与否,而不需要得到具体数值。此外,综合测量的效率比单项测量高。

4. 按测量在加工中所起的作用划分

按测量在加工中所起的作用不同,测量方法可分为主动测量和被动测量。

主动测量是指在加工过程中对零件进行测量的测量方法。其测量结果可直接用于控制工件的加工过程,能够主动及时地预防废品的产生。

被动测量是指加工完成后对零件进行测量的测量方法。其测量结果只能判断零件是否合格,仅用于发现并剔除废品。

5. 按被测零件在测量时所处的状态划分

按被测零件在测量时所处的状态不同,测量方法可分为静态测量和动态测量。

静态测量是指测量时被测零件表面与计量器具测头相对静止的测量方法。例如,用千分尺测量轴径等。

动态测量是指测量时被测零件表面与计量器具测头相对运动的测量方法。例如,用电动轮廓仪测量表面粗糙度,在磨削过程中测量零件的直径等。

6. 按测量中测量因素是否变化划分

按测量中测量因素是否变化,测量方法可分为等精度测量和不等精度测量。

等精度测量是指决定测量精度的全部因素或条件都不变的测量。例如,由同一人员,使用同一台机器,在同样的条件下,以同样的方法,同样仔细地多次对同一个量进行的测量。

不等精度测量是指在测量过程中,决定测量精度的全部因素或条件可能部分改变或完全改变的测量。例如,上述测量中,当改变其中之一或几个、甚至全部因素或条件的测量就是不等精度测量。

任务实施

(1)将学生分为10组,每组选择一个表2-2中的尺寸,分别利用83块成套量块组和91块成套量块组组成所需尺寸。

表2-2 选取量块组成所需尺寸

组 别	第1组	第2组	第3组	第4组	第5组
尺寸/mm	87.545	38.935	65.365	48.985	10.565
组 别	第6组	第7组	第8组	第9组	第10组
尺寸/mm	70.845	37.545	28.875	39.885	16.585

(2)各小组将结论以大字报的形式展示出来,并在课堂上由选派的代表阐述量块的选取过程。

拓展阅读

锻造中国制造、中国创造的技能人才力量

"China……"在2011年第41届世界技能大赛上,随着主持人宣布获奖信息的声音,年轻的一线焊工裴先峰获得银牌。中国首次参赛即实现了奖牌零的突破。

时间拨向2019年,第45届世界技能大赛。一群平均年龄不超过22岁的中国技能健儿,不断跃上大赛领奖台,闪耀全场。16枚金牌、14枚银牌、5枚铜牌及17个优胜奖,蝉联金牌榜、奖牌榜、团体总分第一,再次刷新中国技能竞技的高度。

这不同平凡的跨越,是耀眼的时刻,是值得记忆的历史瞬间。从中国走向世界,从平凡走向卓越,中国技能进入世界的视野,展示出一个民族、一个国家的强大自信。

百年波澜壮阔,百年风雨兼程,百年沧桑巨变。从新中国第一架飞机"初教-5"到大飞机C919,从第一颗卫星东方红一号上天到天问一号首次探索火星,从第一艘沿海客货轮民主十号到第一艘国产航母……无数个第一的伟大跨越,让中国制造潮涌东方、照亮世界,托举的正是一代代大国工匠。他们运斤如风、削铁如泥、断长续短、鬼斧神工,在百年奋斗中不断书写着中国制造的传奇,将"中国工匠""中国技能"写进了世界历史。

载着未来梦想启航,怀着报国之志出发。目前,中国在新一轮科技革命和产业变革的跑道上全速奔跑。坚持党的全面领导,坚持党管人才原则,就是中国技能全速奔跑的关键所在、中国技能人才队伍快速发展的根本保障。

(资料来源:https://www.12371.cn/2021/06/29/ARTI1624931909797319.shtml,有改动)

任务二 常用计量器具

任务引入

某天,小赵去参观金工实训场地,在量具摆放处发现了各种各样的量具。小赵拿起了一个名为游标卡尺的量具,想用它测量某工件,可是不知道怎么使用。所以他向旁边的张师傅请教。学会了游标卡尺的使用后,小赵在测量精度为0.01 mm的工件时,发现测出的结果并不准确。这时,张师傅推荐小赵使用千分尺。

请大家思考为什么游标卡尺不能测量精度为0.01 mm的工件?在测量工件时又该如何选择量具呢?

相关知识

实际生产中,使用的计量器具种类很多,下面我们简要介绍游标量具、螺旋测微量具、机械式量仪和三坐标测量机等常用的计量器具。

一、游标量具

游标量具是利用游标和尺身相互配合进行测量和读数的量具。它具有结构简单、使用方便、测量范围大等特点,在机械加工中应用极为广泛。常用的游标量具有游标卡尺、深度游标尺和高度游标尺等,如图 2-3 所示,它们的测量面位置不同,但读数原理相同。下面以游标卡尺为例进行介绍。

1. 游标卡尺的刻线原理

游标卡尺可用来测量长度、厚度、外径、内径、孔深和中心距等。游标卡尺的读数装置由尺身和游标组成。尺身上刻有以毫米(mm)为单位的均匀等分连续刻线。游标可沿尺身滑动,其上 $(n-1)$ mm 长度范围内均匀等分刻有 n 条刻线。

游标卡尺的测量精度主要有 0.1 mm、0.05 mm、0.02 mm 三种。以常用的测量精度 0.02 mm 为例,尺身上 49 mm 刚好等于游标 50 格的长度,如图 2-3(a)所示,则游标每格为 $49/50 = 0.98$ (mm),尺身与游标每格相差 $1 - 0.98 = 0.02$ (mm),故其测量精度为 0.02 mm。

2. 游标卡尺的读数方法

用游标卡尺测量时,首先应知道游标卡尺的测量精度和测量范围。游标的"0"线是读毫米的基准。读数时,要看清尺身和游标的刻线,两者结合起来读。具体读数步骤如下。

- ❁ **读整数**:读出尺身上靠近游标"0"线左边最近的刻线数值,该数值即为被测量的整数值。
- ❁ **读小数**:找出与尺身刻线相对准的游标刻线,读出该刻线的数值,即为被测量的小数值。
- ❁ **求和**:将整数值和小数值相加,所得的数值即为测量结果。

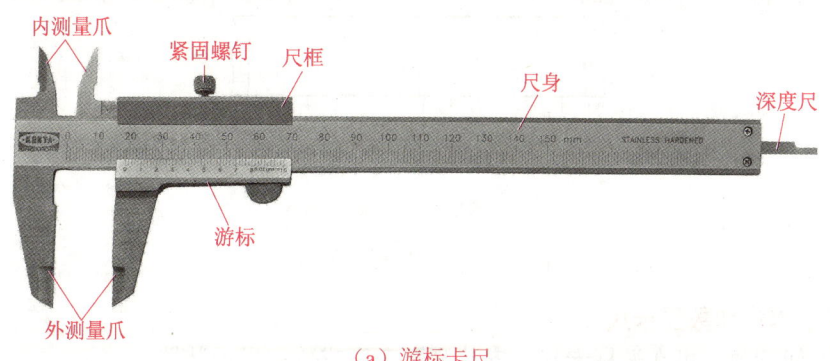

(a)游标卡尺

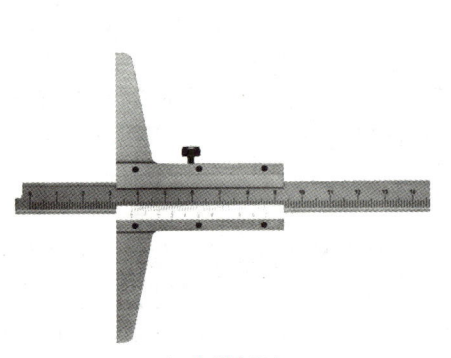

（b）深度游标尺　　　　　　　（c）高度游标尺

图 2-3　游标量具

> **经验传承**
>
> 判断游标上哪条刻线与尺身刻线相对准时，可用下述方法：选定相邻的三条线，如果左侧的线在尺身对应线右侧，右侧的线在尺身对应线左侧，那么中间那条线便可认为是对准了。

如图 2-4（a）所示，测量精度为 0.1 mm 的游标卡尺的数值为

$$2 + 0.3 = 2.30 \text{ (mm)}$$

如图 2-4（b）所示，测量精度为 0.05 mm 的游标卡尺的数值为

$$72 + 0.45 = 72.45 \text{ (mm)}$$

如图 2-4（c）所示，测量精度为 0.02 mm 的游标卡尺的数值为

$$0 + 0.08 = 0.08 \text{ (mm)}$$

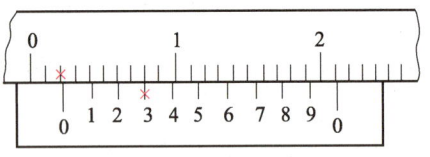 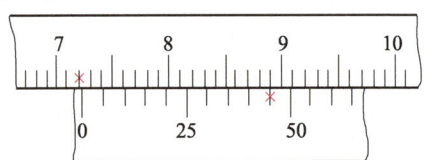

（a）测量精度为 0.1 mm　　　　　　　（b）测量精度为 0.05 mm

（c）测量精度为 0.02 mm

图 2-4　游标卡尺读数示例

3．带表卡尺和数显卡尺

为了方便读数，可在游标卡尺上安装测微表头或数字显示装置。

如图 2-5 所示为带测微表头的游标卡尺。它通过机械传动装置，将两测量爪的相对运

动转变为指示表表针的回转运动,并借助尺身刻度和指示表,对两测量爪工作面之间的距离进行读数。

如图 2-6 所示为电子数显卡尺。它具有非接触性电容式测量系统,由液晶显示器直接显示被测量的读数,使用时十分方便。

图 2-5 带测微表头的游标卡尺

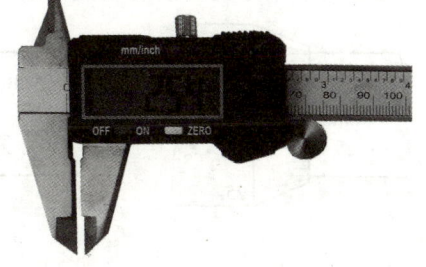

图 2-6 电子数显卡尺

二、螺旋测微量具

螺旋测微量具又称为千分尺,是利用螺旋副运动原理进行测量和读数的一种量具。它比游标量具的测量精度高,主要用于测量中等精度的零件。按用途不同,千分尺可分为外径千分尺、内径千分尺和深度千分尺等多种。下面以外径千分尺为例进行介绍。

码上学——外径千分尺

1. 千分尺的读数原理

外径千分尺的结构如图 2-7 所示。在千分尺的固定套筒上刻有轴向中线,作为微分筒读数的基准线。在中线两侧,有两排刻线,每排刻线间距为 1 mm,上下两排相互错开 0.5 mm。测微螺杆的螺距为 0.5 mm,微分筒的圆锥面上刻有 50 等分的圆周刻线。当微分筒旋转一周(50 格)时,测微螺杆轴向移动 0.5 mm,即当微分筒转 1 格时,测微螺杆轴向移动 $0.5/50 = 0.01\ (\text{mm})$。这表示千分尺的测量精度为 0.01 mm。

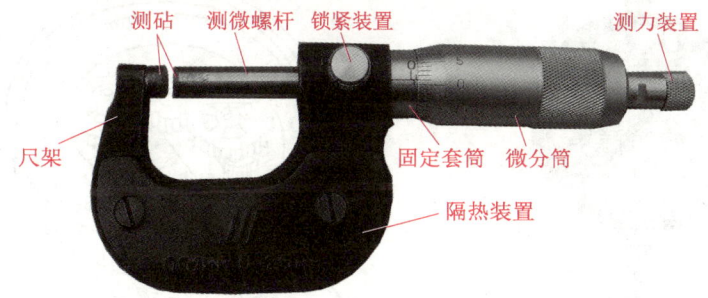

图 2-7 外径千分尺的结构

2. 千分尺的读数方法

用千分尺测量时,其读数步骤如下。

✦ **读整数**:以微分筒圆锥面的端面为基准线,从左边固定套筒露出来的刻线上,读出被测量的毫米整数或半毫米数。

✪ **读小数**：以固定套筒上的中线为基准线，读出微分筒上与基准线对齐的刻线数，将此刻线数乘以 0.01 mm 就是被测量不足半毫米的小数部分。当微分筒上没有刻线与基准线恰好重合时，应该估读到小数点的第三位数，即 0.001 mm。

✪ **求和**：将读出的整数（毫米整数或半毫米数）与小数部分相加即为测量结果。

如图 2-8 所示千分尺的读数数值分别为 9.85 mm、14.68 mm、14.765 mm。

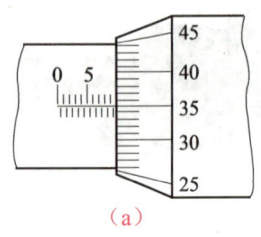　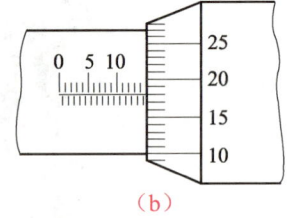　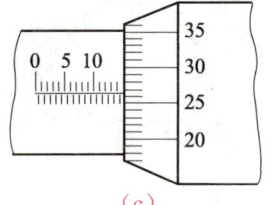

　　（a）　　　　　　　　（b）　　　　　　　　（c）

图 2-8　千分尺读数示例

三、机械式量仪

机械式量仪的种类很多，下面简要介绍百分表、内径百分表、杠杆百分表、杠杆齿轮比较仪和扭簧比较仪。

1. 百分表

百分表是应用最广的机械式量仪，主要用于测量零件的几何误差，也可用于机床上安装工件时的精密找正，其分度值为 0.01 mm，测量范围有 0～3 mm、0～5 mm、0～10 mm 三种。

码上学——百分表

百分表的结构如图 2-9 所示。在表盘圆周上有 100 条等分刻线。百分表的工作原理是将测量杆的直线位移，经过齿条和齿轮传动，转变为指针的角位移。其传动关系为：测量杆每移动 1 mm，大指针转动 1 圈，即 100 格。由此可知，大指针每转动 1 格，测量杆移动 0.01 mm，故百分表的测量精度为 0.01 mm。

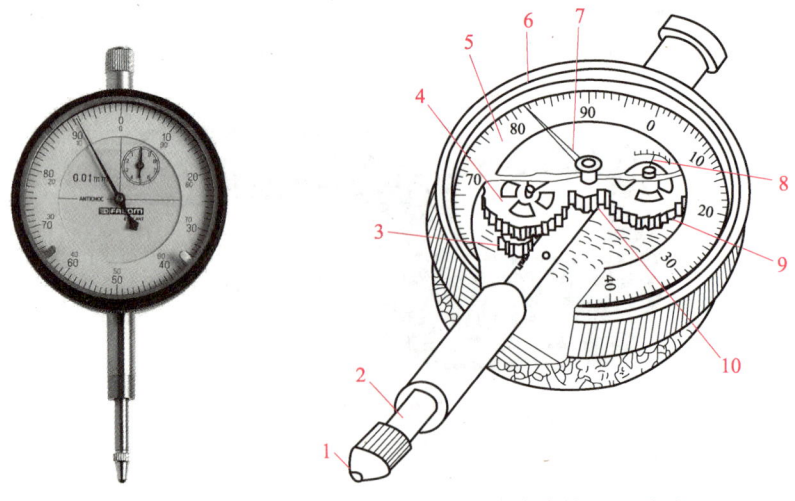

1—测头；2—测量杆；3—小齿轮；4、9—大齿轮；5—表盘；
6—表圈；7—大指针；8—小指针；10—中间齿轮。

图 2-9　百分表的结构

2. 内径百分表

内径百分表是测量孔径及其形状误差的常用量仪,它特别适合于深孔孔径的测量。

内径百分表主要由百分表和表架组成,其结构如图 2-10 所示。用内径百分表测量时,活动测头移动 1 mm,传动杆也相应移动 1 mm,从而推动百分表指针旋转 1 圈,这样,活动测头的移动量就可以在百分表上读出来了。

码上学——内径百分表

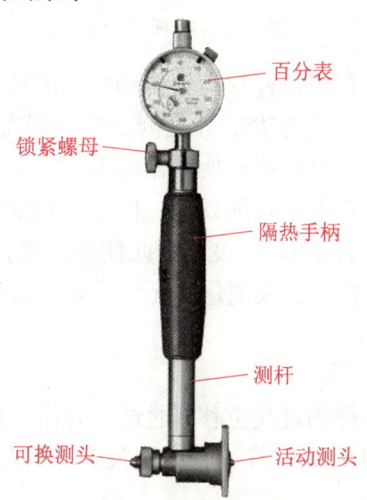

图 2-10　内径百分表的结构

活动测头的移动量很小,其测量范围的扩大或缩小可以通过更换或调整可换测头的长度来达到。内径百分表的规格有:6~10 mm、10~18 mm、18~35 mm、35~50 mm、50~100 mm、100~160 mm、160~250 mm、250~450 mm 等几种。各种规格的内径百分表均有整套可换测头,且测头上标有测量范围,使用时可按所测尺寸的大小自行选换。

3. 杠杆百分表

杠杆百分表由壳体、传动机构和读数机构等构成。按表盘位置与测量杆运动方向的不同,杠杆百分表可分为正面式杠杆百分表、侧面式杠杆百分表和端面式杠杆百分表三种,如图 2-11 所示。杠杆百分表的测量范围有 0~0.8 mm 和 0~1 mm 两种,其表盘是对称刻度的。

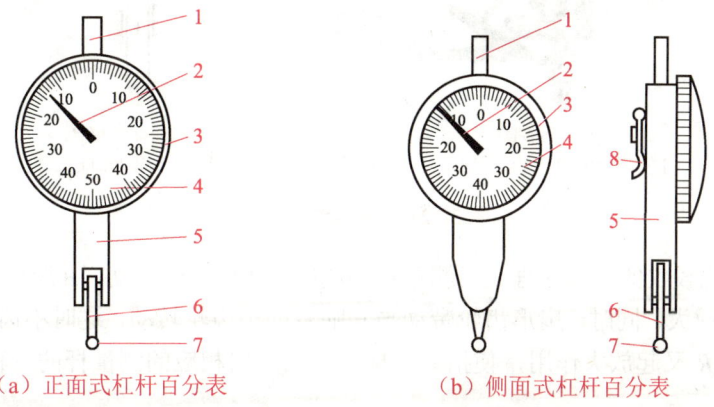

（a）正面式杠杆百分表　　　　（b）侧面式杠杆百分表

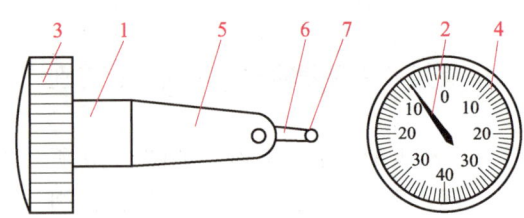

（c）端面式杠杆百分表

1—夹持柄；2—指针；3—表圈；4—表盘；5—表体；6—测杆；7—测头；8—换向器

图 2-11　杠杆百分表

杠杆百分表的工作原理是利用杠杆与齿轮传动机构或杠杆与螺旋传动机构，将尺寸的变化转变为指针的角位移。杠杆百分表的外壳侧面装有测力换向机构（即换向器），当需要改变杠杆测头的摆动方向时，只要扳动换向器即可。

杠杆百分表主要用于测量零件的几何误差，也可以测量零件的长度尺寸。由于其体积小，质量轻，杠杆测头的位移方向可以改变，因此使用方便。尤其对凹槽或小孔工件表面，当因空间限制，百分表无法放置进去或测量杆无法垂直于被测表面时，使用杠杆百分表就显得非常方便了。

4. 杠杆齿轮比较仪

杠杆齿轮比较仪是将测量杆的直线位移，通过杠杆齿轮传动系统转变为指针在表盘上的角位移的量仪。如图 2-12 所示为杠杆齿轮比较仪的外形图和传动示意图。

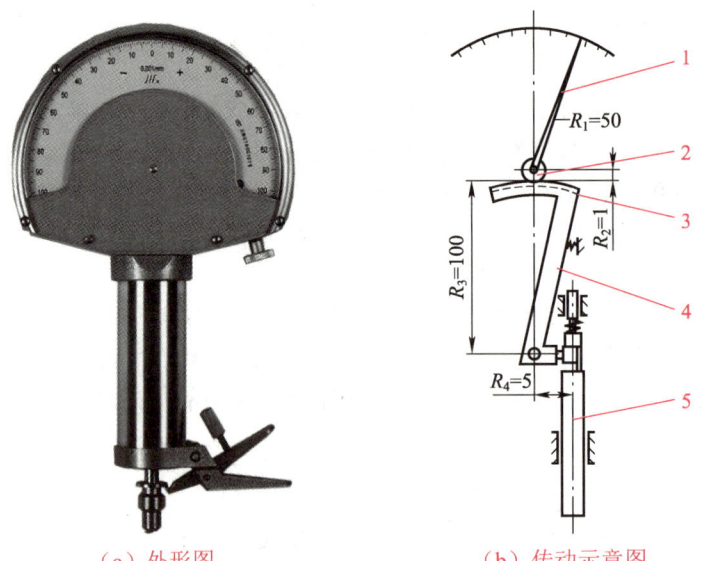

（a）外形图　　　　　　（b）传动示意图

1—指针；2—小齿轮；3—扇形齿轮；4—杠杆；5—测量杆

图 2-12　杠杆齿轮比较仪

杠杆齿轮比较仪的工作原理是当测量杆移动时，杠杆绕轴转动，并通过杠杆短臂 R_4 和长臂 R_3 将位移放大，同时，扇形齿轮带动与其啮合的小齿轮转动，这时小齿轮分度圆半径 R_2 与指针长度 R_1 又起放大作用，使指针在标尺上指示出相应的测量杆的位移值。

杠杆齿轮比较仪的灵敏度 K 的计算公式为

$$K = \frac{R_1}{R_2} \times \frac{R_3}{R_4}$$

杠杆齿轮比较仪的分度值为 0.001 mm，标尺的示值范围为 ±0.1 mm。

5. 扭簧比较仪

扭簧比较仪是利用扭簧作为传动放大机构，将测量杆的直线位移转变为指针的角位移的精密量仪。如图 2-13 所示为扭簧比较仪的外形图与传动示意图。

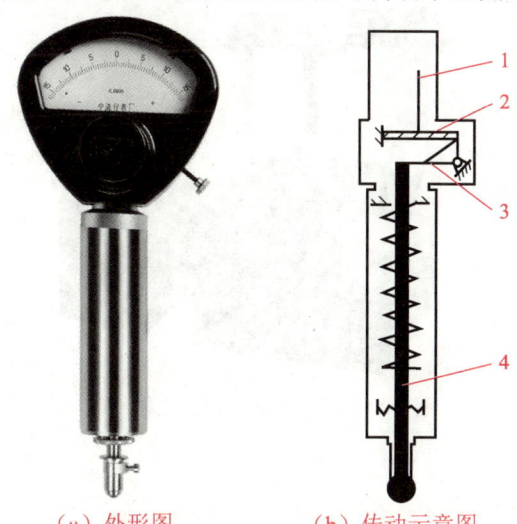

（a）外形图　　　（b）传动示意图
1—指针；2—灵敏弹簧片；3—弹性杠杆；4—测量杆。
图 2-13　扭簧比较仪

灵敏弹簧片是截面为长方形的扭曲金属带，由中间向两端左、右扭曲而成，其一端被固定在可调整的弓形架上，另一端则固定在弹性杠杆的支臂上。当测量杆有微小升降位移时，使弹性杠杆动作而拉动灵敏弹簧片，从而带动指针偏转。

扭簧比较仪的结构简单，它的内部没有相互摩擦的零件，因此灵敏度极高，其分度值一般为 0.001 mm、0.000 5 mm、0.000 2 mm、0.000 1 mm、0.000 02 mm，标尺的示值范围为 ±0.03 mm、±0.015 mm、±0.006 mm、±0.003 mm、±0.001 mm。

四、三坐标测量机

三坐标测量机是综合利用精密机械、微电子、光栅和激光干涉仪等先进技术的测量仪器，目前广泛应用于机械制造、电子、汽车和航空航天等工业领域。

按检测精度和测量功能不同，三坐标测量机可分为精密万能测量机和生产型测量机。前者一般放于计量室，用于精密测量；后者一般放于生产车间，用于加工过程中的检测。

码上学——三坐标测量机

如图 2-14 所示为三坐标测量机的主体结构。测量时零件放于工作台上，使测头与零件表面接触，三坐标测量机的检测系统即可计算出测头中心点的精确位置。当测头沿工件的几何型面移动时，各点的坐标值被送入计算机，经专用测量软件处理后，精确地计算出零件的几何尺寸和几何误差，从而实现多种几何量测量、实物编程、设计制造一体化、柔性测量等功能。

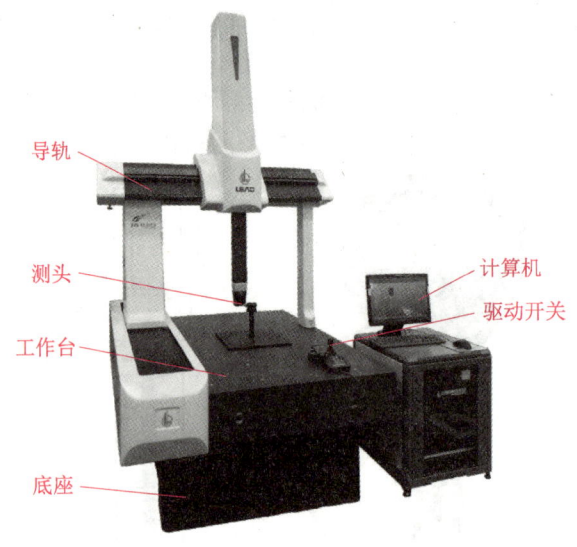

图 2-14　三坐标测量机的主体结构

任务实施

（1）老师给出一些零件，确定需要测量的线性尺寸。将学生分为若干小组，各小组根据老师分配的任务，练习用游标卡尺和千分尺测量零件的线性尺寸。游标卡尺和千分尺测量尺寸的方法如表 2-3 所示。

表 2-3　游标卡尺和千分尺测量尺寸的方法

计量器具	测量方法
游标卡尺	① 测量前，应将游标卡尺擦拭干净，并校对"0"位，即使测量爪贴合后尺身与游标的零刻线对齐 ② 测量外尺寸时，将外测量爪张开到略大于被测尺寸，把固定量爪的检测面贴靠着零件，移动游标，让活动量爪的检测面也紧靠零件，然后读数 ③ 测量内尺寸时，将内测量爪张开到略小于被测尺寸，把固定量爪的检测面贴靠着零件，移动游标，让活动量爪的检测面也紧靠零件，然后读数 ④ 测量深度尺寸时，将两测量爪张开，使深度尺伸出卡尺的距离略小于被测尺寸，把游标卡尺后端贴靠零件表面，移动游标，使深度尺的检测面与被测面接触，然后读数
千分尺	① 检查千分尺的外观和各部位的作用。用棉丝擦净千分尺各部位表面；旋转测力装置，要求其能轻快而灵活地带动微分筒旋转，测微螺杆移动要平稳，无卡住现象；微分筒与固定套管之间无摩擦，旋紧测微螺杆后，测力装置能发出"咔咔"声 ② 校对"0"位。测量范围为 0～25 mm 的千分尺可直接校对；测量范围大于 25 mm 的千分尺用校对棒或量块校对。擦净两个测砧，旋转微分筒，在两个测砧即将接触时轻转测力装置，发出"咔咔"声，微分筒"0"线与固定套管基线重合，此时"0"位正确 ③ 测量时，在千分尺两测砧将要接触被测件时，转动测力装置的滚花外轮。当测力装置发出"咔咔"声后，即可读数

（2）将各个尺寸数值详细记录在表2-4中，分析零件的合格性。

表2-4 线性尺寸的测量结果　　　　　　　　　　　　　　　　　　　　单位：mm

测量项目		公称尺寸及极限偏差	实测数值			平均值	结论
			1	2	3		
游标卡尺测量尺寸	外尺寸						
	内尺寸						
	深度尺寸						
千分尺测量尺寸	外径						

拓展阅读

工匠精神：谱写敬业报国的时代乐章

工匠精神是中国优秀传统文化的重要内容和宝贵财富。《考工记解》中，"周人尚文采，古虽有车，至周而愈精，故一器而工聚焉。如陶器亦自古有之。舜防时，已陶渔矣，必至虞时，瓦器愈精好也。"反映的正是我国古代的能工巧匠们不断追求技艺精进的精神品格。

工匠精神是时代精神的生动体现，折射着各行各业一线劳动者的精神风貌。"汉字激光照排系统之父"王选、"火箭发动机焊接的中国第一人"高凤林、先后八次打破集装箱装卸世界纪录的许振超等人，都是工匠精神的优秀传承者，他们让"中国制造"影响了世界。

实现"两个一百年"奋斗目标、实现中华民族伟大复兴，需要我们每个人主动践行、弘扬工匠精神，将自己对人生、对事业、对国家的热爱化作工作的激情，谱写敬业报国的时代乐章。

（资料来源：https://www.12371.cn/2021/02/15/ARTI1613375968326718.shtml，有改动）

任务三 测量误差及数据处理

任务引入

甲同学和乙同学分别用两种量具测量一长方体的长和宽，甲同学测得长方体的长 $a=149.97\ \text{mm}$，乙同学测得长方体的宽 $b=30.003\ \text{mm}$。设该长方体长和宽的真值分别为 $a_0=150\ \text{mm}$、$b_0=30\ \text{mm}$，那么甲同学和乙同学谁的测量值精度较高呢？

相关知识

在任何测量过程中，由于计量器具本身的误差以及测量方法和测量条件的限制，使得测量结果与真实值不能完全一致，即存在测量误差。

一、测量误差的概念

测量误差是指实际测得值与被测量真值之间的偏移量，可用绝对误差和相对误差两种形式表示。

1. 绝对误差

绝对误差 δ 是指被测量的测得值 x 与其真值 x_0 之差，单位为 mm，其表达式为

$$\delta = x - x_0 \tag{2-4}$$

需要说明的是，一般不特别指明的情况下，测量误差就默认为绝对误差。

由于测得值 x 可能大于或小于真值 x_0，故绝对误差 δ 可能是正值，也可能是负值。因此，真值 x_0 可用下式表示：

$$x_0 = x \pm |\delta| \tag{2-5}$$

由式（2-5）可以看出，绝对误差 δ 的绝对值越小，测得值越接近真值，测量精度越高；反之，测量精度越低。

2. 相对误差

相对误差 ε 是指绝对误差 δ 的绝对值与被测量真值 x_0 之比。由于被测量的真值不可能准确得到，故在实际应用中常以被测量的测得值 x 代替真值 x_0 进行估算，即

$$\varepsilon = \frac{|\delta|}{x_0} \times 100\% \approx \frac{|\delta|}{x} \times 100\% \tag{2-6}$$

相对误差 ε 是一个无量纲的数据，通常以百分数的形式表示。相对误差比绝对误差能更好地说明测量的精确程度。

课上练习

【例 2-1】有两个测得值：$x_1 = 20$ mm、$x_2 = 250$ mm，绝对误差为 $\delta_1 = 0.002$ mm，$\delta_2 = 0.02$ mm。哪个值的精度更高呢？

【解】由绝对误差很难看出它们的精度差别，可用相对误差来区分，即

$$\varepsilon_1 = 0.002 / 20 \times 100\% = 0.01\%、\varepsilon_2 = 0.02 / 250 \times 100\% = 0.008\%$$

可以看出，x_2 的测量精度更高。

二、测量误差的来源

在实际测量中，产生测量误差的因素很多，主要包括计量器具误差、测量方法误差、测量环境误差和测量人员误差等。

- **计量器具误差**：是指计量器具本身在设计、制造和使用过程中造成的各项误差，主要包括设计原理误差、仪器制造误差、装配误差及使用中计量器具的变形和磨损等引起的误差等。
- **测量方法误差**：是指测量方法不完善所引起的误差，包括计算公式不准确、测量方法选择不当、测量基准不统一、工件安装不合理及测量力不合适等引起的误差。
- **测量环境误差**：是指测量时的环境条件不符合标准条件所引起的误差。环境条件主要包括温度、湿度、气压、振动和灰尘等，其中，温度对测量结果的影响最大。
- **测量人员误差**：是指由测量人员的主观因素所引起的误差。例如，测量人员技术不熟练、测量瞄准不准确、估读判断错误和测量习惯等引起的误差。

三、测量误差的分类

按其性质和特点不同，测量误差可分为系统误差、随机误差和粗大误差三类。

1. 系统误差

系统误差是指在相同测量条件下，多次测量同一量值时，误差大小和符号均保持不变的测量误差，或当条件改变时，误差大小和符号按一定规律变化的测量误差。其中，前者称为常值系统误差，如量块长度尺寸的误差、仪器的原理误差和制造误差等；后者称为变值系统误差，如温度均匀变化引起的测量误差（按线性变化）及百分表刻度盘与指针回转中心不重合引起的测量误差（按正弦规律周期性变化）等。

2. 随机误差

随机误差是指在相同测量条件下，多次测量同一量值时，误差大小和符号以不可预见的方式变化的误差。它是由测量过程中的偶然因素和不稳定因素综合形成的，也是不可避免的。例如，测量过程中温度的波动、测量力不稳定、量仪的示值变动、读数不一致等引起的测量误差，都属于随机误差。

对于某一次测量的测量结果，随机误差无规律可循；但如果进行多次重复测量，随机误差的分布则服从一定的统计规律。

1）随机误差的分布规律及其特性

随机误差的分布规律可用实验方法确定。实验表明，大多数情况下，随机误差符合正态分布规律。

对同一物理量进行足够多次重复测量并计算出误差后，若以横坐标表示随机误差 δ，纵坐标表示各随机误差出现的概率（即概率密度）y，则可得图 2-15 所示的正态分布曲线。

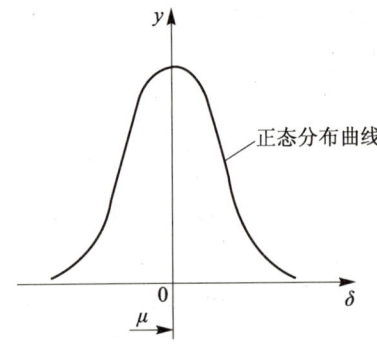

图 2-15　正态分布曲线

根据概率论原理，正态分布曲线的数学表达式为

$$y = f(\delta) = \frac{1}{\sigma\sqrt{2\pi}} e^{-\frac{\delta^2}{2\sigma^2}} \qquad (2\text{-}7)$$

式中：

y ——概率密度；

δ ——随机误差；

σ ——标准偏差。

由图 2-15 和式（2-7）可以看出，随机误差具有以下四个特性：

❀ **对称性**：绝对值相等、符号相反的随机误差出现的概率大致相等。

❀ **单峰性**：绝对值小的随机误差比绝对值大的随机误差出现的次数多。

❀ **有界性**：在一定的测量条件下，随机误差的绝对值不会超过一定的界限。

❀ **抵偿性**：随着测量次数的增加，随机误差的算术平均值趋于零。

2）随机误差的评定指标

对服从正态分布的随机误差，通常以算术平均值 $\bar{x}$ 和标准偏差 σ 作为评定指标。

（1）算术平均值 $\bar{x}$。

对同一被测量进行 n 次等精度测量，测量结果为 x_1、x_2、……、x_n，则算术平均值 $\bar{x}$ 为

$$\bar{x} = \frac{x_1 + x_2 + \cdots + x_n}{n} = \frac{1}{n}\sum_{i=1}^{n} x_i \qquad (2\text{-}8)$$

（2）标准偏差 σ。

用算术平均值 $\bar{x}$ 表示测量结果虽然可靠，但不能全面反映测量精度。例如，有两组测得值：

第一组：12.005、11.996、12.003、11.994、12.002；

第二组：11.90、12.10、11.95、12.05、12.00。

两组测得值的算术平均值 $\bar{x}_1 = \bar{x}_2 = 12$，但第一组测得值比较集中，第二组测得值比较分散，也就是说，第一组的每一个测得值比第二组的更接近算术平均值，第一组测得值的测量精度比第二组高。此时，算术平均值就不能准确地反映测量精度了，而应用标准偏差 σ 来反映测量精度的高低。

由概率论原理可知，在重复性测量条件下，单次测量的标准偏差 σ 为

$$\sigma = \sqrt{\frac{\delta_1^2 + \delta_2^2 + \cdots + \delta_n^2}{n}} = \sqrt{\frac{1}{n}\sum_{i=1}^{n}\delta_i^2} \qquad (2\text{-}9)$$

3）随机误差的极限值

由随机误差的有界性可知，随机误差不会超出某一范围。随机误差的极限值 $\delta_{\lim}$ 是指测量极限误差，也就是测量误差可能出现的极限值。

由于正态分布曲线的两端与横坐标轴相交于 $-\infty$ 和 $+\infty$，所以，在生产中，我们常取 $\delta \in (-3\sigma, +3\sigma)$，并将 $\pm 3\sigma$ 作为随机误差的极限值，即

$$\delta_{\lim} = \pm 3\sigma \qquad (2\text{-}10)$$

3. 粗大误差

粗大误差是指超出在一定测量条件下预计的测量误差。粗大误差的特点是：其绝对值较大，会明显歪曲测量结果。在正常情况下，一般不会产生粗大误差。粗大误差主要是由于测量者的疏忽大意，在测量过程中看错、读错、记错数值，或突然的冲击振动等引起的。

四、测量精度

测量精度和测量误差是描述同一个概念，但表达方式相反的两个术语。测量误差越小，测量精度就越高；测量误差越大，测量精度就越低。根据不同性质的测量误差对测量结果的影响不同，测量精度可分为正确度、精密度和准确度。

1. 正确度

正确度是指在规定测量条件下，测量结果与真值的接近程度。正确度反映测量结果中系统误差的大小，是评定系统误差的精度指标。系统误差越小，正确度越高。

2. 精密度

精密度是指在规定测量条件下进行多次测量时，所得测量结果彼此之间的符合程度。精密度反映测量结果的分散程度，表示测量结果中随机误差的大小，是评定随机误差的精度指标。随机误差越小，精密度越高。

3. 准确度

准确度是指连续多次测量所得测量结果与真值的接近程度。准确度反映测量结果中系统误差和随机误差综合影响的程度。系统误差和随机误差均小时，准确度高。

一般来说，正确度高，精密度不一定高，反之亦然；但准确度高，则正确度和精密度都高。以打靶为例，图 2-16（a）表示系统误差小而随机误差大，即打靶的正确度高但精密度低；图 2-16（b）表示随机误差小而系统误差大，即打靶的精密度高但正确度低；图 2-16（c）表示系统误差和随机误差都小，即打靶的准确度高。

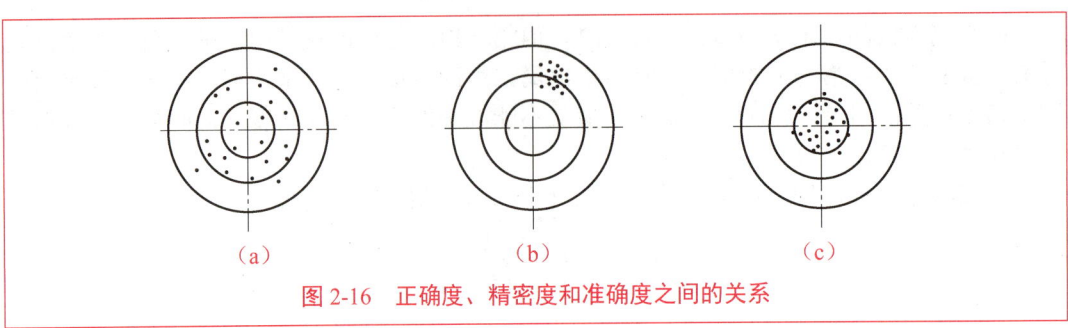

图 2-16 正确度、精密度和准确度之间的关系

五、测量结果的数据处理

对测量结果进行数据处理,是为了找出被测量的最可信数值,并找出该数值所包含的误差,以消除或减小测量误差的影响,提高测量精度。

1. 系统误差的处理

测量过程中产生系统误差的因素有很多,同时系统误差对测量结果的影响也非常明显。因此,在测量数据中如何发现进而消除或减少系统误差,是提高测量精度的一个重要问题。

1)系统误差的发现

(1)常值系统误差的发现。

由于常值系统误差的大小和方向均不变,因此,它不能从一系列测得值的数据处理中揭示,只能通过实验对比的方法去发现。实验对比法就是改变测量条件,对被测几何量进行多次重复测量,比较各次的测得值,如果没有差异,则不存在常值系统误差;如果有差异,则可以判定存在常值系统误差。

(2)变值系统误差的发现。

变值系统误差可以从一系列测得值的数据处理和分析观察中发现,常用的方法为残余误差观察法。残余误差是指各测得值与测得值的算术平均值之差。这种方法是将测得值按测量顺序排列(或作图),以观察各残余误差的变化规律,判断是否存在变值系统误差。

若残余误差大体上正负相同,且无显著变化,则可认为不存在变值系统误差,如图 2-17(a)所示;若残余误差有规律地递增或递减,且其趋势始终不变,则可认为存在线性变化的变值系统误差,如图 2-17(b)所示;若残余误差有规律地增减交替,形成循环重复,则可认为存在周期性变化的变值系统误差,如图 2-17(c)所示。

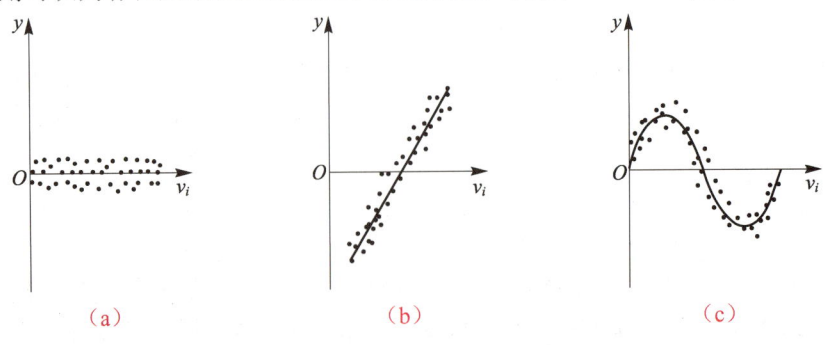

图 2-17 残余误差的变化规律

2）系统误差的消除
消除系统误差的方法主要有根除法、修正法和抵消法等。
- **根除法**：是指在测量前，对测量过程中可能产生系统误差的环节进行仔细分析，找出产生系统误差的根源并加以消除的方法，如仔细调整仪器工作台，调准零位等。
- **修正法**：是指测量前，预先检定或计算出计量器具的系统误差，取该系统误差的相反值作为修正值，测量后用代数法将修正值加到实际测得值上，以消除系统误差的方法。
- **抵消法**：是指根据具体情况拟定测量方案，进行两次测量，使两次读数中出现的系统误差的大小相等、方向相反，然后取两次测得值的平均值作为测量结果，以消除系统误差的方法。

点　拨

理论上，系统误差是可以消除的。但实际上，由于其复杂性，系统误差不可能完全消除，只能将其减小到一定程度。一般来说，如果能将系统误差的影响减小到相当于随机误差的程度，就可认为系统误差已被消除。

2. 随机误差的处理

在测量过程中，随机误差是不可避免的，也是无法消除的。为了减小其对测量结果的影响，可用概率论和数理统计的方法来估算随机误差的大小和分布规律，并对测量结果进行处理。处理步骤如下。

1）计算算术平均值 $\bar{x}$
根据式（2-8）计算算术平均值 $\bar{x}$。

2）计算残余误差 v_i
残余误差 v_i 的计算公式为

$$v_i = x_i - \bar{x} \qquad (2\text{-}11)$$

当测量次数足够多时，残余误差的代数和趋近于零，即 $\sum_{i=1}^{n} v_i = 0$。

3）计算标准偏差的估计值 σ'
虽然根据式（2-9）可以求出标准偏差 σ 的值，但实际中由于被测量的真值是未知量，所以随机误差 δ_i 也不知道。因此，在数据处理中，需要计算标准偏差的估计值 σ'。

实际计算时，可用残余误差 v_i 代替 δ_i 来估算标准偏差，公式为

$$\sigma = \sqrt{\frac{1}{n-1} \sum_{i=1}^{n} v_i^2} \qquad (2\text{-}12)$$

式（2-12）称为**贝塞尔**（Bessel）**公式**。实际测量中，由于测量次数 n 不会很大，残余误差的代数和也不等于零，故由贝塞尔公式算出的标准偏差称为标准偏差的估计值 σ'，即

$$\sigma' = \sqrt{\frac{1}{n-1}\sum_{i=1}^{n}v_i^2} \qquad (2\text{-}13)$$

4）计算算术平均值的标准偏差估计值 $\sigma'_{\bar{x}}$

标准偏差 σ 反映多次测量中任意一次测得值的精密度。但在系列测量中，是以测得值的算术平均值作为测量结果的。因此，确定算术平均值的精密度即算术平均值的标准偏差 $\sigma_{\bar{x}}$ 就显得更加重要。

根据误差理论，算术平均值的标准偏差 $\sigma_{\bar{x}}$ 与标准偏差 σ 存在如下关系：

$$\sigma_{\bar{x}} = \frac{\sigma}{\sqrt{n}} \qquad (2\text{-}14)$$

由于实际测量中得到的标准偏差为估计值 σ'，故计算得到的算术平均值的标准偏差也为估计值 $\sigma'_{\bar{x}}$，其表达式为

$$\sigma'_{\bar{x}} = \frac{\sigma'}{\sqrt{n}} = \sqrt{\frac{1}{n(n-1)}\sum_{i=1}^{n}v_i^2} \qquad (2\text{-}15)$$

5）计算测量结果

测量结果可表示为

$$x_0 = \bar{x} \pm 3\sigma'_{\bar{x}} \qquad (2\text{-}16)$$

3．粗大误差的处理

由于粗大误差的绝对值较大，会明显歪曲测量结果，因此，在处理测量数据时必须采取一定的方法对其进行判断并剔除。

判断粗大误差通常采用 3σ 准则（又称为拉依达准则）。该准则认为，当测量结果服从正态分布时，残余误差落在 $\pm 3\sigma$ 范围外的概率很小，因此可将超出 $\pm 3\sigma$ 范围的残余误差看作粗大误差。其判别式为

$$|v_i| > 3\sigma \qquad (2\text{-}17)$$

每次剔除粗大误差时，只能剔除一个。剔除后应根据剩余测得值重新计算 σ，然后再根据 3σ 准则判断粗大误差，进行剔除，直到剔除完为止。

需要注意的是，3σ 准则适合于多次测量的判断，测量次数小于或等于 10 次时，不能采用此准则。

课上练习

【**例 2-2**】对某一轴的某一部位进行等精度测量 12 次，测得值如表 2-5 所示。假设已消除了常值系统误差，试求其测量结果。

【**解**】（1）计算算术平均值 $\bar{x}$。

$$\bar{x} = \frac{1}{n}\sum_{i=1}^{n}x_i = \frac{1}{12}\sum_{i=1}^{12}x_i = 28.787 \text{ (mm)}$$

（2）计算残余误差 v_i。

根据式（2-11）计算残余误差 v_i，同时计算出 v_i^2、$\sum_{i=1}^{n}v_i$ 和 $\sum_{i=1}^{n}v_i^2$，填入表2-5中。

（3）判断变值系统误差。

根据残余误差观察法判断，残余误差大体上正、负相间，无明显的变化规律，因此，可以认为无变值系统误差。

（4）计算标准偏差的估计值 σ'。

根据式（2-13）可得标准偏差的估计值 σ' 为

$$\sigma' = \sqrt{\frac{1}{n-1}\sum_{i=1}^{n}v_i^2} = \sqrt{\frac{40}{11}} = 1.9\,(\mu m)$$

（5）判断粗大误差。

由于 $3\sigma = 3 \times 1.9 = 5.7\,(\mu m)$，而残余误差的绝对值没有大于 $5.7\,\mu m$ 的，故根据 3σ 准则，可认为不存在粗大误差。

（6）计算算术平均值的标准偏差估计值 $\sigma'_{\bar{x}}$。

根据式（2-15）可得算术平均值的标准偏差估计值 $\sigma'_{\bar{x}}$ 为

$$\sigma'_{\bar{x}} = \frac{\sigma'}{\sqrt{n}} = \frac{1.9}{\sqrt{12}} = 0.548\,(\mu m)$$

算术平均值的极限误差为

$$\delta_{\lim(\bar{x})} = \pm 3\sigma'_{\bar{x}} = \pm 3 \times 0.548 = \pm 1.644\,(\mu m) = \pm 0.001\,6\,(mm)$$

（7）计算测量结果。

根据式（2-16），测量结果可表示为

$$x_0 = \bar{x} \pm 3\sigma'_{\bar{x}} = 28.787\,mm \pm 0.001\,6\,mm$$

表2-5　测得值及残余误差计算表

序号	测量值 x_i/mm	残余误差 v_i/μm	残余误差的平方 v_i^2/μm²
1	28.784	−3	9
2	28.789	+2	4
3	28.789	+2	4
4	28.784	−3	9
5	28.788	+1	1
6	28.789	+2	4
7	28.786	−1	1
8	28.788	+1	1
9	28.788	+1	1
10	28.785	−2	4
11	28.788	+1	1
12	28.786	−1	1
	$\bar{x} = 28.787$	$\sum_{i=1}^{n}v_i = \sum_{i=1}^{12}v_i = 0$	$\sum_{i=1}^{n}v_i^2 = \sum_{i=1}^{12}v_i^2 = 40$

任务实施

（1）将学生分为若干小组，老师为各小组指定零件进行测量，要求各小组对指定零件的某一部位进行等精度测量12次，将测得值填入表2-6中。小组成员组内自行分工，可以一人负责测量，一人负责记录，其他成员负责计算。

表 2-6　测得值记录及计算表

序号	测量值 x_i/mm	残余误差 v_i/μm	残余误差的平方 v_i^2/μm²
1			
2			
3			
4			
5			
6			
7			
8			
9			
10			
11			
12			
	$\bar{x} =$	$\sum_{i=1}^{12} v_i =$	$\sum_{i=1}^{12} v_i^2 =$

（2）小组成员组内计算并验算正确后，将最终结果以报告形式提交给老师，并在课堂上由选派的代表上台阐述。

 拓展阅读

毫厘之间　精心雕琢

洪家光，从普通技工到车工、数控车双料高级技师，再到特级技能师、高级工程师，先后完成200多项技术革新，解决340多个技术难题。他用自己的不懈努力，在生产一线上创新进取、砥砺前行，成为工人阶级和广大劳动群众的优秀代表。

2002年，洪家光遇到了工作以来最大的挑战，这个挑战是加工一款飞机发动机叶片的修正工具金刚石滚轮。如果说发动机是飞机的"心脏"，那么叶片就是发动机的"大动脉"。

这种修正工具对尺寸精度的要求极为苛刻,要求所有尺寸公差必须控制在 0.003 mm 以内,这个尺寸大约是头发丝直径的二十分之一。

这般严峻的挑战对洪家光造成了不小的困扰,他先是按照老师傅刘永祥的方法尝试加工,但也许是手艺不成熟,第一批成品的检验结果是全部不合格。那晚,洪家光辗转反侧、夜不能寐,脑子里全是一个个不合格的零件。

但洪家光绝对不是一个轻易服输的人,此后,他每天工作 14 小时以上。经过十几天的废寝忘食,洪家光终于找到了能够加工出合格品的方法流程。

他发明的这套方法,为公司创造了将近 1 亿的价值。在这之后,洪家光先后攻克了多项难题,包括多种型号的金刚石滚轮的加工。经过十余年的钻研,洪家光已经研制出了一整套高精密加工的工艺流程,29 岁时便成为了高级技师。

年轻的洪家光不满足于此,把目光对准了曾经加工过的金刚石滚轮。在此之前,我国还没有自主生产滚轮的能力,都是先进口再加工打磨使用。随着我国航空航天业的发展,纯粹依靠进口则会面临外国公司"卡脖子"的情况。

为了打破这种局面,洪家光牵头成立了航空发动机叶片磨削用滚轮精密制造技术研究团队,立志打破外国垄断的局面。

科研的发展从来都是需要稳扎稳打的,极耗时间,纵使洪家光团队中的每个人都是精英,他们也花费了 5 年的时间,才完成这项科研。洪家光和团队研制出了一整套金刚石滚轮的制造工艺,该工艺在先期的测试中完美通过了审验,打破了这一技术由国外垄断的局面。

洪家光也为这套工艺申请了国家专利,而且,凭借这项技术,洪家光于 2018 年获得了国家科学技术进步二等奖的荣誉。那一年,他才 39 岁。

洪家光 39 岁时就取得了许多人一辈子都无法企及的成就。同时,除了洪家光,还有很多同样年轻的科研团队在默默无闻,也许我们不知道他们的名字,但是这样的新时代顶尖人才,正是我国未来发展的主力军,是支撑起大国脊梁的支柱。

(资料来源:https://baijiahao.baidu.com/s?id=1682229562383806510&wfr= spider&for=pc,有改动)

任务四 光滑工件尺寸的检验及光滑极限量规

任务引入

在实际生产中，对大批量加工零件进行检测时，如果仍然使用游标卡尺、千分尺一个一个地测量，将会严重影响检测速度。那么，有没有一种器具能够不需要读出被测数据就能知道被测加工零件是否合格呢？

相关知识

一、光滑工件尺寸的检验

由于测量误差的存在，在验收工件时会产生两种误判现象，即误收和误废。误收是指把尺寸超出规定尺寸极限的工件判为合格；误废是指把处在规定尺寸极限之内的工件判为废品。误收会影响产品质量；误废会造成经济损失。

如图 2-18 所示，用测量不确定度为 ±0.004 mm 的千分尺测量 $\phi 26_{-0.013}^{0}$ mm 的轴。根据规定，其上、下极限偏差分别为 0 和 –13 μm。由于受千分尺测量误差的影响，使得其实际偏差在 0～+4 μm 与 –17～–13 μm 之间的不合格工件有可能被误收，而实际偏差在 –4～0 μm 与 –13～–9 μm 之间的合格工件有可能被误废。

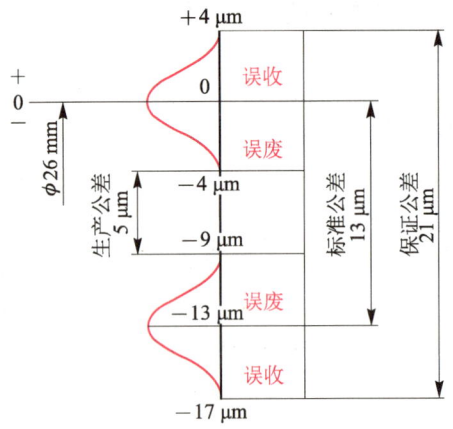

图 2-18 误收与误废

合格工件可能的最小公差称为生产公差，可能的最大公差称为保证公差。生产公差应能满足加工的经济性要求，保证公差应能满足设计规定的使用要求。显然，生产公差越大越好，保证公差越小越好，二者之间存在矛盾。为解决这一矛盾，必须规定验收极限和允许的测量误差。

验收极限是判断所检验工件合格与否的尺寸界限。GB/T 3177—2016 对如何确定验收极限规定了两种方式，即内缩方式和不内缩方式。本任务仅介绍内缩方式。内缩方式的验收极限是从上、下极限尺寸分别向公差带内移动一个安全裕度 A，如图 2-19 所示。A 值应按工件尺寸公差（T）的 1/10 确定，其数值如表 2-7 所示。

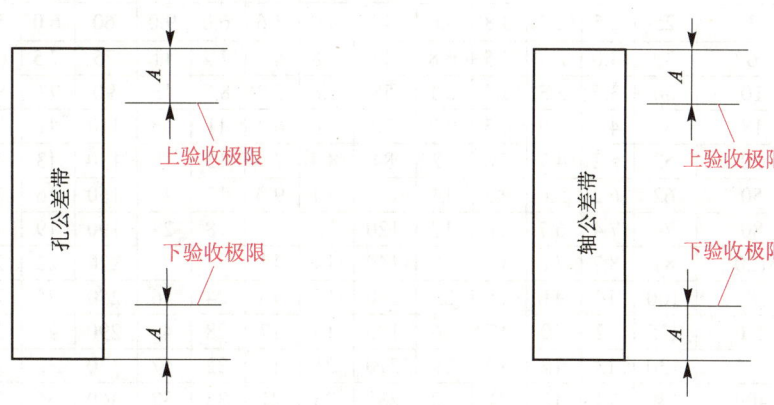

图 2-19 内缩方式的验收极限

表 2-7 安全裕度 A 与计量器具的测量不确定度允许值 u_1（摘自 GB/T 3177—2009） 单位：μm

公差等级		IT6					IT7					IT8				
公称尺寸/mm		T	A	u_1			T	A	u_1			T	A	u_1		
大于	至			Ⅰ	Ⅱ	Ⅲ			Ⅰ	Ⅱ	Ⅲ			Ⅰ	Ⅱ	Ⅲ
—	3	6	0.6	0.5	0.9	1.4	10	1.0	0.9	1.5	2.3	14	1.4	1.3	2.1	3.2
3	6	8	0.8	0.7	1.2	1.8	12	1.2	1.1	1.8	2.7	18	1.8	1.6	2.7	4.1
6	10	9	0.9	0.8	1.4	2.0	15	1.5	1.4	2.3	3.4	22	2.2	2.0	3.3	5.0
10	18	11	1.1	1.0	1.7	2.5	18	1.8	1.7	2.7	4.1	27	2.7	2.4	4.1	6.1
18	30	13	1.3	1.2	2.0	2.9	21	2.1	1.9	3.2	4.7	33	3.3	3.0	5.0	7.4
30	50	16	1.6	1.4	2.4	3.6	25	2.5	2.3	3.8	5.6	39	3.9	3.5	5.9	8.8
50	80	19	1.9	1.7	2.9	4.3	30	3.0	2.7	4.5	5.8	46	4.6	4.1	6.9	10
80	120	22	2.2	2.0	3.3	5.0	35	3.5	3.2	5.3	7.9	54	5.4	4.9	8.1	12
120	180	25	2.5	2.3	3.8	5.6	40	4.0	3.6	6.0	9.0	63	6.3	5.7	9.5	14
180	250	29	2.9	2.6	4.4	6.5	46	4.6	4.1	6.9	10	72	7.2	6.5	11	16
250	315	32	3.2	2.9	4.8	7.2	52	5.2	4.7	7.8	12	81	8.1	7.3	12	18
315	400	36	3.6	3.2	5.4	8.1	57	5.7	5.1	8.4	13	89	8.9	8.0	13	20
400	500	40	4.0	3.6	6.0	9.0	63	6.3	5.7	9.5	14	97	9.7	8.7	15	22

表 2-7（续）

公差等级		IT9					IT10					IT11				
公称尺寸/mm		T	A	u_1			T	A	u_1			T	A	u_1		
大于	至			Ⅰ	Ⅱ	Ⅲ			Ⅰ	Ⅱ	Ⅲ			Ⅰ	Ⅱ	Ⅲ
—	3	25	2.5	2.3	3.8	5.6	40	4.0	3.6	6.0	9.0	60	6.0	5.4	9.0	14
3	6	30	3.0	2.7	4.5	6.8	48	4.8	4.3	7.2	11	75	7.5	6.8	11	17
6	10	36	3.6	3.3	5.4	8.1	58	5.8	5.2	8.7	13	90	9.0	8.1	14	20
10	18	43	4.3	3.9	6.5	9.7	70	7.0	6.3	11	16	110	11	10	17	25
18	30	52	5.2	4.7	7.8	12	84	8.4	7.6	13	19	130	13	12	20	29
30	50	62	6.2	5.6	9.3	14	100	10	9.0	15	23	160	16	14	24	36
50	80	74	7.4	6.7	11	17	120	12	11	18	27	190	19	17	29	43
80	120	87	8.7	7.8	13	20	140	14	13	21	32	220	22	20	33	50
120	180	100	10	9.0	15	23	160	16	15	24	36	250	25	23	38	56
180	250	115	12	10	17	26	185	19	17	28	42	290	29	26	44	65
250	315	130	13	12	19	29	210	21	19	32	47	320	32	29	48	72
315	400	140	14	13	21	32	230	23	21	35	52	360	36	32	54	81
400	500	155	16	14	23	35	250	25	23	38	56	400	40	36	60	90

孔尺寸的验收极限：

$$上验收极限 = D_{\max} - A \quad (2\text{-}18)$$

$$下验收极限 = D_{\min} + A \quad (2\text{-}19)$$

轴尺寸的验收极限：

$$上验收极限 = d_{\max} - A \quad (2\text{-}20)$$

$$下验收极限 = d_{\min} + A \quad (2\text{-}21)$$

计量器具的测量不确定度允许值 u_1 可根据表 2-7 确定。表中 u_1 是按公差等级的尺寸分段分Ⅰ、Ⅱ、Ⅲ档给出的，一般情况下，优先选用Ⅰ档，其次选用Ⅱ档、Ⅲ档。

表 2-8 至表 2-10 所示为一些常用计量器具的测量不确定度 u_1'，可供选择时参考。选择时，应使所选用计量器具的测量不确定度数值小于或等于选定的 u_1' 值。

表 2-8 千分尺和游标卡尺的测量不确定度   单位：mm

尺寸范围	计量器具类型			
	分度值为 0.01 mm 的外径千分尺	分度值为 0.01 mm 的内径千分尺	分度值为 0.02 mm 的游标卡尺	分度值为 0.05 mm 的游标卡尺
	测量不确定度 u_1'			
≤50	0.004	0.008	0.020	0.050
>50～100	0.005			
>100～150	0.006			
>150～200	0.007	0.013		0.100
>200～250	0.008			
>250～300	0.009			

注：采用比较法测量时，千分尺和游标卡尺的测量不确定度 u_1' 可减小至表中数值的 60%。

表 2-9　比较仪的测量不确定度　　　　　　　　　　　　　　　　　　　　单位：mm

尺寸范围	计量器具类型			
	分度值为 0.000 5 mm 的比较仪	分度值为 0.001 mm 的比较仪	分度值为 0.002 mm 的比较仪	分度值为 0.005 mm 的比较仪
	测量不确定度 u'_1			
≤25	0.000 6	0.001 0	0.001 7	0.003 0
>25~40	0.000 7			
>40~65	0.000 8	0.001 1	0.001 8	
>65~90				
>90~115	0.000 9	0.001 2	0.001 9	
>115~165	0.001 0	0.001 3		
>165~215	0.001 2	0.001 4	0.002 0	0.003 5
>215~265	0.001 4	0.001 6	0.002 1	
>265~315	0.001 6	0.001 7	0.002 2	

注：测量时，使用的标准器由不多于 4 块的 1 级（或 4 等）量块组成。

表 2-10　指示表的测量不确定度　　　　　　　　　　　　　　　　　　　　单位：mm

尺寸范围	计量器具类型			
	分度值为 0.001 mm 的千分表（0 级在全程范围内，1 级在 0.2 mm 内）；分度值为 0.002 mm 的千分表（在 1 转范围内）	分度值为 0.001 mm、0.002 mm、0.005 mm 的千分表（1 级在全程范围内）；分度值为 0.01 mm 的百分表（0 级在任意 1 mm 内）	分度值为 0.01 mm 的百分表（0 级在全程范围内，1 级在任意 1 mm 内）	分度值为 0.01 mm 的百分表（1 级在全程范围内）
	测量不确定度 u'_1			
≤25	0.005	0.010	0.018	0.030
>25~40				
>40~65				
>65~90				
>90~115				
>115~165	0.006			
>165~215				
>215~265				
>265~315				

注：测量时，使用的标准器由不多于 4 块的 1 级（或 4 等）量块组成。

课上练习

【例 2-3】 试确定检验 $\phi 75js8$（$\pm 0.023\,\mathrm{mm}$）轴时的验收极限，并选择相应的计量器具。

【解】（1）确定安全裕度 A 和计量器具的测量不确定度允许值 u_1。

由表 2-7 可查得，安全裕度 $A = 0.0046\,\mathrm{mm}$，按计量器具测量不确定度允许值优先选用 I 档的原则，确定 $u_1 = 0.0041\,\mathrm{mm}$。

（2）计算验收极限。

根据式（2-20）和式（2-21）可得该轴的上、下验收极限为

上验收极限 $= d_{\max} - A = 75 + 0.023 - 0.0046 = 75.0184\,(\mathrm{mm})$

下验收极限 $= d_{\min} + A = 75 - 0.023 + 0.0046 = 74.9816\,(\mathrm{mm})$

（3）选择计量器具。

根据工件的公称尺寸 75 mm，由表 2-9 可查得，分度值为 0.005 mm 的比较仪，其测量不确定度 $u_1' = 0.0030\,\mathrm{mm} < u_1$，可满足使用要求。

二、光滑极限量规

实际中，进行成批大量生产时，常用光滑极限量规检验孔、轴尺寸的合格性。

光滑极限量规是一种无刻度的、用以检验零件尺寸和形状的专用量具，一般可分为孔用量规和轴用量规，如图 2-20 所示。孔用量规称为塞规，轴用量规分为环规和卡规。孔用量规和轴用量规均由通规和止规（或通端和止端）组成，分别用代号 T 和 Z 表示。此外，螺纹的检验也可采用孔用螺纹量规和轴用螺纹量规进行。

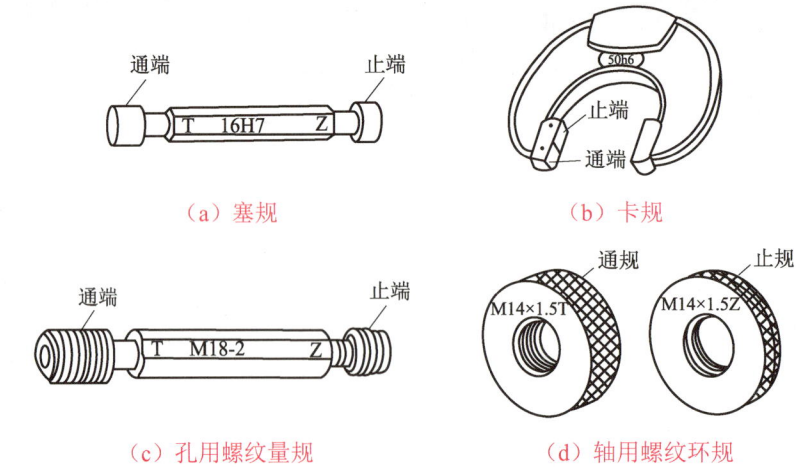

（a）塞规　　（b）卡规

（c）孔用螺纹量规　　（d）轴用螺纹环规

图 2-20　常见光滑极限量规

若检验时，通端（通规）可通过被检孔（轴），止端（止规）不可通过被检孔（轴），则说明被检孔（轴）合格；否则不合格。

此外，按用途不同，光滑极限量规还可分为工作量规、验收量规和校对量规。

- ✱ **工作量规**：是指工件制造过程中，操作工人检验工件时所用的量规。生产中一般用新制的或磨损较少的量规作为工作量规。
- ✱ **验收量规**：是指检验部门或用户代表在验收产品时所用的量规。验收量规一般不特意制造，而是选择有一定磨损的工作量规加上标记后代用。
- ✱ **校对量规**：是指用来检验轴用量规在制造时是否符合尺寸公差，在使用中是否已经达到磨损极限时所用的量规。孔用量规用指示式计量器具测量很方便，故不需要校对量规。

码上学——通止规

任务实施

（1）老师给出一些孔、轴零件，以及它们的公称尺寸和极限偏差。将学生分为若干小组，老师给各小组分配任务，让各小组练习用光滑极限量规检验孔、轴尺寸的合格性。

（2）将检验结果记录在表2-11中，分析零件的合格性。

表2-11 用光滑极限量规检验孔、轴尺寸的合格性

测量项目	公称尺寸及极限偏差	量具	结论	
孔			□ 合格	□ 不合格
轴			□ 合格	□ 不合格
螺纹孔			□ 合格	□ 不合格
螺纹轴			□ 合格	□ 不合格

拓展阅读

坚定信念，精益求精，不断超越自我

2019年4月10日，人类历史上首张黑洞照片发布，这张照片的诞生离不开位于贵州的"中国天眼"。而这架巨型望远镜上的1.9万多根桁架结构轴，就出自林玉登带领的劳模创新工作室团队之手。

每根结构轴的尺寸都不同，其精度要达到0.01 mm。起初，林玉登和团队成员满怀信心。然而，他们按照设计图做了多次试验，结果做出来却都是废品，这让他们备受打击。当时，厂里很多人都说，"这是个不可能完成的任务。"

模具看似不大，但要把它做好，非下一番功夫不可。这项手艺活儿里蕴含着数不尽的细节与规则，有的时候"失之毫厘，差之千里"，差一点都不成。为了达到标准，林玉登和团队成员花了整整两年时间对工艺进行调整并取得了成功。

事后有人问林玉登成功的秘诀，他笑道："就是沉下心来，像以前的老师傅一样，一丝一毫地微调。"

"无论时代怎么变迁、设备如何升级换代,工人都不能丢了老手艺,要做出好产品,都需要沉下心来,一点点打磨、调整。"林玉登说。

"坚定信念,精益求精,不断超越自我。"这是林玉登的座右铭。如今,从大山深处走出来的林玉登,凭着一颗恒心,成长为一名高级技师,获得全国五一劳动奖章、全国劳动模范、全国技术能手称号,并拥有了以自己名字命名的国家级技能大师工作室。

(资料来源:https://m.gmw.cn/baijia/2021-01/25/34568009.html,有改动)

思考与练习

一、填空题

1. 量块按"级"使用时,以_____作为工作尺寸,该尺寸包含量块的_____;量块按"等"使用时,以_____作为工作尺寸,该尺寸不包含_____,故量块按"等"使用比按"级"使用_____。

2. 按结构特点不同,计量器具可分为_____、_____、_____和_____。

3. 计量器具的标尺或刻度盘上两相邻刻线中心之间的距离称为_____。计量器具的标尺或刻度盘上每一刻线间距所代表的量值称为_____。

4. 按测量中测量因素是否变化,测量方法可分为_____和_____。

5. 对某一尺寸进行系列测量得到一列测得值,测量精度明显受到环境温度波动的影响,此温度误差为_____。

6. 精密度反映测量结果的_____,表示测量结果中_____的大小,是评定_____的精度指标。

7. 光滑极限量规一般可分为_____和_____;按用途不同,光滑极限量规可分为_____、_____和_____。

二、选择题

1. 量块一个测量面上的任意点到与另一测量面相研合的辅助体表面的垂直距离称为(   )。

    A. 量块长度   B. 量块标称长度

    C. 量块中心长度   D. 量块长度偏差

2. 千分尺的测量精度为(   )。

    A. 0.02 mm   B. 0.01 mm

    C. 0.1 mm   D. 0.05 mm

3. 游标卡尺尺身的刻线间距为（　　）。
   A．1 mm　　　　B．0.5 mm　　　　C．0.02 mm　　　　D．0.98 mm
4. 按所获得被测结果的方法不同，测量方法可分为（　　）。
   A．直接测量　　　B．相对测量　　　C．绝对测量　　　D．间接测量
5. 绝对误差与真值之比为（　　）。
   A．绝对误差　　　B．极限误差　　　C．剩余误差　　　D．相对误差
6. 准确度表示测量结果中（　　）影响的程度。
   A．系统误差大小　　　　　　　　　B．随机误差大小
   C．粗大误差大小　　　　　　　　　D．以上都是

三、判断题

1. 量块测量面极为光滑、平整，且两测量面之间具有精确的尺寸。（　　）
2. 量块组合时，应尽量减少组合块数，通常不超过 3 块。（　　）
3. 测量范围是指计量器具所显示或指示的最小值到最大值的范围。（　　）
4. 单项测量的结果便于工艺分析。（　　）
5. 对某一尺寸进行多次测量，其平均值就是真值。（　　）
6. 以多次测量的平均值作为测量结果可以减小系统误差。（　　）

四、问答题

1. 什么是测量？测量过程有哪四个要素？
2. 试从 83 块一套的量块中分别组合下列尺寸：
   （1）28.875 mm　　　（2）38.935 mm　　　（3）70.845 mm
3. 试阐述游标卡尺的刻线原理及读数方法。
4. 用两种方法分别测量两个尺寸，设它们的真值分别为：$x_1 = 50$ mm、$x_2 = 80$ mm。如果测得值分别为 50.004 mm 和 80.006 mm，试评定哪一种方法的测量精度较高。
5. 测量误差可分为哪几类？各自有何特征？
6. 对某一尺寸进行 15 次等精度测量，各次的测得值按测量顺序记录如下（单位为 mm）：

   30.457、30.458、30.458、30.457、30.467、30.457、30.458、30.465、
   30.457、30.457、30.466、30.458、30.469、30.458、30.458

   假定测量过程中没有常值系统误差，试求出测量结果。

项目三 几何公差及其检测

项目导读

由于加工过程中机床、刀具、夹具和工件所组成的工艺系统本身存在的各种误差,以及工艺系统的受力变形、受热变形、振动和刀具磨损等因素的影响,被加工件的几何要素不可避免地会产生几何误差,因此,为保证零件的互换性和使用要求,必须对零件的几何误差予以限制,即规定合理的几何公差。

几何公差的相关国家标准主要有 GB/T 1182—2018、GB/T 18780.1—2002、GB/T 18780.2—2003、GB/T 4249—2018、GB/T 16671—2018、GB/T 13319—2003、GB/T 1184—1996、GB/T 1958—2017 等。本项目将对这些标准的主要内容进行介绍。

项目目标

- 掌握几何要素的分类、几何公差的几何特征项目符号
- 掌握基准的类型
- 掌握几何公差的标注
- 掌握几何公差具体几何特征项目的特点
- 熟悉独立原则及相关要求的具体应用
- 掌握几何公差项目、公差原则和几何公差值的选择
- 熟悉几何公差未注公差值的有关规定
- 熟悉几何误差的检测原则和检测方案

技能目标

- 能够识读和标注几何公差
- 能够根据条件选择几何公差项目、公差原则和几何公差值
- 能够根据条件确定相关几何公差未注公差值
- 能够通过查找资料确定几何误差的检测方案

素质目标

- 树立追求卓越、勇于拼搏的奋斗精神
- 培育执着专注、踏实认真的职业素质

项目三 几何公差及其检测

任务一 几何公差概述

任务引入

工人师傅在用图纸进行机械零件加工时,图上除了一些尺寸要求外,还有图 3-1 中 等要求。这些符号有什么含义呢?上面的数值又有什么意义呢?

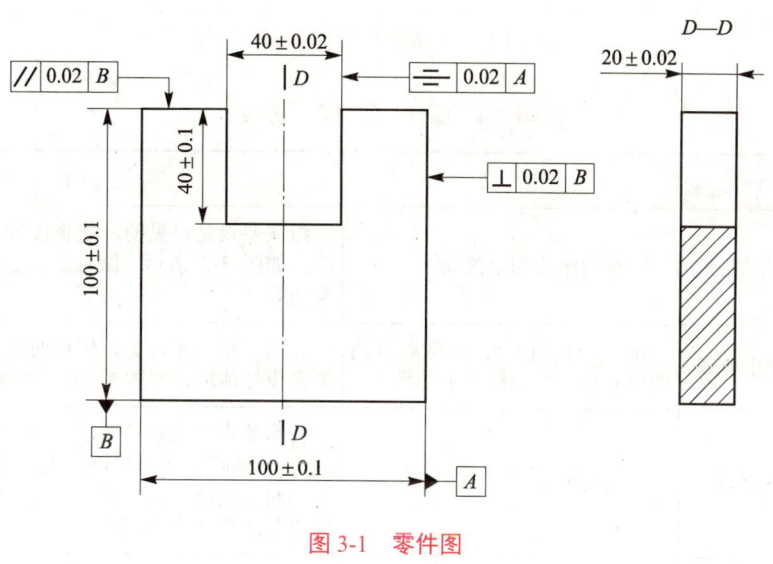

图 3-1 零件图

相关知识

零件的几何误差(又称形位误差)会对机器的工作精度和使用寿命造成直接不良影响,尤其是对在精密、高速、重载、高温、高压等条件下工作的机器,其影响更为突出。因此,为了满足零件的使用性能要求,保证零件的互换性和经济性,必须对加工中出现的几何误差予以限制,即规定合理的几何公差(又称形位公差)。

一、几何公差基础知识

1. 零件的几何要素

零件的几何要素简称要素,是指构成零件几何特征的点、线和面,如图 3-2 所示的点(顶点、球心)、线(圆柱、圆锥的素线、轴线)和面(端面、圆柱面、圆锥面、球面)等。

85

几何公差的研究对象是零件本身几何要素的形状精度及相关要素之间的方向、位置和跳动精度问题。为了便于研究几何公差，几何要素可从以下几个角度分类，如表3-1所示。

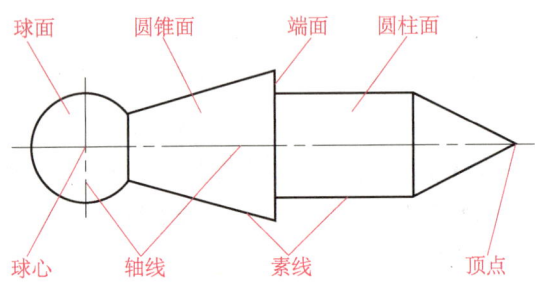

图3-2 零件的几何要素

表3-1 零件几何要素的分类

分类方式	种类	定义	说明
按结构特征分	组成要素	实有的面或面上的线	组成要素是可见的，能直接为人们所感觉到的，如图3-2所示的圆柱面、圆锥面、球面、素线等
	导出要素	由一个或几个组成要素得到的中心点、中心线或中心面	导出要素虽不可见，但可通过相应的组成要素来模拟体现，如图3-2所示的轴线、球心等
按存在状态分	公称要素	具有几何学意义的要素	公称要素是按设计要求，由图样给定的点、线、面所确定的理想形态，它不存在任何误差，是绝对正确的几何要素。公称要素可分为公称组成要素和公称导出要素
	实际要素	零件上实际存在的要素	在测量时，一般由实际测得的要素代替实际要素。实际要素仅有实际组成要素，没有实际导出要素
按所处地位分	被测要素	图样中给出了几何公差要求的要素	被测要素是被测量的对象。如图3-3所示，ϕd_1的圆柱表面及其轴线为被测要素
	基准要素	用以确定被测要素方向和（或）位置的要素	基准要素在图样上标有特定的基准符号或基准代号。如图3-3所示，ϕd_2的左端面A为基准要素
按功能分	单一要素	仅对被测要素本身给出形状公差要求的要素	如图3-3所示，ϕd_1圆柱面仅给出了对自身圆柱度公差的要求，与零件上其他要素无相对位置要求，故为单一要素
	关联要素	与基准要素有功能关系要求的要素	如图3-3所示，ϕd_1圆柱面的轴线相对于ϕd_2的左端面有垂直度要求，故为关联要素

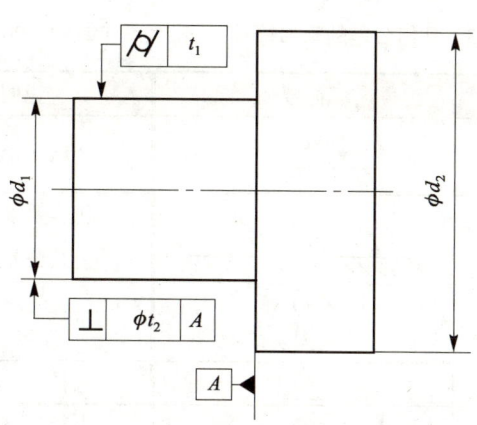

图 3-3 被测要素和基准要素

2．几何公差的几何特征项目及符号

国家标准 GB/T 1182—2018 规定，几何公差包括形状公差、方向公差、位置公差和跳动公差。几何公差的几何特征项目及符号如表 3-2 所示，几何公差的附加符号如表 3-3 所示。

表 3-2　几何公差的几何特征和符号（摘自 GB/T 1182—2018）

公差类型	几何特征	符号	有无基准
形状公差	直线度	—	无
	平面度	▱	无
	圆度	○	无
	圆柱度	⌭	无
	线轮廓度	⌒	无
	面轮廓度	⌓	无
方向公差	平行度	∥	有
	垂直度	⊥	有
	倾斜度	∠	有
	线轮廓度	⌒	有
	面轮廓度	⌓	有
位置公差	位置度	⊕	有或无
	同心度（用于中心点）	◎	有
	同轴度（用于轴线）	◎	有
	对称度	═	有
	线轮廓度	⌒	有
	面轮廓度	⌓	有
跳动公差	圆跳动	↗	有
	全跳动	⌮	有

表 3-3　几何公差的附加符号（摘自 GB/T 1182—2018）

说明	符号	说明	符号
被测要素		全周（轮廓）	
基准要素		包容要求	Ⓔ
		公共公差带	CZ
基准目标	φ2/A1	小径	LD
理论正确尺寸	50	大径	MD
延伸公差带	Ⓟ	中径、节径	PD
最大实体要求	Ⓜ	线素	LE
最小实体要求	Ⓛ	不凸起	NC
自由状态条件（非刚性零件）	Ⓕ	任意横截面	ACS

注：如需标注可逆要求，可采用符号Ⓡ，见 GB/T 16671。

3. 几何公差带

几何公差带是指用来限制被测要素变动的区域。只要被测要素完全落在给定的公差带区域内，就表示被测要素的形状和位置符合要求。几何公差带由形状、大小、方向和位置四个要素确定。下面将主要介绍几何公差带的形状和大小。由于不同类型几何公差的公差带方向和位置各不相同，故几何公差带的方向和位置将在后面进行详细介绍。

1）几何公差带的形状

几何公差带的形状取决于被测要素的理想形状和给定的公差特征。常见的几何公差带形状主要有九种，如图 3-4 所示。

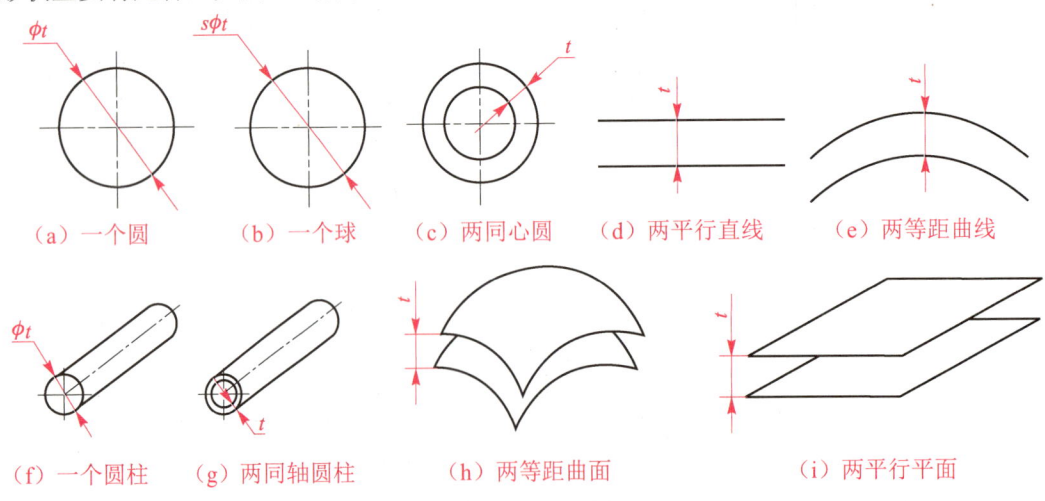

图 3-4　常见的几何公差带形状

2）几何公差带的大小

几何公差带的大小是指几何公差带的直径或宽度，由图样中给出的几何公差值 t 确定。

4. 基准

基准是指与被测要素有关且用来确定其几何位置关系的几何理想要素,如轴线、直线和平面等。基准可由零件上的一个或多个要素构成。图样上标注的任何一个基准都是理想要素,但基准要素本身也是实际加工出来的,也存在形状误差,因此,我们把零件上起基准作用的实际要素称为基准实际要素。

按构成情况不同,基准可分为单一基准、组合基准和基准体系三种。

- **单一基准**:是指由一个要素建立的基准。如图3-5(a)所示,由平面建立的基准 A 为单一基准;如图3-5(b)所示,由轴线建立的基准 A 也为单一基准。

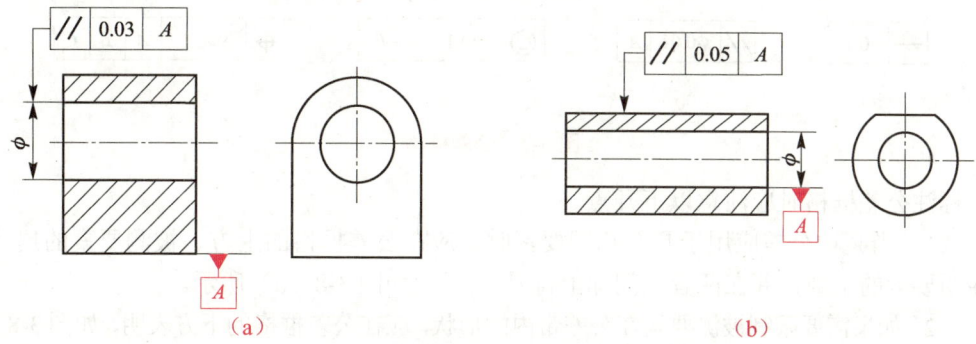

图3-5 单一基准

- **组合基准**:又称为公共基准,是指由两个或两个以上要素建立的一个独立基准。如图3-6所示,同轴度误差的基准是由两段轴线建立的组合基准 $A—B$。

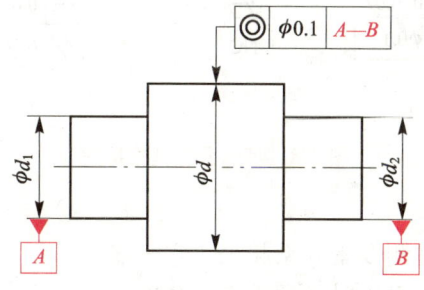

图3-6 组合基准

- **基准体系**:是指由两个或三个单独的基准构成的组合,用来共同确定被测要素的几何位置关系。

二、几何公差的标注

在技术图样中,几何公差常用代号标注,当代号标注有困难时,允许在技术要求中用文字说明。

1. 几何公差代号

几何公差代号主要包括公差框格、指引线、几何特征符号、公差值、基准符号和其他附加符号等。

1）公差框格

几何公差框格由两格或多格组成，框格应水平或垂直放置。若框格水平放置，其中的内容由左向右填写；若框格垂直放置，其中的内容由下向上填写。

如图3-7所示，在几何公差框格中，各格自左至右顺序标注以下内容：

- 几何特征符号：根据零件的工作性能要求，从表3-2中选择。
- 公差值：以线性尺寸单位表示的量值。如果公差带为圆形或圆柱形，公差值前应加注符号"ϕ"；如果公差带为圆球形，公差值前应加注符号"$S\phi$"。
- 基准符号：用一个字母表示单一基准或用几个字母表示组合基准或基准体系。

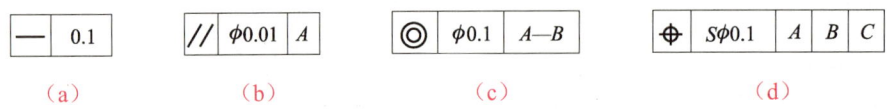

图3-7　公差框格

标注公差框格时应注意以下几点。

（1）当某项公差应用于几个相同要素时，应在公差框格的上方、被测要素的尺寸之前注明要素的个数，并在两者之间加上符号"×"，如图3-8（a）所示。

（2）如果需要限制被测要素在公差带内的形状，应在公差框格的下方表明，如图3-8（b）所示。

（3）如果需要就某个要素给出几种几何特征的公差，可将一个公差框格放在另一个的下面，如图3-8（c）所示。

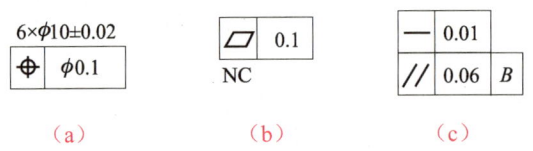

图3-8　特殊公差框格标注

2）指引线

指引线将公差框格和被测要素联系起来。它一端引自公差框格的任意一侧，引出时必须垂直于公差框格，引向被测要素时允许弯折，但不得多于两次；另一端带箭头，箭头应垂直指向被测要素或其延长线，其方向应是公差带的宽度方向或直径方向，如图3-9所示。

3）基准符号

相对于被测要素的基准，由基准字母表示。为了避免误解，基准字母不得采用E、F、I、J、L、M、O、P、R等字母。基准符号在公差框格中的标注方法如下。

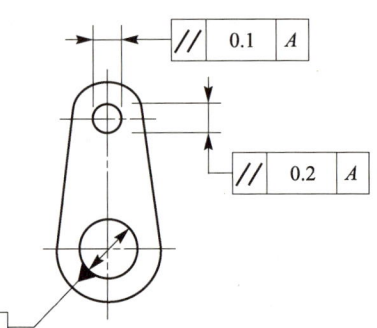

图3-9　指引线在图样上的标注

（1）单一基准要素用大写拉丁字母表示，如图3-7（b）所示。

（2）由两个要素组成的组合基准，用由横线隔开的两个大写拉丁字母表示，如图3-7（c）

所示。

（3）由两个或两个以上要素组成的基准体系，表示基准的大写字母应按基准的优先次序从左至右分别置于各格中，如图3-7（d）所示。

2．几何公差的标注方法

几何公差的标注主要包括被测要素的标注、基准的标注、附加标记和限定性规定等。

1）被测要素的标注

被测要素与公差框格由带箭头的指引线连接，其连接方式如下。

（1）当被测要素是组成要素时，箭头指向该要素的轮廓线或其延长线，并与尺寸线明显地错开，如图3-10（a）、图3-10（b）所示；箭头也可指向引出线的水平线，引出线引自被测面，如图3-10（c）所示。

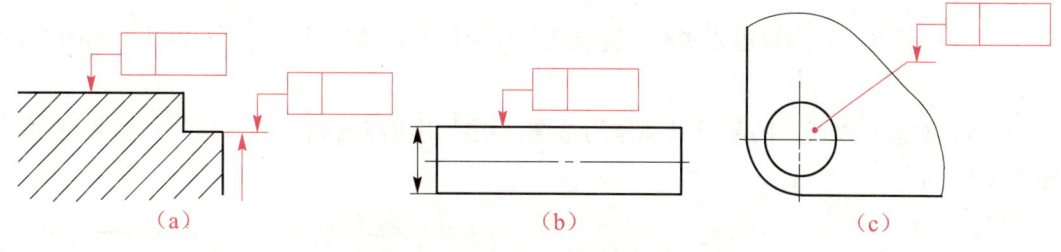

图3-10 被测要素为组成要素时的标注

（2）当被测要素是导出要素时，箭头应位于相应尺寸线的延长线上，如图3-11所示。

（3）需要指明被测要素的形式（如是线而不是面）时，应在公差框格附近注明，如图3-12所示。

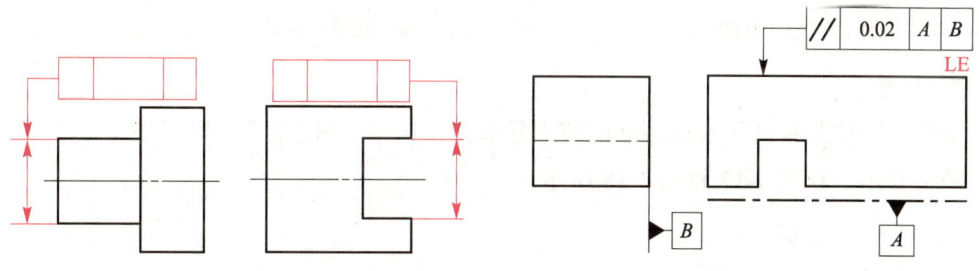

图3-11 被测要素为导出要素时的标注　　图3-12 被测要素为线的几何特征标注

2）基准的标注

与被测要素相关的基准用一个大写字母表示。字母标注在基准方框内，与一个涂黑的或空白的三角形相连组成基准代号，如图3-13所示。涂黑的和空白的基准三角形含义相同。表示基准的字母还应标注在公差框格内。

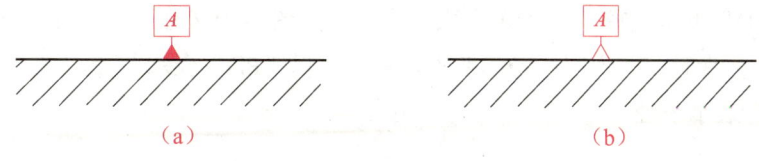

图3-13 基准的标注符号

带基准字母的基准三角形应按如下规定放置。

（1）当基准要素为组成要素时，基准三角形应放置在要素的轮廓线或其延长线上，并与尺寸线明显错开，如图 3-14（a）所示；也可放置在该轮廓面引出线的水平线上，如图 3-14（b）所示。

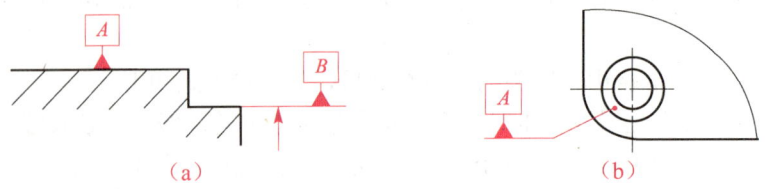

图 3-14　组成要素作为基准的标注

（2）当基准要素为导出要素时，基准三角形应放置在该尺寸线的延长线上，如图 3-15 所示。

（3）如果只以要素的某一局部作为基准，则应用粗点画线示出该部分并加注尺寸，如图 3-16 所示。

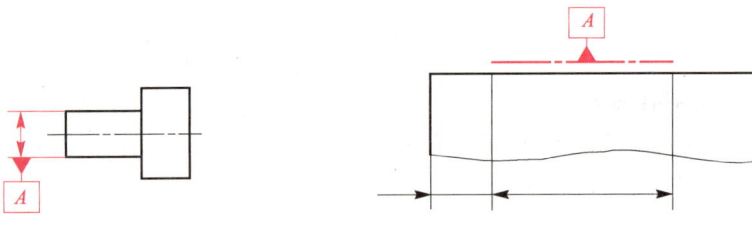

图 3-15　导出要素作为基准的标注　　　　图 3-16　要素局部作为基准的标注

3）附加标记

如果轮廓度特征适用于横截面的整周轮廓或由该轮廓所示的整周表面时，应采用"全周"符号表示，如图 3-17 和图 3-18 所示。

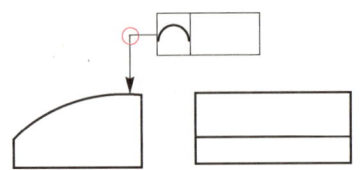　　　　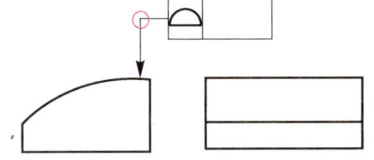

图 3-17　线轮廓度的全周符号标注　　　　图 3-18　面轮廓度的全周符号标注

以螺纹轴线为被测要素或基准要素时，默认为螺纹中径圆柱的轴线，否则应另有说明。例如，以"MD"表示大径，以"LD"表示小径，如图 3-19 所示。以齿轮、花键轴线为被测要素或基准要素时，需说明所指的要素，例如，以"PD"表示节径，以"MD"表示大径，以"LD"表示小径。

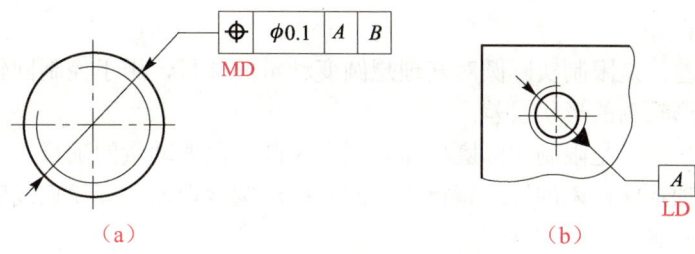

图 3-19　螺纹大径、小径的标注

4）限定性规定

需要对整个被测要素上任意限定范围标注同样几何特征的公差时，可在公差值的后面加注限定范围的线性尺寸值，并在两者间用斜线隔开，如图 3-20（a）所示。如果标注的是两项或两项以上同样几何特征的公差，可直接在整个要素公差框格的下方放置另一个公差框格，如图 3-20（b）所示。

图 3-20　要素限定范围时几何特征的公差框格

如果给出的公差值仅适用于要素的某一指定局部，应采用粗点画线示出该局部的范围，并加注尺寸，如图 3-21 所示。

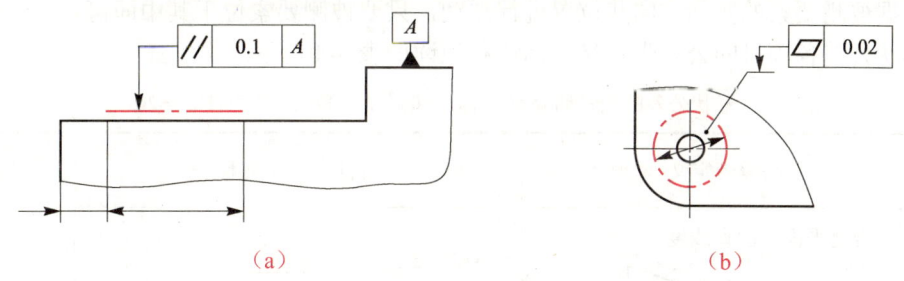

图 3-21　要素限定范围几何特征的标注

三、几何公差的几何特征

几何公差是用来限制零件本身的几何误差的，是实际被测要素的允许变动量。前面介绍了几何公差的项目、符号及公差带的形状、大小，下面将主要介绍几何公差具体几何特征项目的公差带定义、标注和解释。

1. 形状公差

形状公差是指单一实际要素的形状对其理想形状所允许的变动量，包括直线度公差、平面度公差、圆度公差、圆柱度公差、线轮廓度公差和面轮廓度公差等几何特征。

* **直线度公差**：是限制被测实际直线对其理想直线变动量的项目，用于控制平面内或空间内直线的形状误差。
* **平面度公差**：是限制实际平面对其理想平面变动量的项目，用于控制实际平面

的形状误差。

✵ **圆度公差**：是限制实际圆对其理想圆变动量的项目，用于控制回转面在任意横截面上圆形轮廓的形状误差。

✵ **圆柱度公差**：是限制实际圆柱面对其理想圆柱面变动量的项目，它是控制圆柱体表面各项形状误差的综合指标，可同时控制圆度误差、素线直线度误差和轴线直线度误差等。

✵ **线轮廓度公差（无基准）**：是限制实际曲线（不包括圆弧）对其理想曲线变动量的项目，用于控制非圆平面曲线或曲面截面轮廓的形状误差。无基准要求时，其公差带的形状只由理论正确尺寸确定。

✵ **面轮廓度公差（无基准）**：是限制实际曲面对其理想曲面变动量的项目，用于控制空间曲面的形状误差。理想曲面由理论正确尺寸确定。

知识链接

> 理论正确尺寸（TED）是指当给出一个或一组要素的方向和位置公差时，分别用来确定其理论正确方向和位置的尺寸。TED 也用于确定基准体系中各基准之间的方向和位置关系。TED 没有公差，它标注在一个方框中。

形状公差带具有以下特点。

形状公差带没有基准，不与其他要素发生关系。形状公差带本身没有方向和位置要求，它可根据被测要素的实际方向和位置进行浮动，只要被测要素位于其中即可。

形状公差各项目的公差带定义、标注和识读如表 3-4 所示。

表 3-4 形状公差的公差带定义、标注和识读（摘自 GB/T 1182—2018）

公差	公差带定义	标注示例及解释	识读
直线度	在给定平面内的直线度 *a* 为任一距离 公差带为间距等于公差值 *t* 的两平行直线所限定的区域	在任一平行于图样所示投影面的平面内，上平面素线应限定在间距等于 0.1 mm 的两平行直线之间	上平面素线的直线度公差为 0.1 mm
直线度	在给定方向上的直线度 公差带为间距等于公差值 *t* 的两平行平面所限定的区域	零件的棱边应限定在间距等于 0.1 mm 的两平行平面之间	零件棱边的直线度公差为 0.1 mm

表 3-4（续）

公差	公差带定义	标注示例及解释	识读
直线度	在任意方向上的直线度 公差带为直径等于公差值 ϕt 的圆柱面所限定的区域	$\boxed{—\ \phi 0.08}$ 外圆柱面的中心线应限定在直径等于 $\phi 0.08$ mm 的圆柱面内	圆柱面轴线的直线度公差为 $\phi 0.08$ mm
平面度	公差带为间距等于公差值 t 的两平行平面所限定的区域	$\boxed{\diagup\ 0.08}$ 上表面应限定在间距等于 0.08 mm 的两平行平面之间	上表面的平面度公差为 0.08 mm
圆度	a 为任一横截面 公差带为在给定横截面内、半径差等于公差值 t 的两同心圆所限定的区域	$\boxed{○\ 0.03}$ 在圆柱面和圆锥面的任意横截面内，实际圆应限定在半径差等于 0.03 mm 的两共面同心圆之间	圆柱面（圆锥面）的圆度公差为 0.03 mm
圆柱度	公差带为半径差等于公差值 t 的两同轴圆柱面所限定的区域	$\boxed{\diagup\!\diagup\ 0.1}$ 实际圆柱面应限定在半径差等于 0.1 mm 的两同轴圆柱面之间	圆柱面的圆柱度公差为 0.1 mm

表 3-4（续）

公差	公差带定义	标注示例及解释	识读
无基准的线轮廓度	a 为任一距离；b 为垂直于视图所在平面 公差带为直径等于公差值 t、圆心位于具有理论正确几何形状上的一系列圆的两包络线所限定的区域	在任一平行于图样所示投影面的截面内，实际轮廓线应限定在直径等于 0.04 mm、圆心位于被测要素理论正确几何形状上的一系列圆的两包络线之间	外形轮廓的线轮廓度公差为 0.04 mm
有基准的线轮廓度	C 为平行于基准平面 A 的平面 公差带为直径等于公差值 t、圆心位于由基准平面 A 和基准平面 B 确定的被测要素理论正确几何形状上的一系列圆的两包络线所限定的区域	在任一平行于图样所示投影平面的截面内，实际轮廓线应限定在直径等于 0.04 mm、圆心位于由基准平面 A 和 B 确定的被测要素理论正确几何形状上的一系列圆的两等距包络线之间	外形轮廓相对于基准平面 A，B 的线轮廓度公差为 0.04 mm
无基准的面轮廓度	公差带为直径等于公差值 t、球心位于被测要素理论正确形状上的一系列圆球的两包络面所限定的区域	实际轮廓面应限定在直径等于 0.02 mm、球心位于被测要素理论正确形状上的一系列圆球的两等距包络面之间	上圆弧面的面轮廓度公差为 0.02 mm

表 3-4（续）

公差	公差带定义	标注示例及解释	识读
有基准的面轮廓度	公差带为直径等于公差值 t、球心位于由基准平面 A 确定的被测要素理论正确几何形状上的一系列圆球的两包络面所限定的区域	实际轮廓面应限定在直径等于 0.1 mm、球心位于由基准平面 A 确定的被测要素理论正确几何形状上的一系列圆球的两等距包络面之间	上圆弧面相对于基准平面 A 的面轮廓度公差为 0.02 mm

2．方向公差

方向公差是指被测要素对基准要素在方向上的允许变动量。方向公差除线轮廓度公差和面轮廓度公差外，还包括平行度公差、垂直度公差和倾斜度公差。

- ❁ **平行度公差**：被测要素对基准要素的理论正确角度为 0°。
- ❁ **垂直度公差**：被测要素对基准要素的理论正确角度为 90°。
- ❁ **倾斜度公差**：被测要素对基准要素的理论正确角度为 0°～90°。
- ❁ **线轮廓度公差（有基准）**：当有基准要求时，线轮廓度公差带的形状和方向由理论正确尺寸和基准确定，如表 3-4 中有基准的线轮廓度公差。
- ❁ **面轮廓度公差（有基准）**：当有基准要求时，面轮廓度公差带的形状和方向由理论正确尺寸和基准确定，如表 3-4 中有基准的面轮廓度公差。

方向公差带具有以下特点。

（1）方向公差带相对于基准有确定的方向，其位置是可以浮动的。

（2）方向公差带具有综合控制被测要素方向和形状的功能。在保证使用要求的前提下，对被测要素给出方向公差后，通常不再对其提出形状公差要求。如对被测要素的形状有进一步要求时，则可以再给出形状公差，但其数值应小于方向公差值。

除线轮廓度公差和面轮廓度公差外，方向公差其余各项目的公差带定义、标注和识读如表 3-5 所示。

表 3-5 方向公差的公差带定义、标注和识读（摘自 GB/T 1182—2018）

公差	公差带定义	标注示例及解释	识读
平行度	线对基准线的平行度 公差带为平行于基准轴线 A、且直径等于公差值 ϕt 的圆柱面所限定的区域	小孔的中心线应限定在平行于基准轴线 A、且直径等于 $\phi 0.03$ mm 的圆柱面内	小孔的中心线相对于对大孔轴线 A 的平行度公差为 $\phi 0.03$ mm
	线对基准面的平行度 公差带为平行于基准平面 A、间距等于公差值 t 的两平行平面所限定的区域	孔的中心线应限定在平行于基准平面 B、间距等于 0.01 mm 的两平行平面之间	孔的中心线相对于底面 B 的平行度公差为 0.01 mm
	面对基准线的平行度 公差带为间距等于公差值 t、平行于基准轴线 A 的两平行平面所限定的区域	上平面应限定在间距等于 0.1 mm、平行于基准轴线 C 的两平行平面之间	上平面相对于孔轴线 C 的平行度公差为 0.1 mm
	面对基准面的平行度 公差带为间距等于公差值 t、平行于基准平面 A 的两平行平面所限定的区域	上平面应限定在间距等于 0.01 mm、平行于基准平面 D 的两平行平面之间	上平面相对于底面 D 的平行度公差为 0.01 mm

表 3-5（续）

公差	公差带定义	标注示例及解释	识读
垂直度	线对基准线的垂直度 公差带为间距等于公差值 t、垂直于基准轴线 A 的两平行平面所限定的区域	斜孔的中心线应限定在间距等于 0.06 mm、垂直于基准轴线 A 的两平行平面之间	斜孔的中心线相对于直孔轴线 A 的垂直度公差为 0.06 mm
	线对基准面的垂直度 公差带为直径等于公差值 ϕt、轴线垂直于基准平面 A 的圆柱面所限定的区域	ϕd 圆柱面的中心线应限定在直径等于 $\phi 0.01$ mm、且垂直于基准平面 A 的圆柱面内	ϕd 圆柱面的中心线相对于基准平面 A 的垂直度公差为 $\phi 0.01$ mm
	面对基准线的垂直度 公差带为间距等于公差值 t、且垂直于基准轴线 A 的两平行平面所限定的区域	右侧面应限定在间距等于 0.08 mm、且垂直于基准轴线 A 的两平行平面之间	右侧面相对于 ϕd 圆柱面轴线 A 的垂直度公差为 0.08 mm
	面对基准面的垂直度 公差带为间距等于公差值 t、且垂直于基准平面 A 的两平行平面所限定的区域	右侧面应限定在间距等于 0.08 mm、且垂直于基准平面 A 的两平行平面之间	右侧面相对于底面 A 的垂直度公差为 0.08 mm

表 3-5（续）

公差	公差带定义	标注示例及解释	识读
倾斜度	线对基准线的倾斜度 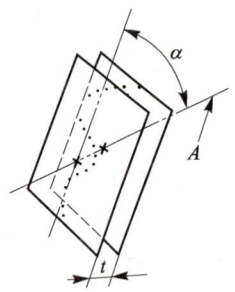 公差带为间距等于公差值 t 的两平行平面所限定的区域，该两平行平面按给定角度倾斜于基准轴线 A	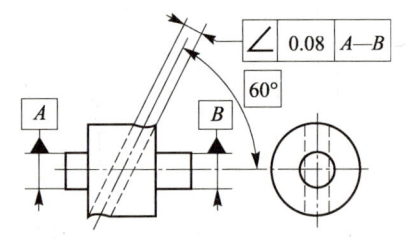 斜穿孔的中心线应限定在间距等于 0.08 mm 的两平行平面之间，该两平行平面按理论正确角度 60°倾斜于组合基准轴线 $A—B$	斜穿孔的中心线相对于组合基准轴线 $A—B$ 的倾斜度公差为 0.08 mm
	线对基准面的倾斜度 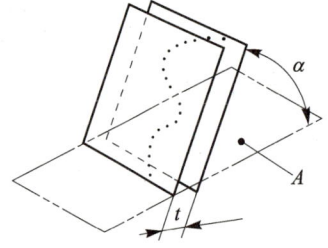 公差带为间距等于公差值 t 的两平行平面所限定的区域，该两平行平面按给定角度倾斜于基准平面 A	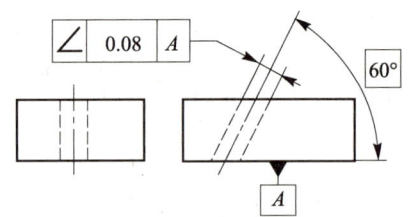 孔的中心线应限定在间距等于 0.08 mm 的两平行平面之间，该两平行平面按理论正确角度 60°倾斜于基准平面 A	孔的中心线相对于底面 A 的倾斜度公差为 0.08 mm
	面对基准线的倾斜度 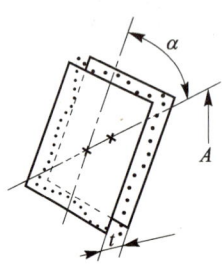 公差带为间距等于公差值 t 的两平行平面所限定的区域，该两平行平面按给定角度倾斜于基准轴线 A	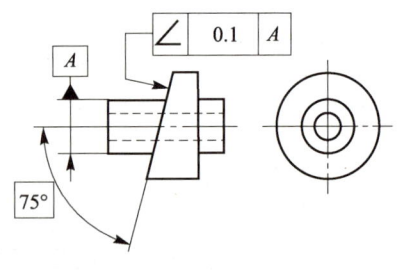 斜面应限定在间距等于 0.1 mm 的两平行平面之间，该两平行平面按理论正确角度 75°倾斜于基准轴线 A	斜面相对于圆环轴线 A 的倾斜度公差为 0.1 mm

表 3-5（续）

公差	公差带定义	标注示例及解释	识读
倾斜度	面对基准面的倾斜度 公差带为间距等于公差值 t 的两平行平面所限定的区域，该两平行平面按给定角度倾斜于基准平面 A	⌒ 0.08 A，40°，A 斜面应限定在间距等于 0.08 mm 的两平行平面之间，该两平行平面按理论正确角度 40°倾斜于基准平面 A	斜面相对于底面 A 的倾斜度公差为 0.08 mm

3．位置公差

位置公差是指被测要素对基准要素在位置上的允许变动量。位置公差除线轮廓度公差和面轮廓度公差外，还包括同心度公差、同轴度公差、对称度公差和位置度公差。

❂ **同心度和同轴度公差**：当理论正确尺寸为零，且基准要素和被测要素均为轴线时，称为同轴度公差。若基准要素和被测要素的轴线足够短，或均为中心点时，称为同心度公差。

❂ **对称度公差**：理论正确尺寸为零，基准要素和（或）被测要素为其他中心要素（如中心平面）。

❂ **位置度公差**：理论正确尺寸不为零，基准要素对一基准体系保持一定的位置关系。

❂ **线轮廓度公差（有基准）**：当有基准要求时，线轮廓度公差带的形状、方向、位置由理论正确尺寸和基准确定，如表 3-4 中有基准的线轮廓度公差。

❂ **面轮廓度公差（有基准）**：当有基准要求时，面轮廓度公差带的形状、方向、位置由理论正确尺寸和基准确定，如表 3-4 中有基准的面轮廓度公差。

位置公差带具有以下特点。

（1）位置公差带相对于基准具有确定的位置。其中，位置度公差带的位置由理论正确尺寸确定；同心度、同轴度和对称度的理论正确尺寸为零，图上可省略不注。

（2）位置公差带具有综合控制被测要素位置、方向和形状的功能。在满足使用要求的前提下，对被测要素给出位置公差后，通常对其不再给出方向公差和形状公差。如对方向和形状有进一步要求时，则可另行给出方向公差或（和）形状公差，但其数值应小于位置公差值。

除线轮廓度公差和面轮廓度公差外，位置公差其余各项目的公差带定义、标注和识读如表 3-6 所示。

表 3-6　位置公差的公差带定义、标注和识读（摘自 GB/T 1182—2018）

公差	公差带定义	标注示例及解释	识读
点的同心度	公差带为直径等于公差值 ϕt 的圆周所限定的区域，该圆周的圆心与基准点 A 重合	在任意横截面内，内圆的中心应限定在直径等于 $\phi 0.1$ mm、以基准点 A 为圆心的圆周内	内圆的中心相对于基准点 A 的同心度公差为 $\phi 0.1$ mm
轴线的同轴度	公差带为直径等于公差值 ϕt 的圆柱面所限定的区域，该圆柱面的轴线与基准轴线 A 重合	大圆柱面的中心线应限定在直径等于 $\phi 0.1$ mm、以基准轴线 A 为轴线的圆柱面内	大圆柱面的中心线相对于小圆柱轴线 A 的同轴度公差为 $\phi 0.1$ mm
对称度	公差带为间距等于公差值 t、对称于基准中心平面 A 的两平行平面所限定的区域	凹槽两侧面的对称平面应限定在间距等于 0.08 mm、对称于基准中心平面 A 的两平行平面之间	凹槽两侧面的对称平面相对于基准中心平面 A 的对称度公差为 0.08 mm
位置度	公差带为直径等于公差值 $S\phi t$ 的圆球面所限定的区域，该圆球面中心的理论正确位置由基准平面 A、B、C 和理论正确尺寸确定	小球的球心应限定在直径等于 $S\phi 0.3$ mm 的圆球面内，该圆球面的中心由基准平面 A、B、C 和理论正确尺寸 30 mm、25 mm 确定	小球的球心相对于基准平面 A、B、C 的位置度公差为 $S\phi 0.3$ mm

表 3-6（续）

公差	公差带定义	标注示例及解释	识读
位置度	线的位置度 公差带为直径等于公差值 ϕt 的圆柱面所限定的区域，该圆柱面轴线的位置由基准平面 A、B、C 及理论正确尺寸确定	孔的中心线应限定在直径等于 $\phi 0.08$ mm 的圆柱面内，该圆柱面的轴线应处于由基准平面 A、B、C 及理论正确尺寸 100 mm、68 mm 确定的理论正确位置上	孔的中心线对基准平面 A、B、C 的位置度公差为 $\phi 0.08$ mm
	面的位置度 公差带为间距等于公差值 t、且对称于被测面理论正确位置的两平行平面所限定的区域，面的理论正确位置由基准平面 A、基准轴线 B 和理论正确尺寸确定	斜面应限定在间距等于 0.05 mm、且对称于被测面的理论正确位置的两平行平面之间。该两平行平面对称于由基准平面 A、基准轴线 B 和理论正确尺寸 15 mm，105°确定的被测面的理论正确位置	斜面相对于基准 A、B 的位置度公差为 0.05 mm

4. 跳动公差

跳动公差是指被测要素绕基准要素回转过程中所允许的最大跳动量。跳动量可由指示计在给定方向上测得的最大与最小示值之差反映出来。跳动公差适用于回转表面或其端面，它可分为圆跳动公差和全跳动公差。

- ✦ **圆跳动公差**：是指被测实际要素在某个测量截面内相对于其理想要素的变动量。它可分为径向圆跳动公差、轴向圆跳动公差和斜向圆跳动公差。
- ✦ **全跳动公差**：是指被测实际要素整个表面相对于其理想要素的变动量。它可分为径向全跳动公差和轴向全跳动公差。

跳动公差带具有以下特点。

（1）跳动公差带的位置具有固定和浮动双重特点：一方面，公差带的中心（或轴线）始终与基准轴线同轴；另一方面，公差带的半径或宽度又随实际要素的变动而变动。

（2）跳动公差带具有综合控制被测要素位置、方向和形状的功能。例如，径向圆跳动公差可控制圆柱面的同轴度误差和圆度误差；径向全跳动公差可控制圆柱面的同轴度误差和圆柱度误差；轴向全跳动公差可控制被测平面相对于基准线的垂直度误差和被测平面的平面度误差。

跳动公差的公差带定义、标注和识读如表3-7所示。

表3-7　跳动公差的公差带定义、标注和识读（摘自GB/T 1182—2018）

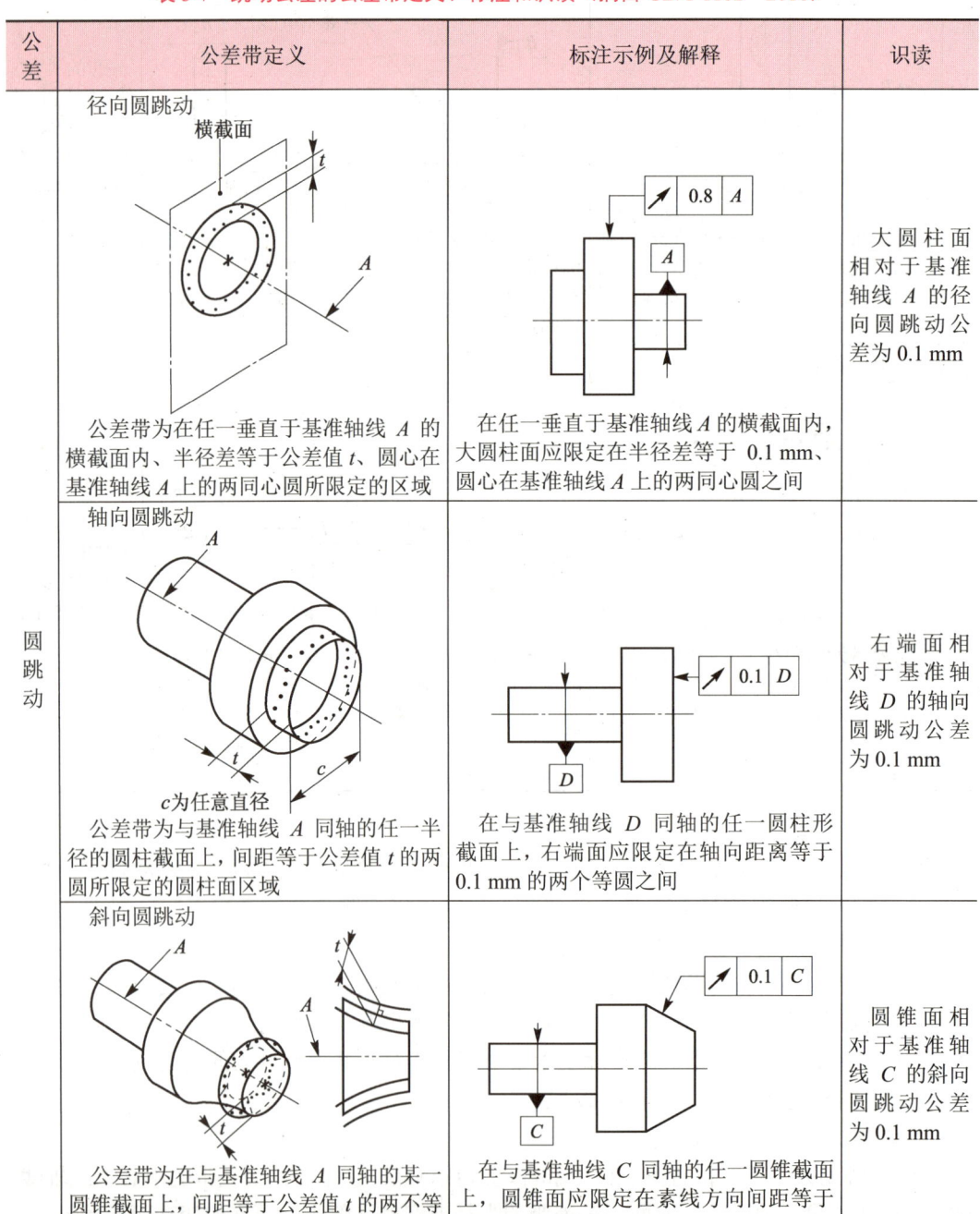

公差	公差带定义	标注示例及解释	识读
圆跳动	径向圆跳动 公差带为在任一垂直于基准轴线 A 的横截面内、半径差等于公差值 t、圆心在基准轴线 A 上的两同心圆所限定的区域	在任一垂直于基准轴线 A 的横截面内，大圆柱面应限定在半径差等于 0.1 mm、圆心在基准轴线 A 上的两同心圆之间	大圆柱面相对于基准轴线 A 的径向圆跳动公差为 0.1 mm
	轴向圆跳动 c 为任意直径 公差带为与基准轴线 A 同轴的任一半径的圆柱截面上，间距等于公差值 t 的两圆所限定的圆柱面区域	在与基准轴线 D 同轴的任一圆柱形截面上，右端面应限定在轴向距离等于 0.1 mm 的两个等圆之间	右端面相对于基准轴线 D 的轴向圆跳动公差为 0.1 mm
	斜向圆跳动 公差带为在与基准轴线 A 同轴的某一圆锥截面上，间距等于公差值 t 的两不等圆所限定的区域	在与基准轴线 C 同轴的任一圆锥截面上，圆锥面应限定在素线方向间距等于 0.1 mm 的两不等圆之间	圆锥面相对于基准轴线 C 的斜向圆跳动公差为 0.1 mm

表 3-7（续）

公差	公差带定义	标注示例及解释	识读
全跳动	径向全跳动 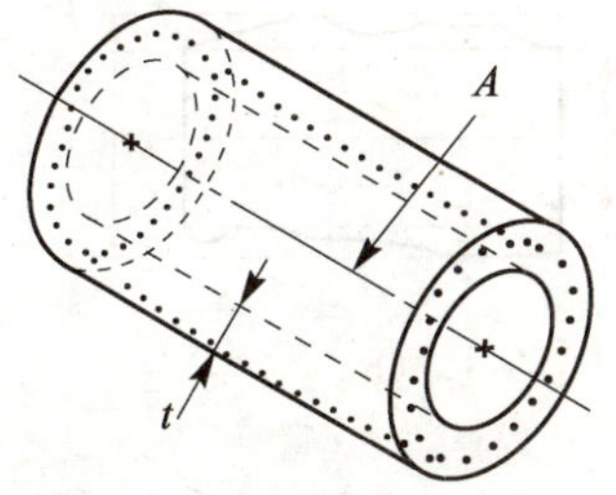 公差带为半径差等于公差值 t、与基准轴线 A 同轴的两圆柱面所限定的区域	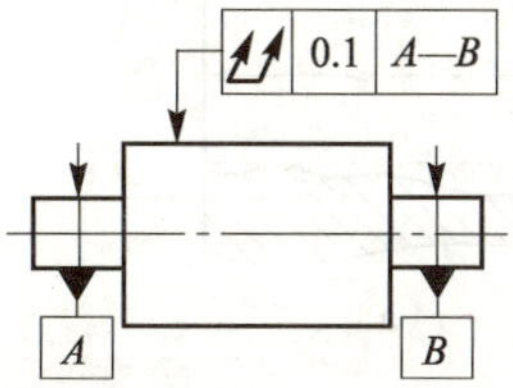 大圆柱面应限定在半径差等于 0.1 mm 且与组合基准轴线 $A-B$ 同轴的两圆柱面之间	大圆柱面相对于组合基准轴线 $A-B$ 的径向全跳动公差为 0.1 mm
	轴向全跳动 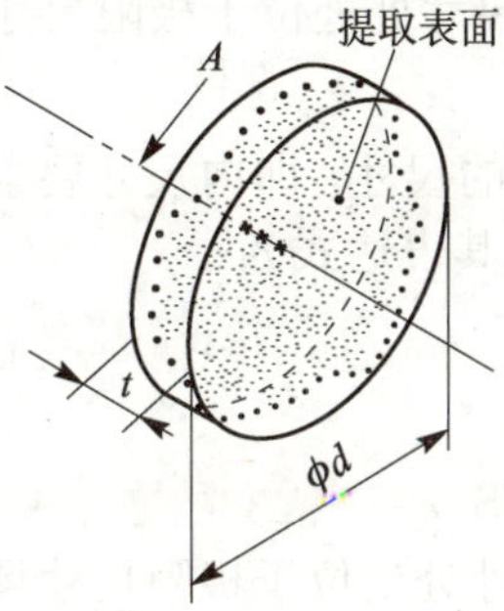 公差带为间距等于公差值 t、垂直于基准轴线 A 的两平行平面所限定的区域	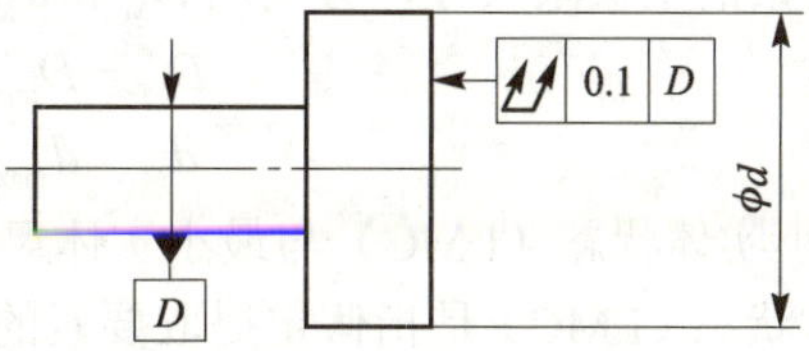 右端面应限定在间距等于 0.1 mm、垂直于基准轴线 D 的两平行平面之间	右端面相对于基准轴线 D 的轴向全跳动公差为 0.1 mm

四、公差原则

在机械零件的设计过程中，根据零件的功能要求，对重要的几何要素，通常要同时给出尺寸公差和几何公差，这就产生了如何处理两者之间的关系问题。而公差原则就是确定尺寸公差和几何公差之间相互关系的原则。国家标准规定，公差原则分为独立原则和相关要求。

1. 与公差原则有关的术语及定义

1) 提取组成要素的局部尺寸

提取组成要素的局部尺寸是指一切提取组成要素上两对应点之间距离的统称。内、外表面提取组成要素的局部尺寸分别用 D_a 和 d_a 表示。为方便起见，可将提取组成要素的局部尺寸简称为提取要素的局部尺寸。

2) 作用尺寸

作用尺寸是由实际尺寸和几何误差综合形成的，是装配时起作用的尺寸。作用尺寸可分为体外作用尺寸和体内作用尺寸。

体外作用尺寸（D_{fe}、d_{fe}）是指在被测要素的给定长度上，与实际内表面体外相接的最大理想面或与实际外表面体外相接的最小理想面的直径或宽度，如图 3-22 所示。

体内作用尺寸（D_{fi}、d_{fi}）是指在被测要素的给定长度上，与实际内表面体内相接的最小理想面或与实际外表面体内相接的最大理想面的直径或宽度，如图 3-22 所示。

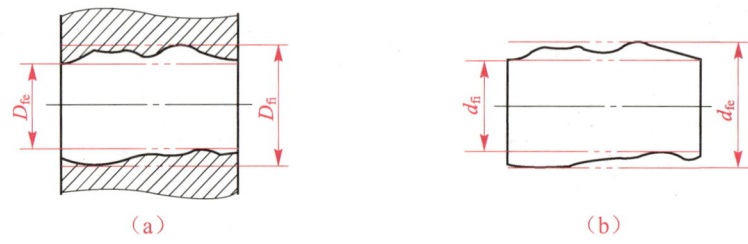

图 3-22　作用尺寸

3）实体状态与实体尺寸

（1）最大实体状态（MMC）与最大实体尺寸（MMS）。

最大实体状态（MMC）是指假定提取要素的局部尺寸处处位于极限尺寸且使其具有实体最大时的状态。

最大实体尺寸（MMS）是指确定要素最大实体状态的尺寸，即内尺寸要素的下极限尺寸或外尺寸要素的上极限尺寸，分别用 D_M 和 d_M 表示。其表达式为

$$D_M = D_{min} \tag{3-1}$$

$$d_M = d_{max} \tag{3-2}$$

（2）最小实体状态（LMC）与最小实体尺寸（LMS）。

最小实体状态（LMC）是指假定提取要素的局部尺寸处处位于极限尺寸且使其具有实体最小时的状态。

最小实体尺寸（LMS）是指确定要素最小实体状态的尺寸，即内尺寸要素的上极限尺寸或外尺寸要素的下极限尺寸，分别用 D_L 和 d_L 表示。其表达式为

$$D_L = D_{max} \tag{3-3}$$

$$d_L = d_{min} \tag{3-4}$$

4）实效尺寸与实效状态

（1）最大实体实效尺寸（MMVS）与最大实体实效状态（MMVC）。

最大实体实效尺寸（MMVS）是指尺寸要素的最大实体尺寸与其导出要素的几何公差（形状、方向和位置公差）共同作用产生的尺寸。内、外尺寸要素的最大实体实效尺寸分别用 D_{MV} 和 d_{MV} 表示，其计算公式为

$$D_{MV} = D_M - t = D_{min} - t \tag{3-5}$$

$$d_{MV} = d_M + t = d_{max} + t \tag{3-6}$$

最大实体实效状态（MMVC）是指拟合要素的尺寸为其最大实体实效尺寸时的状态。

（2）最小实体实效尺寸（LMVS）与最小实体实效状态（LMVC）。

最小实体实效尺寸（LMVS）是指尺寸要素的最小实体尺寸与其导出要素的几何公差（形状、方向和位置公差）共同作用产生的尺寸。内、外尺寸要素的最小实体实效尺寸分别用 D_{LV} 和 d_{LV} 表示，其计算公式为

$$D_{LV} = D_L + t = D_{max} + t \qquad (3\text{-}7)$$

$$d_{LV} = d_L - t = d_{min} - t \qquad (3\text{-}8)$$

最小实体实效状态（LMVC）是指拟合要素的尺寸为其最小实体实效尺寸时的状态。

5）边界

（1）最大实体边界（MMB）是指最大实体状态的理想形状的极限包容面。

（2）最小实体边界（LMB）是指最小实体状态的理想形状的极限包容面。

（3）最大实体实效边界（MMVB）是指最大实体实效状态对应的极限包容面。

（4）最小实体实效边界（LMVB）是指最小实体实效状态对应的极限包容面。

6）包容要求

包容要求是指尺寸要素的非理想要素不得违反其最大实体边界的一种尺寸要素要求。

7）实体要求和可逆要求

（1）最大实体要求（MMR）是指尺寸要素的非理想要素不得违反其最大实体实效状态的一种尺寸要素要求，即尺寸要素的非理想要素不得超越其最大实体实效边界的一种尺寸要素要求。

（2）最小实体要求（LMR）是指尺寸要素的非理想要素不得违反其最小实体实效状态的一种尺寸要素要求，即尺寸要素的非理想要素不得超越其最小实体实效边界的一种尺寸要素要求。

（3）可逆要求（RPR）是最大实体要求或最小实体要求的附加要求，表示尺寸公差可以在实际几何误差小于几何公差的差值范围内增大。

2. 独立原则

独立原则是指图样上给定的每一个尺寸和几何（形状、方向和位置）要求均是独立的，应分别满足要求。独立原则是尺寸公差和几何公差相互关系的基本原则。适用于独立原则时，在图样上不必标注任何特殊符号。

3. 相关要求

相关要求是指图样上给出的尺寸公差和几何公差相互有关的公差要求，主要包括包容要求、最大实体要求、最小实体要求和可逆要求。

1）包容要求

被测要素采用包容要求时，表示提取组成要素不得超越其最大实体边界，其局部尺寸不得超出最小实体尺寸。

包容要求适用于圆柱表面或两平行对应面等单一要素。采用包容要求的尺寸要素应在其尺寸极限偏差或公差带代号之后加注符号Ⓔ。如图 3-23 所示，圆柱实际表面必须在最大实体边界内，该边界的尺寸为最大实体尺寸ϕ150 mm，其局部尺寸不得小于ϕ149.96 mm。

采用包容要求的尺寸要素，当实际尺寸处处为最大实体尺寸（如图 3-23 中的ϕ150 mm）时，其几何公差为零；当实际尺寸偏离最大实体尺寸时，允许的几何公差可以相应增加，增加量为实际尺寸与最大实体尺寸之差（绝对值），其最大增加量等于尺寸公差，此时实际尺寸处处为最小实体尺寸，如图 3-23（c）所示，实际尺寸为ϕ149.96 mm 时，允许轴线的直线度为 0.04 mm。

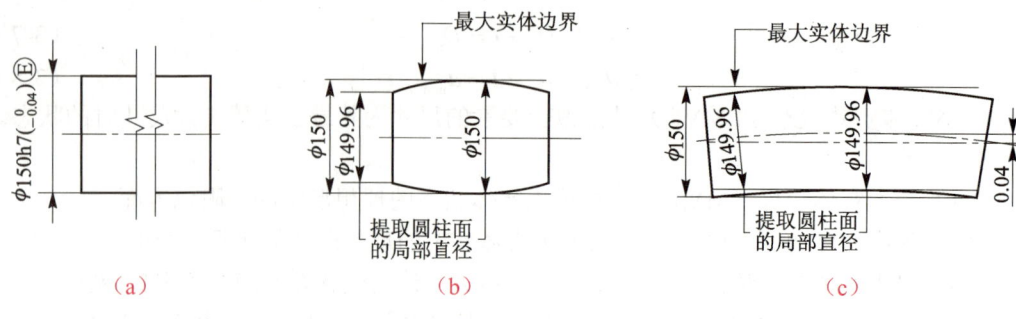

图 3-23 包容要求

由此可知，包容要求是将尺寸误差和几何误差同时控制在尺寸公差范围内的一种公差要求，主要用于保证配合性质的场合，用最大实体边界保证必要的最小间隙或最大过盈，用最小实体尺寸防止间隙过大或过盈过小。

2) 最大实体要求

最大实体要求是控制被测要素的实际轮廓处于最大实体实效边界之内的一种公差要求。按最大实体要求，当实际尺寸偏离最大实体尺寸时，允许其几何误差值超出在最大实体状态下给出的公差值。

最大实体要求适用于中心要素（如轴线、圆心、球心或中心平面等），多用于对零件配合性质要求不严、但要求保证可装配性的场合。

（1）最大实体要求的图样标注。

最大实体要求用符号Ⓜ表示。当最大实体要求应用于被测要素时，应在被测要素几何公差框格中的公差值后标注符号Ⓜ，如图3-24（a）所示；当最大实体要求应用于基准要素时，应在几何公差框格中的基准字母代号后标注符号Ⓜ，如图3-24（b）所示；当最大实体要求同时应用于被测要素和基准要素时，其标注如图3-24（c）所示。

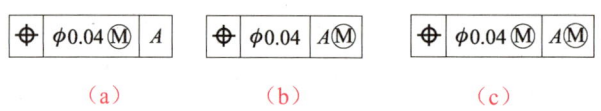

图 3-24 最大实体要求的标注

（2）最大实体要求应用于被测要素。

当最大实体要求应用于被测要素时，被测要素的实际轮廓在给定的长度上处处不得超出最大实体实效边界，即其体外作用尺寸不得超出最大实体实效尺寸，且其局部实际尺寸在最大实体尺寸和最小实体尺寸之间。

对于内尺寸要素：

$$D_{fe} \geq D_{MV} = D_{min} - t 、 D_{max} = D_L \geq D_a \geq D_M = D_{min} \tag{3-9}$$

对于外尺寸要素：

$$d_{fe} \leq d_{MV} = d_{max} + t 、 d_{max} = d_M \geq d_a \geq d_L = d_{min} \tag{3-10}$$

当最大实体要求应用于被测要素时，被测要素的几何公差值是在该要素处于最大实体状态时给出的。若被测要素的实际轮廓偏离其最大实体状态，即其实际尺寸偏离最大实体尺寸时，几何误差值可超出在最大实体状态下给出的几何公差值，即此时的几何公差值可以增大。

课上练习

【例 3-1】对最大实体要求应用于单一被测要素进行分析。如图 3-25（a）所示，小轴 $\phi 20_{-0.3}^{0}$ mm 的轴线直线度公差采用最大实体要求。当小轴处于最大实体状态时，其轴线直线度公差为 $\phi 0.1$ mm，如图 3-25（b）所示。图 3-25（c）所示为表达上述关系的动态公差图。

【解】小轴的实际轮廓尺寸（实际尺寸）受尺寸公差的控制，必须在 $\phi 19.7$ mm 至 $\phi 20$ mm 之间。

小轴的实际轮廓受最大实体实效边界的控制，即其体外作用尺寸不超出最大实体实效尺寸 $d_{MV} = d_M + t = \phi(20+0.1)$ mm $= \phi 20.1$ mm，如图 3-25（b）所示。

如图 3-25（c）所示，当小轴处于最大实体状态时，其轴线直线度误差应小于 $\phi 0.1$ mm；当小轴处于最小实体状态时，其轴线直线度误差允许达到最大值，等于图样给出的直线度公差值与小轴的尺寸公差之和：$\phi(0.1+0.3)$ mm $= \phi 0.4$ mm。

综上所述，图 3-25 所示小轴的合格条件为

$$d_{fe} \leqslant d_{MV} = \phi 20.1 \text{ mm}$$

$$\phi 19.7 \text{ mm} = d_{min} \leqslant d_a \leqslant d_{max} = \phi 20 \text{ mm}$$

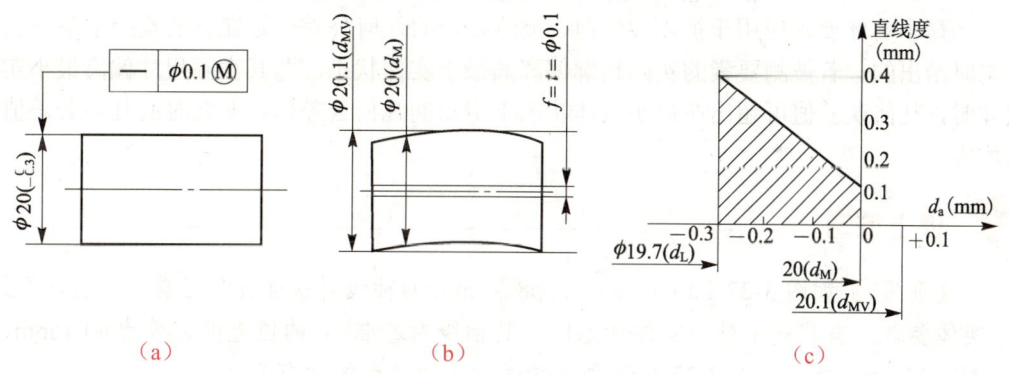

(a)   (b)   (c)

图 3-25 最大实体要求应用于单一被测要素

（3）最大实体要求应用于基准要素。

当最大实体要求应用于基准要素时，基准要素应遵循相应的边界。若基准要素的实际轮廓偏离其相应的边界，即其体外作用尺寸偏离相应的边界尺寸，则允许基准要素在一定范围内浮动，其浮动范围等于基准要素的体外作用尺寸与其相应边界尺寸之差。

3）最小实体要求

最小实体要求是控制被测要素的实际轮廓处于最小实体实效边界之内的一种公差要求。按最小实体要求，当实际尺寸偏离最小实体尺寸时，允许其几何误差值超出在最小实体状态下给出的公差值。

最小实体要求适用于中心要素（如轴线、圆心、球心或中心平面等），多用于保证零件的强度要求。

（1）最小实体要求的图样标注。

最小实体要求用符号Ⓛ表示。当最小实体要求应用于被测要素时，应在被测要素几何公差框格中的公差值后标注符号Ⓛ，如图 3-26（a）所示；当最小实体要求应用于基准要素时，应在几何公差框格中的基准字母代号后标注符号Ⓛ，如图 3-26（b）所示；当最小实体要求同时应用于被测要素和基准要素时，其标注如图 3-26（c）所示。

| ⊕ | φ0.5Ⓛ | A | | ⊕ | φ0.5 | AⓁ | | ⊕ | φ0.5Ⓛ | AⓁ |

（a）　　　　　　　（b）　　　　　　　（c）

图 3-26　最小实体要求的标注

（2）最小实体要求应用于被测要素。

当最小实体要求应用于被测要素时，被测要素的实际轮廓在给定的长度上处处不得超出最小实体实效边界，即其体内作用尺寸不得超出最小实体实效尺寸，且其局部实际尺寸在最大实体尺寸和最小实体尺寸之间。

对于内尺寸要素：
$$D_{fi} \leqslant D_{LV} = D_{max} + t 、 D_{min} = D_M \leqslant D_a \leqslant D_L = D_{max} \tag{3-11}$$

对于外尺寸要素：
$$d_{fi} \geqslant d_{LV} = d_{min} - t 、 d_{max} = d_M \geqslant d_a \geqslant d_L = d_{min} \tag{3-12}$$

当最小实体要求应用于被测要素时，被测要素的几何公差值是在该要素处于最小实体状态时给出的。若被测要素的实际轮廓偏离其最小实体状态，即其实际尺寸偏离最小实体尺寸时，几何误差值可超出在最小实体状态下给出的几何公差值，即此时的几何公差值可以增大。

课上练习

【例 3-2】如图 3-27（a）所示，孔 $\phi 8^{+0.25}_{0}$ mm 的轴线对基准 A 的位置度公差采用最小实体要求。当孔处于最小实体状态时，其轴线对基准 A 的位置度公差为 $\phi 0.4$ mm，如图 3-27（b）所示。图 3-27（c）所示为表达上述关系的动态公差图。

【解】孔的实际轮廓尺寸（实际尺寸）受尺寸公差的控制，必须在 $\phi 8$ mm 至 $\phi 8.25$ mm 之间。

孔的实际轮廓受最小实体实效边界的控制，即其体内作用尺寸不超出最小实体实效尺寸 $D_{LV} = D_L + t = \phi(8.25 + 0.4)$ mm $= \phi 8.65$ mm，如图 3-27（b）所示。

如图 3-27（b）和图 3-27（c）所示，当孔处于最小实体状态时，其轴线对基准 A 的位置度误差应小于 $\phi 0.4$ mm；当孔处于最大实体状态时，其轴线对基准 A 的位置度误差允许达到最大值，等于图样给出的位置度公差值与孔的尺寸公差之和：

$$\phi(0.4 + 0.25) \text{ mm} = \phi 0.65 \text{ mm}。$$

综上所述，图 3-27 所示孔的合格条件为

$$D_{fi} \leqslant D_{LV} = \phi 8.65 \text{ mm}$$

$$\phi 8 \text{ mm} = D_{min} \leqslant D_a \leqslant D_{max} = \phi 8.25 \text{ mm}$$

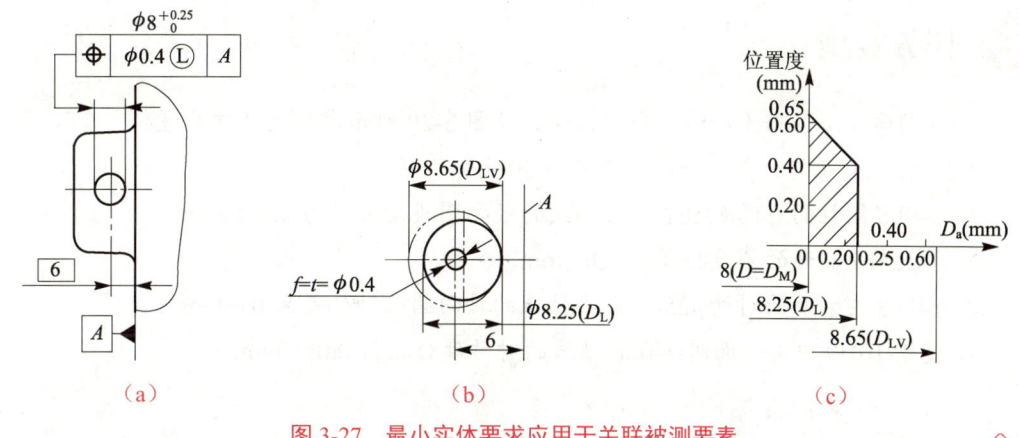

图 3-27　最小实体要求应用于关联被测要素

（3）最小实体要求应用于基准要素。

当最小实体要求应用于基准要素时,基准要素应遵循相应的边界。若基准要素的实际轮廓偏离其相应的边界,即其体内作用尺寸偏离相应的边界尺寸,则允许基准要素在一定范围内浮动,其浮动范围等于基准要素的体内作用尺寸与其相应边界尺寸之差。

4）可逆要求

可逆要求是既允许尺寸公差补偿给几何公差,反过来也允许几何公差补偿给尺寸公差的一种要求,用符号⑱表示。可逆要求只应用于被测要素,而不应用于基准要素。

可逆要求通常与最大实体要求或最小实体要求一起应用。在图样上的几何公差框格中,将符号⑱置于Ⓜ或Ⓛ的后面,表示被测要素在遵循最大实体要求或最小实体要求的同时,也遵循可逆要求。

可逆要求应用于最大实体要求或最小实体要求时,除了具有上述最大实体要求或最小实体要求用于被测要素时的含义外,还表示当几何误差小于给定的几何公差时,也允许实际尺寸超出最大实体尺寸或最小实体尺寸。当几何误差等于零时,允许尺寸的超出值最大,为几何公差值,从而实现尺寸公差与几何公差的相互转换。此时,被测要素仍遵循最大实体实效边界或最小实体实效边界。

如图 3-28（a）所示,轴的直线度公差 $\phi 0.02$ mm 是在轴的实际尺寸为最大实际尺寸 $\phi 30$ mm 时给定的。当轴的实际尺寸小于 $\phi 30$ mm 时,允许轴的直线度误差值增大；同时,当轴的直线度误差小于 $\phi 0.02$ mm 时,也允许轴的直径增大。如图 3-28（b）所示,当轴的直线度误差为 $\phi 0.01$ mm 时,轴的实际尺寸可增加到 $\phi 30.01$ mm；当轴的直线度误差为零时,轴的实际尺寸可达到最大值 $\phi 30.02$ mm。如图 3-28（c）所示为上述关系的动态公差图。

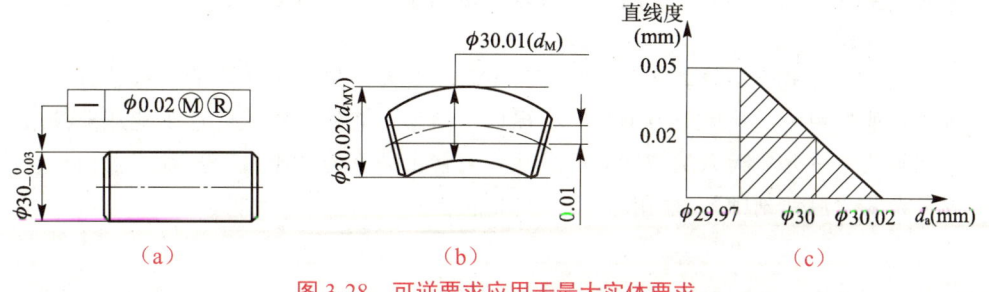

图 3-28　可逆要求应用于最大实体要求

任务实施

（1）将学生分为若干小组，每组讨论识读图 3-29 所示零件的几何公差。

（2）将下列几何公差要求标注在图 3-30 上。

① $\phi40h8$ 圆柱面对两 $\phi25h7$ 公共轴线的径向圆跳动公差为 0.015 mm。

② 两 $\phi25h7$ 轴颈的圆度公差为 0.01 mm。

③ $\phi40h8$ 左右端面对两 $\phi25h7$ 公共轴线的轴向圆跳动公差为 0.02 mm。

④ 键槽 10H9 中心平面对 $\phi40h8$ 轴线的对称度公差为 0.015 mm。

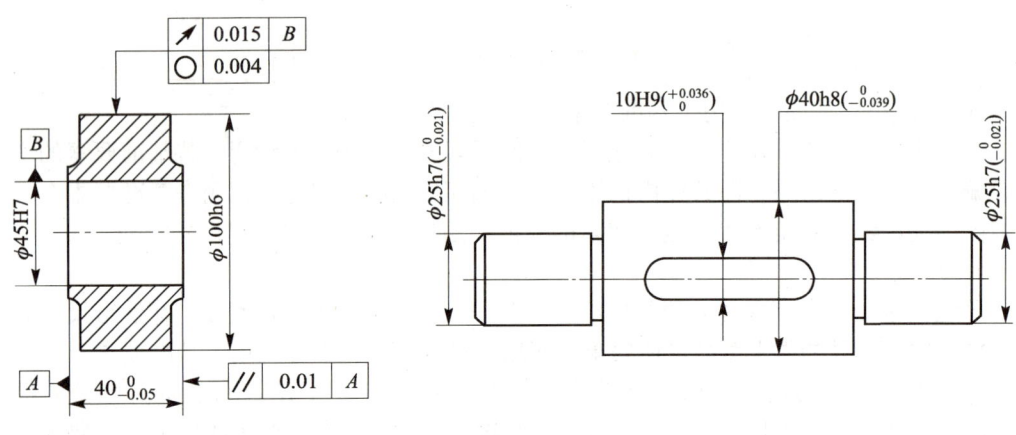

图 3-29 识读几何公差　　　　图 3-30 标注几何公差

（3）将结果做成大字报，老师随机选取小组代表上台阐述识读和标注的分析过程，并进行点评。

拓展阅读

跨过浩瀚宇宙，书写不平凡的成就

2021 年 9 月 17 日，执行神舟十二号载人航天任务的三名航天员在酒泉卫星发射中心着陆场着陆。长征五号、天问一号、北斗组网、探月工程……在一次次迈向太空的"航程"中，中国航天人跨过浩瀚宇宙，用青春之我，书写着祖国不平凡的成就。

来自中国航天科技集团第六研究院（简称航天六院）7103 厂的高级技师何小虎正是他们中的一员。2010 年，何小虎以实操第一名的成绩从陕西工业职业技术学院毕业，进入航天六院 7103 厂。从一名初出茅庐的"小白"到现在业内公认的"火箭心脏钻刻师"，他用了 11 年的时间。

提到"火箭心脏钻刻师"这一称呼时，何小虎感到有点不好意思。他腼腆地笑笑："发动机相当于火箭的'心脏'，我的工作就是对火箭'心脏'的'心脏'——发动机的涡轮泵和推力室相关零部件进行机械加工，通过操控数控机床，精确雕刻这些部件的每个部位。而'钻刻'指的是我们在加工过程中经常会采用钻削的方法来加工相关零部件。我本身就是一个平凡的人，身处在一个平凡的岗位上，能够参与到国家的航天事业中来，很荣幸、也很满足。"

2016年，何小虎在某型号液体火箭发动机的研制过程中，发现其中有项关键部件的加工精度要求极高，公差仅为 0.008 mm，相当于头发丝的十分之一，即使是高级技师加工，合格率也只能保证20%，严重制约了产品的交付周期。为了突破加工瓶颈，他主动请缨拿下这个难啃的"硬骨头"。经过半个多月的查阅资料、摸索、试车，最终提出了"设备稳定性"的加工概念，这个思路完全颠覆了传统的加工方法，开创了该公司超精密加工的新方法，第一批次试加工时合格率直接提升到了100%。

在工作的过程中，何小虎把创新思维深深植入到血液里。他独创的微小孔高效加工法、极限加工稳定性控制法、首件标定参数法等方法正在一些国家重大项目中发挥着价值和作用。他谦虚地说："我还要精细打磨自己，成为真正拿得出手的'大国工匠'。"

（资料来源：https://baijiahao.baidu.com/s?id=1712106608831326584&wfr=spider&for=pc，有改动）

任务二　几何公差的选择

任务引入

小李在工厂做学徒，跟着张师傅学习。某天，小李帮助张师傅一起画某个部件的零件图。当画完柱塞套的零件图，开始标注尺寸和几何公差时，他对于如何确定几何公差犯了难。于是，他向张师傅请教。张师傅跟他介绍了如何选择几何公差后，他非常认真地将柱塞套的几何公差确定好，并完成了标注，如图3-31所示(图中仅标注了主要尺寸)。下面我们一起来学习如何选择几何公差吧。

113

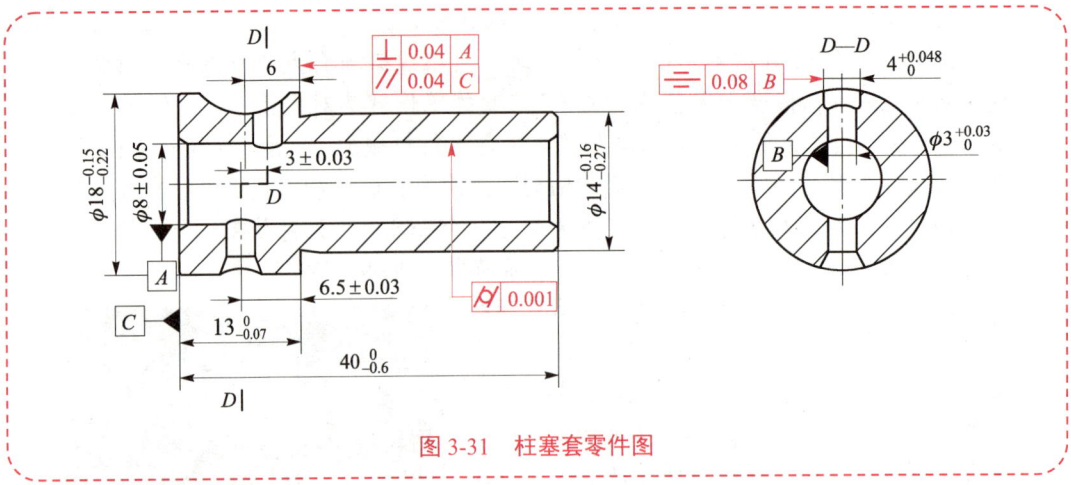

图 3-31 柱塞套零件图

相关知识

在图样上是否给出几何公差要求,应按下述原则确定:凡几何公差要求用一般机床加工能保证的,不必注出,其公差值要求应按《形状和位置公差 未注公差值》(GB/T 1184—1996)执行;凡几何公差有特殊要求的(高于或低于 GB/T 1184—1996 规定的公差级别),应按标准规定注出几何公差。注出几何公差的选择主要包括几何公差项目的选择、公差原则的选择、几何公差值的选择。

一、几何公差项目的选择

几何公差项目选择的基本原则是:在保证零件使用要求的前提下,尽量减少图样上标注的几何公差项目,并尽量简化控制几何误差的方法。进行选择时,应主要考虑零件的几何特征、零件的功能要求、几何公差的控制功能及检测的方便性等因素。

1. 零件的几何特征

零件的几何特征是选择几何公差项目的主要依据。例如,圆柱形零件可选择圆度、圆柱度、轴线直线度、素线直线度;平面零件可选择平面度;槽类零件可选择对称度;孔可选择同轴度等。

2. 零件的功能要求

根据零件的功能要求不同,选择不同的几何公差项目。例如,阶梯轴两轴承位置明确要求限制轴线间的偏差时,应选择同轴度;机床导轨的直线度误差会影响其结合零件的运动精度,应选择直线度;齿轮箱两孔轴线不平行将会影响正常啮合,应选择平行度等。

3. 几何公差的控制功能

各项几何公差的控制功能不同,有单一控制项目,如直线度、平面度、圆度等;有综合控制项目,如圆柱度、圆跳动、位置度等。选择时,应认真考虑它们之间的关系,充分发挥综合控制项目的职能,这样可减少图样上给出的几何公差项目。

4. 检测的方便性

确定几何公差项目时,还应考虑到检测的方便性与经济性。例如,轴类零件可用径向全跳动综合控制圆柱度和同轴度,用轴向全跳动代替端面对轴线的垂直度,这样既方便检测,又能较好地控制相应的几何误差。应当注意的是,跳动反映的是多项几何误差的综合结果,在标注跳动公差项目时,给定的跳动公差值应适当加大,否则会要求过严。

二、公差原则的选择

选择公差原则时,应根据被测要素的功能要求,充分发挥出公差的职能和采取该种公差原则的可行性、经济性。表3-8 所示为公差原则的应用场合和示例,可供选择时参考。

表3-8 公差原则的应用场合和示例

公差原则	应用场合	示例
独立原则	尺寸精度与几何精度需要分别满足要求	齿轮箱体孔的尺寸精度与两孔轴线的平行度;连杆活塞销孔的尺寸精度与圆柱度;滚动轴承内、外圈滚道的尺寸精度与形状精度
	尺寸精度与几何精度相差较大	滚筒类零件尺寸精度要求很低,形状精度要求很高;平板的尺寸精度要求不高,形状精度要求很高;冲模架的下模座尺寸精度要求不高,平行度要求较高;通油孔的尺寸精度有一定要求,形状精度无要求
	尺寸精度与几何精度无关系	滚子链条的套筒或滚子内、外圆柱面的轴线同轴度与尺寸精度;齿轮箱体孔的尺寸精度与孔轴线间的位置度;发动机连杆上的尺寸精度与孔轴线间的位置度
	未注公差	凡未注尺寸公差和未注几何公差都采用独立原则,如退刀槽倒角、圆角等
包容要求	单一要素	保证配合性质,例如,$\phi 20H7\text{Ⓔ}$孔与$\phi 20h6\text{Ⓔ}$轴的配合,可以保证配合的最小间隙等于零
最大实体要求	中心要素	保证零件的可装配性,例如,轴承盖上或法兰盘上的连接用孔组的位置度
最小实体要求	中心要素	保证零件的最小壁厚和强度,例如,空心圆柱的凸台、带孔的小垫圈等的位置度

三、几何公差值的选择

几何公差值的大小由几何公差等级确定(结合主参数)。在国家标准中,除线、面轮廓度及位置度未规定公差等级外,其他几何特征项目均有规定,一般划分为12级,即1~12级,1级精度最高,12级精度最低;圆度和圆柱度则划分为13级,即0~12级,0级精度最高,12级精度最低。各项目的各级公差值如表3-9 至表3-13 所示。其中,对于位置度,国家标准只规定了公差值数系,而未规定公差等级。

表3-9 直线度和平面度(摘自 GB/T 1184—1996)

主参数 L/mm	公差等级											
	1	2	3	4	5	6	7	8	9	10	11	12
	公差值/μm											
≤10	0.2	0.4	0.8	1.2	2	3	5	8	12	20	30	60
>10~16	0.25	0.5	1	1.5	2.5	4	6	10	15	25	40	80

表 3-9（续）

主参数 L/mm	公差等级											
	1	2	3	4	5	6	7	8	9	10	11	12
	公差值/μm											
>16~25	0.3	0.6	1.2	2	3	5	8	12	20	30	50	100
>25~40	0.4	0.8	1.5	2.5	4	6	10	15	25	40	60	120
>40~63	0.5	1	2	3	5	8	12	20	30	50	80	150
>63~100	0.6	1.2	2.5	4	6	10	15	25	40	60	100	200
>100~160	0.8	1.5	3	5	8	12	20	30	50	80	120	250
>160~250	1	2	4	6	10	15	25	40	60	100	150	300
>250~400	1.2	2.5	5	8	12	20	30	50	80	120	200	400
>400~630	1.5	3	6	10	15	25	40	60	100	150	250	500
>630~1 000	2	4	8	12	20	30	50	80	120	200	300	600

注：主参数 L 是轴、直线、平面长边的长度。

表 3-10　圆度和圆柱度（摘自 GB/T 1184—1996）

主参数 d（D）/mm	公差等级												
	0	1	2	3	4	5	6	7	8	9	10	11	12
	公差值/μm												
≤3	0.1	0.2	0.3	0.5	0.8	1.2	2	3	4	6	10	14	25
>3~6	0.1	0.2	0.4	0.6	1	1.5	2.5	4	5	8	12	18	30
>6~10	0.12	0.25	0.4	0.6	1	1.5	2.5	4	6	9	15	22	36
>10~18	0.15	0.25	0.5	0.8	1.2	2	3	5	8	11	18	27	43
>18~30	0.2	0.3	0.6	1	1.5	2.5	4	6	9	13	21	33	52
>30~50	0.25	0.4	0.6	1	1.5	2.5	4	7	11	16	25	39	62
>50~80	0.3	0.5	0.8	1.2	2	3	5	8	13	19	30	46	74
>80~120	0.4	0.6	1	1.5	2.5	4	6	10	15	22	35	54	87
>120~180	0.6	1	1.2	2	3.5	5	8	12	18	25	40	63	100
>180~250	0.8	1.2	2	3	4.5	7	10	14	20	29	46	72	115
>250~315	1.0	1.6	2.5	4	6	8	12	16	23	32	52	81	130
>315~400	1.2	2	3	5	7	9	13	18	25	36	57	89	140
>400~500	1.5	2.5	4	6	8	10	15	20	27	40	63	97	155

注：主参数 $d(D)$ 是轴（孔）的直径。

表 3-11　平行度、垂直度和倾斜度（摘自 GB/T 1184—1996）

主参数 L、d（D）/mm	公差等级											
	1	2	3	4	5	6	7	8	9	10	11	12
	公差值/μm											
≤10	0.4	0.8	1.5	3	5	8	12	20	30	50	80	120
>10～16	0.5	1	2	4	6	10	15	25	40	60	100	150
>16～25	0.6	1.2	2.5	5	8	12	20	30	50	80	120	200
>25～40	0.8	1.5	3	6	10	15	25	40	60	100	150	250
>40～63	1	2	4	8	12	20	30	50	80	120	200	300
>63～100	1.2	2.5	5	10	15	25	40	60	100	150	250	400
>100～160	1.5	3	6	12	20	30	50	80	120	200	300	500
>160～250	2	4	8	15	25	40	60	100	150	250	400	600
>250～400	2.5	5	10	20	30	50	80	120	200	300	500	800
>400～630	3	6	12	25	40	60	100	150	250	400	600	1 000
>630～1 000	4	8	15	30	50	80	120	200	300	500	800	1 200

注：① 主参数 L 为给定平行度时轴线或平面的长度，或给定垂直度、倾斜度时被测要素的长度。
　　② 主参数 $d（D）$ 为给定面对基准线垂直度时，被测要素轴（孔）的直径。

表 3-12　同轴度、对称度、圆跳动和全跳动（摘自 GB/T 1184—1996）

主参数 d（D）、B、L/mm	公差等级											
	1	2	3	4	5	6	7	8	9	10	11	12
	公差值/μm											
≤1	0.4	0.6	1	1.5	2.5	4	6	10	15	25	40	60
>1～3	0.4	0.6	1	1.5	2.5	4	6	10	20	40	60	120
>3～6	0.5	0.8	1.2	2	3	5	8	12	25	50	80	150
>6～10	0.6	1	1.5	2.5	4	6	10	15	30	60	100	200
>10～18	0.8	1.2	2	3	5	8	12	20	40	80	120	250
>18～30	1	1.5	2.5	4	6	10	15	25	50	100	150	300
>30～50	1.2	2	3	5	8	12	20	30	60	120	200	400
>50～120	1.5	2.5	4	6	10	15	25	40	80	150	250	500
>120～250	2	3	5	8	12	20	30	50	100	200	300	600
>250～500	2.5	4	6	10	15	25	40	60	120	250	400	800

注：① 主参数 $d（D）$ 为给定同轴度时轴的直径，或给定圆跳动、全跳动时轴（孔）的直径。
　　② 圆锥斜向公差的主参数为轴（孔）的平均直径。
　　③ 主参数 B 为给定对称度时槽的宽度。
　　④ 主参数 L 为给定两孔对称度时的孔心距。

表 3-13　位置度数系（摘自 GB/T 1184—1996）　　　　　　　　　　　　　单位：μm

1	1.2	1.5	2	2.5	3	4	5	6	8
1×10^n	1.2×10^n	1.5×10^n	2×10^n	2.5×10^n	3×10^n	4×10^n	5×10^n	6×10^n	8×10^n

注：n 为正整数。

实际设计中，零件的几何公差等级常用类比法确定。表 3-14 至表 3-17 所示列出了几种几何公差项目及其常用等级的应用实例，可供选择时参考。

表 3-14　直线度和平面度公差常用等级的应用实例

公差等级	应用实例
5	1 级平板，2 级宽平板，平面磨床的导轨、工作台，液压龙门刨床导轨面，柴油机进气、排气阀门导杆
6	普通机床导轨面、柴油机机体结合面
7	2 级平板、机床主轴箱结合面、液压泵盖结合面、减速器壳体结合面
8	机床传动箱体、交换齿轮箱体、车床溜板箱体、柴油机气缸体、连杆分离面、缸盖结合面、液压管件和法兰连接面
9	3 级平板，自动车床床身底面，摩托车曲轴箱体，汽车变速箱壳体，手动机械的支承面

表 3-15　圆度和圆柱度公差常用等级的应用实例

公差等级	应用实例
5	一般计量仪器主轴、测杆外圆柱面，陀螺仪轴颈，一般机床主轴轴颈及主轴承孔，柴油机、汽油机活塞、活塞销，与 6 级滚动轴承配合的轴颈
6	一般机床主轴及前轴承孔，泵、压缩机的活塞、气缸，汽油发动机凸轮轴，纺织锭子，减速器转轴轴颈，高速船用发动机曲轴、拖拉机曲轴主轴颈，与 6 级滚动轴承配合的外壳孔，与 0 级滚动轴承配合的轴颈
7	大功率低速柴油机曲轴轴颈、活塞、活塞销、连杆、气缸，高速柴油机箱体轴承孔，千斤顶或压力缸活塞，机车传动轴，水泵及通用减速器转轴轴颈，与 0 级滚动轴承配合的外壳孔
8	大功率低速发动机曲轴轴颈，压气机连杆盖、连杆体，拖拉机气缸、活塞，内燃机曲轴轴颈，柴油机凸轮轴轴承孔、凸轮轴，拖拉机、小型船用柴油机气缸套
9	空气压缩机缸体，液压传动筒，通用机械杠杆与拉杆用套筒销子，拖拉机活塞环、套筒孔

表 3-16　平行度、垂直度和倾斜度公差常用等级的应用实例

公差等级	应用实例
4，5	普通机床导轨，重要支承面，机床主轴孔，精密机床重要零件，计量仪器、量具和模具的基准面和工作面，机床床头箱体重要孔，通用减速器壳体孔，齿轮泵的油片端面，发动机轴和离合器的凸缘，气缸支承端面，安装精密滚动轴承的壳体孔的凸肩
6，7，8	一般机床的基准面和工作面，压力机和锻锤的工作面，中等精度钻模的工作面，机床一般轴承孔，变速器箱体孔，主轴花键，重型机械滚动轴承端盖，一般导轨，主轴箱体孔，刀架、砂轮架、气缸配合面，滚动轴承内、外圈端面
9，10	低精度零件，重型机械滚动轴承端盖，柴油机箱体曲轴孔、轴颈，花键轴和轴肩端面，带式运输机法兰盘等的端面，减速器壳体平面

表 3-17 同轴度、对称度和径向跳动公差常用等级的应用实例

公差等级	应用实例
5	机床主轴轴颈、计量仪器的测杆、涡轮机主轴、柱塞油泵转子、高精度滚动轴承外圈、一般精度滚动轴承内圈
6、7	内燃机曲轴及凸轮轴轴颈、柴油机机体主轴承孔、水泵轴、油泵柱塞、汽车后桥输出轴、安装一般精度齿轮的轴颈、涡轮盘、印刷机传墨辊的轴颈
8、9	内燃机凸轮轴孔、水泵叶轮、离心泵体、气缸套外径配合面对内径工作面、运输机械滚筒表面、棉花精梳机前后滚子、自行车中轴、键槽

经验传承

几何公差值的选择原则如下。

（1）根据零件的功能要求，并考虑到加工的经济性和零件的结构、刚性等情况，按公差表中数系确定要素的公差值，同时考虑下列情况。

① 在同一要素上给出的形状公差值应小于方向、位置和跳动公差值。例如，要求平行的两个表面，其平面度公差值应小于平行度公差值。

② 圆柱形零件的形状公差值（轴线的直线度除外），一般情况下应小于其尺寸公差值。

③ 平行度公差值应小于其相应的位置公差值。

（2）对下列情况，考虑到加工的难易程度和除主参数外其他参数的影响，在满足零件功能的要求下，适当降低 1～2 级选用。

① 孔相对于轴。

② 细长比较大的轴和孔。

③ 距离较大的轴和孔。

④ 宽度较大（一般大于 1/2 长度）的零件表面。

⑤ 线对线和线对面相对于面对面的平行度、垂直度公差。

四、几何公差未注公差值的有关规定

图样上没有标注几何公差值的要素，其几何精度要求由几何公差未注公差值（一般几何公差）来控制。

1. 采用未注公差值的优点

采用未注公差值的优点：图样易读；节省设计时间；图样很清楚地指出哪些要素可以用一般加工方法加工，既保证工程质量又无须一一检测；保证零件特殊的精度要求，有利于安排生产、质量控制和检测。

2. 几何公差未注公差值的适用范围

几何公差未注公差值适用于遵循独立原则的零件要素，也适用于某些遵循包容要求的零件要素，在要素处处都是最大实体尺寸时也适用。

3. 几何公差未注公差值

GB/T 1184—1996 规定未注几何公差的公差等级分为 H、K、L 三个等级，其精度依次降低。

（1）直线度和平面度的未注公差值如表 3-18 所示。

表 3-18　直线度和平面度的未注公差值（摘自 GB/T 1184—1996）　　　　　　　单位：mm

公差等级	基本长度范围					
	≤10	>10～30	>30～100	>100～300	>300～1 000	>1 000～3 000
H	0.02	0.05	0.1	0.2	0.3	0.4
K	0.05	0.1	0.2	0.4	0.6	0.8
L	0.1	0.2	0.4	0.8	1.2	1.6

（2）圆度的未注公差值等于标准的直径公差值，但不能大于表 3-21 的径向圆跳动值。

（3）圆柱度的未注公差值不作规定，由构成圆柱度的圆度、直线度和相对素线的平行度的公差控制。

（4）平行度的未注公差值等于给出的尺寸公差值，或是直线度和平面度未注公差值中的较大者。

（5）垂直度的未注公差值如表 3-19 所示。

表 3-19　垂直度的未注公差值（摘自 GB/T 1184—1996）　　　　　　　单位：mm

公差等级	基本长度范围			
	≤100	>100～300	>300～1 000	>1 000～3 000
H	0.2	0.3	0.4	0.5
K	0.4	0.6	0.8	1
L	0.6	1	1.5	2

（6）对称度的未注公差值如表 3-20 所示。

表 3-20　对称度的未注公差值（摘自 GB/T 1184—1996）　　　　　　　单位：mm

公差等级	基本长度范围			
	≤100	>100～300	>300～1 000	>1 000～3 000
H	0.5			
K	0.6		0.8	1
L	0.6	1	1.5	2

（7）同轴度的未注公差值未作规定，在极限状况下可与径向圆跳动的未注公差值相等。

（8）圆跳动（径向、轴向和斜向）的未注公差值如表 3-21 所示。

表 3-21　圆跳动的未注公差值（摘自 GB/T 1184—1996）　　　　　　　单位：mm

公差等级	圆跳动公差值
H	0.1
K	0.2
L	0.5

4. 未注出公差值的图样表示方法

若采用 GB/T 1184—1996 规定的未注公差值，应在标题栏附近或在技术要求、技术文件（如企业标准）中注出标准号及公差等级代号，如 GB/T 1184—K。

（1）将学生分为若干小组，分析展示板上（见图 3-32）的减速器输出轴图纸，根据所学知识为其选用适合的几何公差，并标注在展示板上。

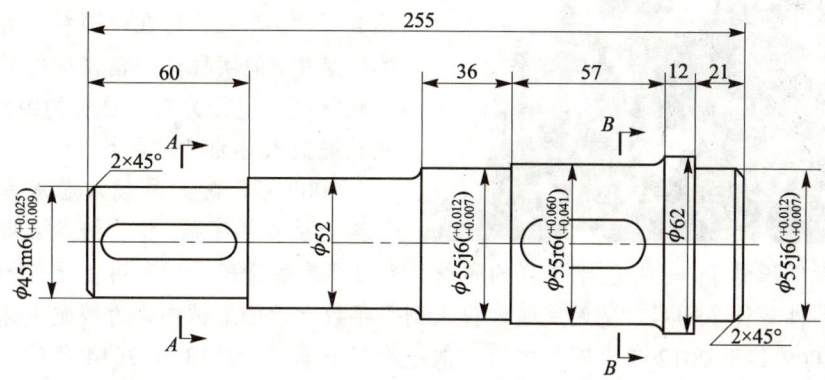

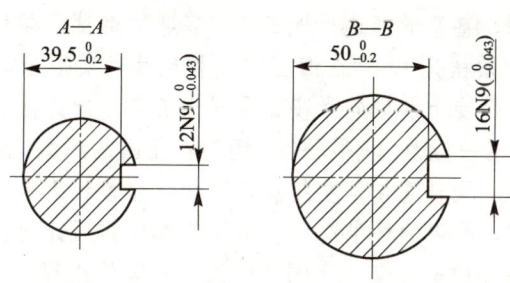

图 3-32 展示板布局

（2）老师检查、点评各小组的成果，并听取各小组代表的选用说明。

① 两轴颈 $\phi 55j6$ 与滚动轴承配合，而且该两轴颈上安装滚动轴承后，将分别与减速器箱体的两孔配合。

② $\phi 62$ mm 处的两轴肩都是止推面，起一定的定位作用。

③ $\phi 56r6$ 和 $\phi 45m6$ 分别与齿轮和带轮配合。

④ 保证键槽的安装精度，且键槽安装后会处于受力状态。

拓展阅读

"蛟龙号"上的"两丝"钳工

"蛟龙号"是中国首个大深度载人潜水器,有十几万个零部件,组装起来最大的难度就是密封性,其精密度要求达到了"丝"级。而在中国载人潜水器的组装中,能实现这个精密度的只有钳工顾秋亮,也因为有着这样的绝活儿,顾秋亮被人称为"顾两丝"。

2009年,蛟龙号载人潜水器拉开了海上试验的序幕。作为蛟龙号海上试验技术保障骨干,已是五十多岁的顾秋亮克服严重的晕船反应和海上艰苦的工作生活条件等诸多困难,义无反顾地投入到每年数十天的海试中,为蛟龙号保驾护航。2009年至2012年,四年的海试他一次都未落下,2013和2014年他还参加了蛟龙的应用海试,而与他并肩作战的大多数是年轻的科研人员。

在海上试验过程中,常常因为气象、技术等多种因素,需要抢时间、抢海情,经常加班加点,甚至通宵达旦地工作。多年的海试,顾秋亮已记不清经历了多少个不眠之夜。顾秋亮说:"在海上工作和生活确实很苦很累,但我感到很兴奋、很自豪。不管是晚上加班到半夜还是早上五点半起床保养潜器,不管日晒还是雨淋,能为海试出一份力,我很骄傲,因为在祖国的深潜记录中有我的汗水,光荣!"

几十年来,顾秋亮带领全组成员积极配合设计人员,对每个细节进行精细操作,任劳任怨,严肃的科学态度和踏实的工作作风让他赢得潜航员托付生命的信任,他也见证了中国从海洋大国迈向海洋强国的进程。

(资料来源:http://www.scio.gov.cn/32621/32629/32755/Document/1436938/1436938.htm,有改动)

任务三 几何误差的检测

任务引入

小李给柱塞套标注好几何公差后,张师傅带他去车间。车间有一批最新生产的柱塞套,他们需要检测这些柱塞套的几何误差是否符合要求。柱塞套涉及的几何公差有垂直度、平行度、圆柱度、对称度,那相应的几何误差该如何测量呢?

项目三 几何公差及其检测

相关知识

几何误差是指被测提取要素对其拟合要素的变动量。测量几何误差时，表面粗糙度、划痕、擦伤以及塌边等其他外观缺陷，应排除在外；测量截面的布置、测量点的数目及其布置方法，应根据被测要素的结构特征、功能要求和加工工艺等因素决定。测量几何误差时的标准条件包括标准温度为20℃、标准测量力为零。必要时，应就偏离标准条件对测量结果影响的测量不确定度进行评估。

一、几何误差的检测原则

为了能正确地测量几何误差和选择合理的检测方案，国家标准中规定了几何误差的五种检测原则，即与拟合要素比较原则、测量坐标值原则、测量特征参数原则、测量跳动原则和控制实效边界原则。这些检测原则是各种检测方法的概括，可以按照这些原则，根据被测对象的特点和有关条件，选择最合理的检测方案，也可根据这些检测原则，采用其他的检测方法和测量装置。

1. 与拟合要素比较原则

与拟合要素比较原则是指将被测提取要素与其拟合要素作比较，通过比较获得几何误差值的检测原则。该原则在实际生产中应用最广。

应用该检测原则时，拟合要素可用模拟方法来体现，如用平板工作面、水平液面、光束扫描平面等作为理想平面，用一束光线、拉紧的细钢丝、刀口尺的刃口等作为理想直线，如图3-33所示；测量值可通过直接法或间接法获得。

2. 测量坐标值原则

测量坐标值原则是指测量被测提取要素的坐标值（如直角坐标值、极坐标值、圆柱面坐标值），并经过数据处理获得几何误差值的检测原则。如图3-34所示为测量直角坐标值获得几何误差值的示例。

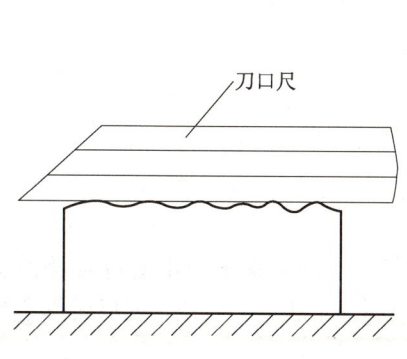

图3-33 用刀口尺的刃口模拟理想直线

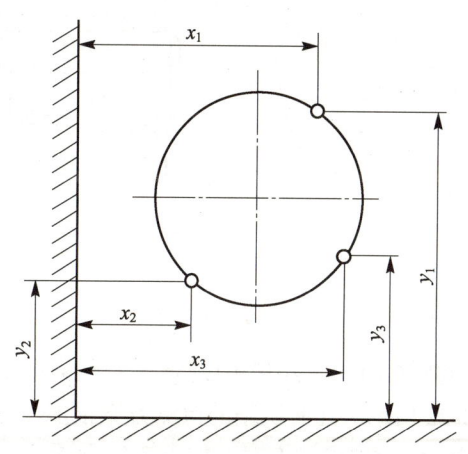

图3-34 测量直角坐标值

123

3．测量特征参数原则

测量特征参数原则是指测量被测提取要素上具有代表性的参数（即特征参数）来表示几何误差值的检测原则。如图 3-35 所示，测量圆度误差时，可用两点法测量回转体一个横截面内互相垂直方向上的两个直径，取两尺寸差的一半作为圆度误差。

4．测量跳动原则

测量跳动原则是指被测提取要素绕基准轴线回转过程中，沿给定方向测量其对某参考点或线的变动量的检测原则。变动量是指指示计测得的最大与最小示值之差。该原则主要用于测量跳动误差。如图 3-36 所示为径向圆跳动误差的测量示例。

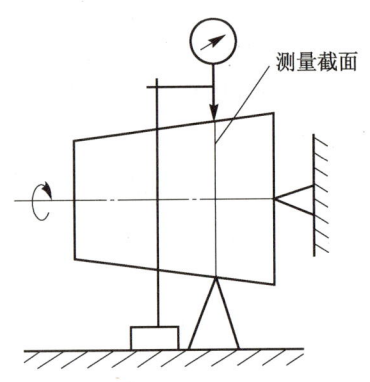 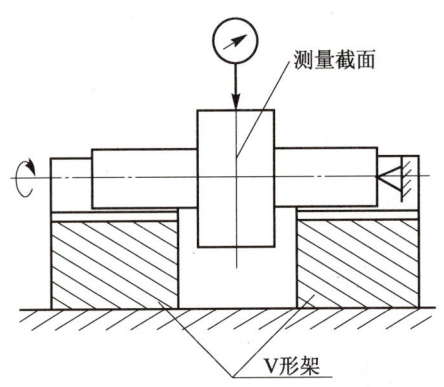

图 3-35 两点法测量圆度特征参数　　　图 3-36 测量径向圆跳动误差

5．控制实效边界原则

控制实效边界原则是指检验被测提取要素是否超过实效边界，以判断其合格与否的检测原则。该原则适用于采用最大实体要求的场合，一般用综合量规来检验。如图 3-37 所示为用综合量规检验同轴度误差。

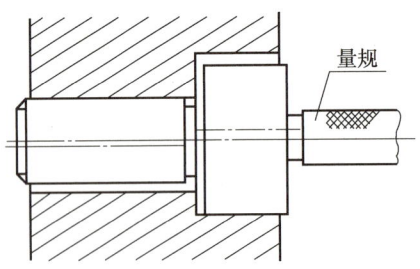

图 3-37 用综合量规检验同轴度误差

二、几何误差的检测方法

GB/T 1958—2017 中规定了几何误差的检测方案。检测方案中常用的符号及说明如表 3-22 所示。几何误差的检测方案很多，由于篇幅限制，无法一一介绍，现仅就每个检测项目介绍一种检测方案，如表 3-23 所示。

表 3-22 常用的符号及说明（摘自 GB/T 1958—2017）

序号	符号	说明	序号	符号	说明
1	⫽⫽⫽	平板、平台（测量平面）	7	⤻	连续转动（不超过一周）
2	△	固定支承	8	⤻ (虚线)	间断转动（不超过一周）
3	✕	可调支承	9	↻	旋转
4	↔	连续直线移动	10	(指示表图)	指示计
5	←--→	间断直线移动	11	(测量架图)	带有测量表具的测量架（测量架的符号，根据测量设备的用途，可画成其他式样）
6	✳	沿几个方向直线移动			

表 3-23 几何误差的检测方案（摘自 GB/T 1958—2017）

检测项目	测量装置	检测与验证方案	检验操作及说明
直线度	样板直尺（或平尺），光源，厚薄规，量块，平晶	(a) 测量原理 (b) 标准光隙	将样板直尺（或平尺）与被测素线直接接触，并置于光源和眼睛之间的适当位置，调整样板直尺，使最大间隙尽可能最小 样板直尺（或平尺）与被测件之间的最大间隙值即为被测素线的直线度误差值。按上述方法测量若干条素线，取其中的最大值作为被测件的直线度误差值 误差值的测量：当光隙较大时，用厚薄规测量；当光隙较小时，用样板直尺（或平尺）与量块组成的标准光隙相比较，估读出所求直线度误差值 该方案适用于中凸或中凹形状较小平面及短圆柱（锥）面等的直线度误差测量
平面度	平晶	(a) 封闭条纹　(b) 不封闭条纹	将平晶与被测表面直接接触，即保持二者之间接触的最大距离为最小 当出现环形条纹时，应调整平晶的位置，使干涉带数为最少，平面度误差值为封闭的干涉条纹数乘以光波波长之半 当出现不封闭的弯曲条纹时，应调整平晶位置，使之出现 3~5 条干涉带，平面度误差值为条纹的弯曲度与相邻两条纹间距之比再乘以光波波长之半 该方案适用于测量高精度的（平晶能全部覆盖的）小平面

表 3-23（续）

检测项目	测量装置	检测与验证方案	检验操作及说明
圆度	圆度仪（或类似量仪）		将被测件放在圆度仪上，同时调整被测件的轴线，使其与量仪的回（旋）转轴线同轴 采用一定的提取方案沿被测件横截面圆周进行测量，得到提取截面圆，对提取截面圆进行拟合，获得提取截面圆的拟合导出要素（圆心）。被测截面的圆度误差值为提取截面圆上的点到拟合导出要素（圆心）之间的最大、最小距离值之差 重复上述操作，沿被测件轴线方向测量多个横截面，得到各个截面的误差值，取其中的最大值作为圆度误差值
圆柱度	圆柱度仪（或其他类似仪器）		将被测件安装在圆柱度工作台上，并进行调心和调平 在被测件圆柱面上采用一定的提取方案进行测量，得到提取圆柱面，对提取圆柱面进行拟合，得到被测圆柱面的拟合导出要素（轴线）。圆柱度误差值为提取圆柱面上各点到拟合导出要素（轴线）的最大、最小距离值之差
线轮廓度	轮廓样板		将轮廓样板与被测轮廓直接接触，并使二者之间的最大缝隙为最小。线轮廓度误差值为被测轮廓与轮廓样板之间的最大缝隙值
面轮廓度	仿形测量装置，固定和可调支承，轮廓样板，指示计		调整被测件相对于仿形系统测量装置和轮廓样板的位置，将指示计调零。将被测轮廓与轮廓样板的形状进行比较 面轮廓度误差值为仿形测头上各测点的指示计最大示值的 2 倍。重复进行多次测量，取最大误差值进行评估

表 3-23（续）

检测项目	测量装置	检测与验证方案	检验操作及说明
平行度	平板，带指示计的测量架		将被测件稳定地放置在平板上，且尽可能使基准表面 D 与平板表面之间的最大距离为最小 采用平板（模拟基准要素）体现基准 D 按一定的提取方案对被测表面进行测量，获得提取表面。在与基准 D 平行的约束下，对提取表面进行拟合，获得具有方位特征的拟合平行平面（即定向最小区域） 包容提取表面的两定向平行平面之间的距离，即平行度误差值
垂直度	平板，直角座，带指示计的测量架		将被测件的基准平面固定在直角座上，同时调整靠近基准的被测表面的指示计示值之差为最小值 采用直角座（模拟基准要素）体现基准 A 选择一定的提取方案，对被测表面进行测量，获得提取表面。在与基准 A 垂直的约束下，对提取表面进行拟合，获得具有方位特征的拟合平行平面（即定向最小区域） 包容提取表面的两定向平行平面之间的距离，即垂直度误差值
倾斜度	平板，定角座，固定支承，带指示计的测量架		将被测件放置在定角座上，且尽可能保持基准表面与定角座之间的最大距离为最小 采用定角座（模拟基准要素）体现基准 A 选择一定的提取方案，对被测表面进行测量，获得提取表面。在与基准 A 倾斜角为 α 的约束下，对提取表面进行拟合，获得具有方位特征的定向拟合平行平面（即定向最小区域） 包容提取要素的两定向平行平面之间的距离，即被测要素的倾斜度误差值

表 3-23（续）

检测项目	测量装置	检测与验证方案	检验操作及说明
同轴度	整体型功能量规，千分尺	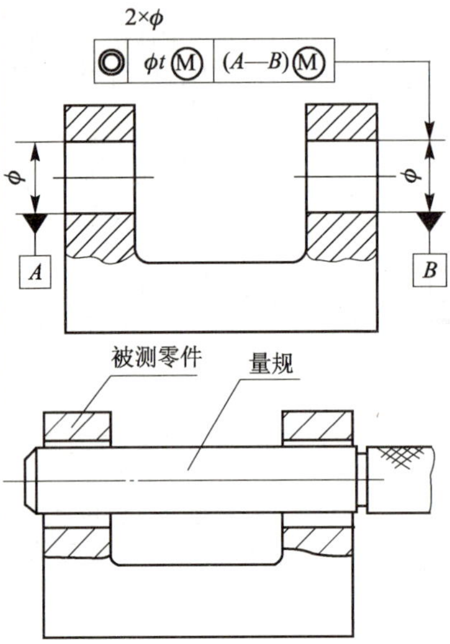 (图示：$2\times\phi$，⊚ ϕtⓂ (A—B)Ⓜ，被测零件与量规)	采用整体型功能量规，将量规与被测表面相结合 用功能量规的定位部位体现基准 实际尺寸的检验：采用普通计量器具（如千分尺等）测量被测要素实际轮廓的局部实际尺寸，其任一局部实际尺寸均不得超越其最大实体尺寸和最小实体尺寸 体外作用尺寸的检验：功能量规的检验部位与被测要素的实际轮廓相结合，如果被测件能通过功能量规，说明被测要素实际轮廓的体外作用尺寸合格
对称度	平板，与平板平行的定位块，带指示计的测量架	(图示：平板、定位块、a_1、a_2，基准 A，$= \| t \| A$)	将被测件稳定地放置在两块平行的平板之间，且尽可能保持它们之间的最大距离为最小。将定位块放置于被测槽中，且尽可能保持定位块与槽的上下表面之间的最大距离为最小 采用两块平行的平板（模拟基准要素）体现基准 A 选择平行线提取方案，在模拟被测要素（定位块）上下两测量面的对应点处进行测量，得到上下两测量面的多个对应测量点值 以上下两测量面对应测量点差值的最大值作为被测要素的对称度误差值

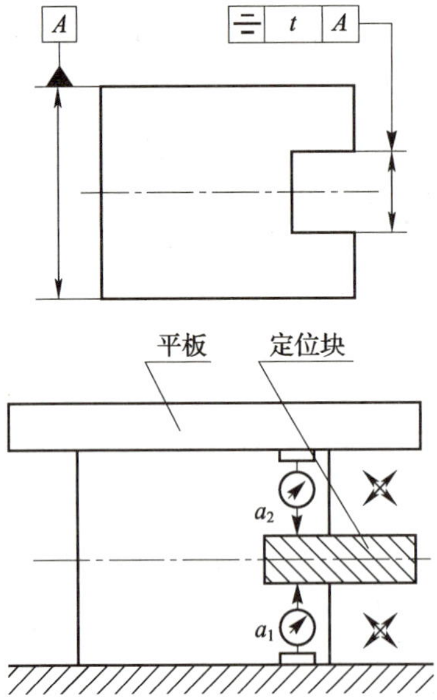

表 3-23（续）

检测项目	测量装置	检测与验证方案	检验操作及说明
位置度	坐标测量机		将被测件放置在坐标测量机工作台上 采用坐标测量装置的工作台（模拟基准要素）体现基准 A 分别对三条被测刻线进行提取操作，得到各被测刻线的最大和最小坐标值 将测得的各坐标值分别与相应的理论正确尺寸比较，取其中的最大差值乘以2，作为该零件的位置度误差值
圆跳动	一对同轴顶尖，带指示计的测量架		将被测件安装在两同轴顶尖之间 采用同轴顶尖（模拟基准要素）的公共轴线体现基准 $A—B$ 在垂直于基准 $A—B$ 的截面（单一测量平面）上，且当被测件回转一周的过程中，对被测要素进行测量，得到一系列测量值（指示计示值）。指示计示值的最大差值即为单一测量平面的径向圆跳动误差值 重复上述操作，在若干个截面上进行测量。取各截面上测得的径向圆跳动量中的最大值，作为该零件的径向圆跳动误差值
全跳动	一对同轴导向套筒，平板，支承，带指示计的测量架		将被测件固定在两同轴导向套筒内，同时在轴向上固定，并调整两导向套筒，使其同轴且与测量平板平行 采用同轴导向套筒（模拟基准要素）体现基准 $A—B$ 在被测件相对于基准 $A—B$ 连续回转、指示计同时沿基准 $A—B$ 方向做直线运动的过程中，对被测要素进行测量，得到一系列测量值（指示计示值）。指示计示值的最大差值即为该零件的径向全跳动误差值

任务实施

（1）将学生分为若干小组，老师给各小组提供零件图纸，各小组根据图纸中标注的几何公差，模拟进行其几何误差的检测。要求各小组确定各个几何误差的检测方案，包括测量装置、检测操作、注意事项等。

（2）各小组将检测方案制作成PPT文件，并选派一名代表在课堂上进行汇报。

（3）老师检查、点评各小组的成果。

拓展阅读

小小铆钉诠释工匠精神

"最美奋斗者不是靠个人单打独斗能够实现的，而是因为我身后有一个最美奋斗的集体。成长在这样的集体中，我倍感幸福。"获得"最美奋斗者"殊荣后，航空工业西安飞机工业（集团）有限责任公司（简称航空工业西飞）国际航空部件厂铆装钳工薛莹说。

1992年12月，技校毕业的薛莹被分配在国际航空部件厂装配铆工的岗位上。在师傅的指导之下，她努力练好铆接装配基本功。2000年，27岁的薛莹就任垂尾前缘班班长。而垂尾前缘，正是飞机结构件中最难做的部分。波音公司在航空工业西飞订购"波音737-700"飞机垂尾前缘时提出，蒙皮不许有丝毫划痕，更不许打磨。而最让西飞人想不到的，就是"五磅大拇指力"的要求。

在垂尾前缘装配时，要将7.2 m长的前缘蒙皮与前梁结合，一头用一个螺钉固定住，另一头只需用一个大拇指以小于5磅的力轻轻一摁，蒙皮与前梁上的300多个孔就必须"同心"得严丝合缝、毫厘不差。

薛莹带领班组尝试改变铆接顺序，最大限度消除蒙皮应力；不断改变工艺方法，优化加工流程，使蒙皮装配后力量分布均匀、保持一条直线……经过3个多月对锪窝钻、窝头、钻头等工具进行改进，对工件采取保护措施，他们终于做出了合格的产品。到了结束试制、进入生产的检验时，波音公司代表伸出大拇指轻轻一推，300多个孔全部"同心"。

2005年，薛莹所在的班组被命名为"薛莹班"。"薛莹班"承担着美国"波音737-700"垂直尾翼可卸前缘组件的装配任务。全球正在服役的波音737飞机中，有三分之一装配有"薛莹班"参与制造的垂直尾翼。"薛莹班"先后获得了全国质量信得过班组、全国工人先锋号等荣誉称号，以及全国五一巾帼奖状、全国社会主义劳动竞赛奖。

（资料来源：https://www.12371.cn/2019/11/25/ARTI1574646814884682.shtml，有改动）

思考与练习

一、填空题

1. 按存在状态不同，几何要素可分为_____和_____；按其所处的地位不同，几何要素可分为_____和_____。
2. 几何公差包括_____、_____、_____和_____。
3. _____是指用来限制被测要素变动的区域，它由_____、_____、_____和_____四个要素确定。
4. 按其构成情况不同，基准可分为_____、_____和_____三种。
5. 几何公差代号主要包括_____、_____、_____、_____和_____等。
6. 形状公差包括_____、_____、_____、_____和_____等几何特征。
7. 圆跳动公差是指被测实际要素在_____内相对于其理想要素的变动量。全跳动公差是指被测实际要素_____相对于其理想要素的变动量。
8. 一般来说，对于孔，其最大实体实效尺寸_____其最大实体尺寸；对于轴，其最大实体实效尺寸_____其最大实体尺寸。
9. 最大实体要求适用于_____。最大实体要求多用于_____的场合。
10. 国家标准中，对注出的大多数几何公差项目规定的精度等级为_____，圆度和圆柱度为_____，未注几何公差为_____。
11. 国家标准中规定了几何误差的五种检测原则，即_____、_____、_____、_____和_____。

二、选择题

1. 在几何公差框格中应标注的内容为（　　）。
   A．几何特征符号　　B．基准符号　　C．公差值　　D．指引线
2. 平行度公差属于（　　）。
   A．形状公差　　B．方向公差　　C．位置公差　　D．跳动公差
3. 某轴线对基准轴线的最大距离为 0.035 mm，最小距离为 0.010 mm，则该轴线对基准轴线的同轴度误差为（　　）。
   A．0.035 mm　　　　　　　　B．0.010 mm
   C．0.070 mm　　　　　　　　D．0.025 mm
4. 若某轴对于基准轴线的径向全跳动误差为 0.08 mm，则该轴的圆柱度误差（　　）。
   A．等于 0.08 mm　　　　　　B．≤0.08 mm
   C．≥0.08 mm　　　　　　　D．不确定

5. 公差原则是确定（　　）的原则。
   A．公差值大小　　　　　　　　　　B．公差与配合标准
   C．形状公差和位置公差关系　　　　D．尺寸公差和几何公差关系
6. 作用尺寸是由（　　）综合形成的。
   A．实际尺寸和几何公差　　　　　　B．实际偏差和几何误差
   C．实际偏差和几何公差　　　　　　D．实际尺寸和几何误差
7. 下列关于可逆要求的说法中正确的是（　　）。
   A．应用于基准要素　　　　　　　　B．与最大实体要求一起应用
   C．应用于被测要素　　　　　　　　D．与最小实体要求一起应用
8. 几何公差值的选择中，需要适当降低1～2级选用的情况有（　　）。
   A．距离较大的轴和孔　　　　　　　B．孔相对于轴
   C．细长比较大的轴和孔　　　　　　D．宽度较大的零件表面
9. 几何公差未注公差值适用于（　　）。
   A．遵循独立原则的零件要素　　　　B．要素处处都是最大实体尺寸
   C．所有要素　　　　　　　　　　　D．某些遵循包容要求的零件要素

三、判断题

1. 如果公差带为圆形或圆柱形，公差值前应加注符号"$S\phi$"。　　　　（　　）
2. 径向全跳动公差带与圆柱度公差带一样，都是半径差为公差值 t 的两同轴圆柱面之间的区域。　　　　（　　）
3. 轴向全跳动公差带与端面对轴线的垂直度公差带相同。　　　　（　　）
4. 位置公差带具有确定的位置，但不具有控制被测要素的方向和形状的职能。
   　　　　（　　）
5. 按最大实体要求给出的几何公差可与该要素的尺寸变动量相互补偿。　　（　　）

四、问答题

1. 将下列几何公差要求标注在图3-38上。
   （1）圆锥面圆度公差为0.006 mm。
   （2）圆锥素线直线度公差为7级（$L = 50$ mm）。
   （3）ϕ80H7遵循包容要求，其孔表面的圆柱度公差为0.005 mm。
   （4）圆锥面对ϕ80H7轴线的斜向圆跳动公差为0.02 mm。
   （5）右端面对左端面的平行度公差为0.005 mm。
   （6）其余几何公差按GB/T 1184—1996中K级制造。
2. 将下列几何公差要求标注在图3-39上。
   （1）底面的平面度公差为0.012 mm。
   （2）$\phi 20^{+0.021}_{0}$ mm两孔的轴线分别对它们的公共轴线的同轴度公差为0.015 mm。
   （3）两$\phi 20^{+0.021}_{0}$ mm孔的公共轴线对底面的平行度公差为0.01 mm。

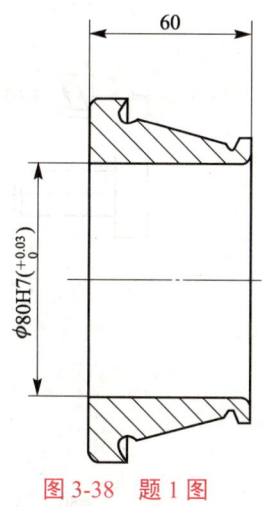

图 3-38 题 1 图

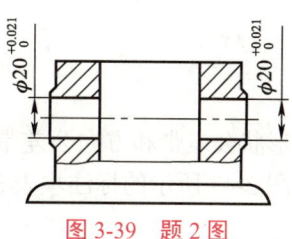

图 3-39 题 2 图

3．将下列技术要求标注在图 3-40 上。

（1）ϕd 圆柱面的尺寸为 $\phi 30_{-0.025}^{0}$ mm，采用包容原则；ϕD 圆柱面的尺寸为 $\phi 50_{-0.039}^{0}$ mm，采用独立原则。

（2）键槽侧面对 ϕD 轴线的对称度公差为 0.02 mm。

（3）ϕD 圆柱面对 ϕd 轴线的径向圆跳动公差为 0.03 mm，轴肩端平面对 ϕd 轴线的端面圆跳动公差为 0.05 mm。

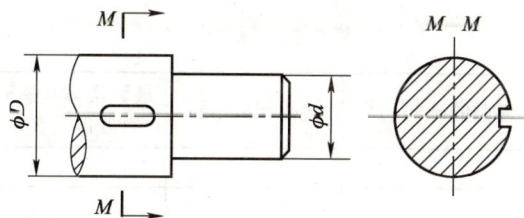

图 3-40 题 3 图

4．图 3-41 中几何公差的标注有错误，请加以改正（不改变几何特征符号）。

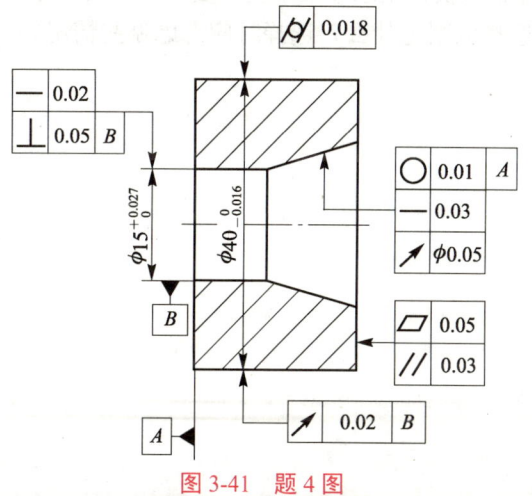

图 3-41 题 4 图

5. 分析图 3-42 所示三个图的公差带有何异同。

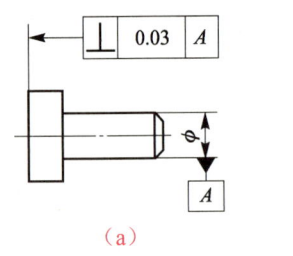 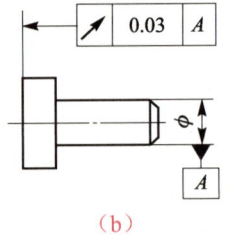 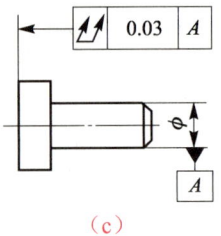

(a) (b) (c)

图 3-42 题 5 图

6. 简述形状公差带和方向公差带的特点。

7. 根据图 3-43 所示的标注填表 3-24。

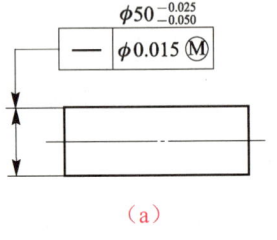 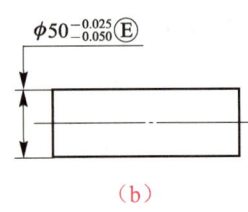 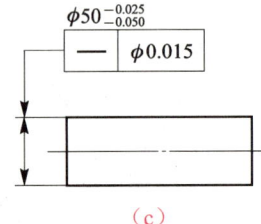

(a) (b) (c)

图 3-43 题 7 图

表 3-24 题 7 表

图号	采用的公差原则	遵循的理想边界	边界尺寸/mm	最大实体状态时的直线度公差/mm	最小实体状态时的直线度公差/mm
a					
b					
c					

8. 当被测要素遵循最大实体要求和最小实体要求时，其实际尺寸的合格性如何判断？

9. 几何公差值的选择原则是什么？选择时应考虑哪些情况？

项目四

表面粗糙度与检测

◉ 项目导读

经机械加工后，虽然工件表面看起来光滑平整，但由于切削加工过程中刀具和工件表面之间的强烈摩擦、切屑分离时材料的塑性变形及工艺系统的高频振动等原因，工件表面上总会留下刀具的加工痕迹。在显微镜下可以看到这些痕迹都是由许多微小高低不平的峰谷组成的，这些表面微观的几何形状误差即为表面粗糙度。

表面粗糙度的相关国家标准主要有 GB/T 3505—2009、GB/T 1031—2009、GB/T 131—2006、GB/T 10610—2009 等。本项目将对这些标准的主要内容进行介绍。

◉ 项目目标

- 掌握表面粗糙度的基本术语及评定参数
- 掌握表面粗糙度的标注
- 掌握表面粗糙度的选择
- 熟悉表面粗糙度的检测方法

◉ 技能目标

- 会识读和标注表面粗糙度要求
- 会根据条件选择表面粗糙度及其参数

◉ 素质目标

- 弘扬精益求精、科学严谨、追求卓越的工匠精神
- 养成坚持不懈、刻苦钻研的职业作风

任务一　表面粗糙度的基本知识

任务引入

小张请车间的廖师傅帮忙加工一个轴，如图 4-1 所示。廖师傅看到图纸上没有标注表面粗糙度，便让小张补全。小张便向廖师傅请教。下面就让我们跟随小张一起来学习表面粗糙度的基本知识吧。

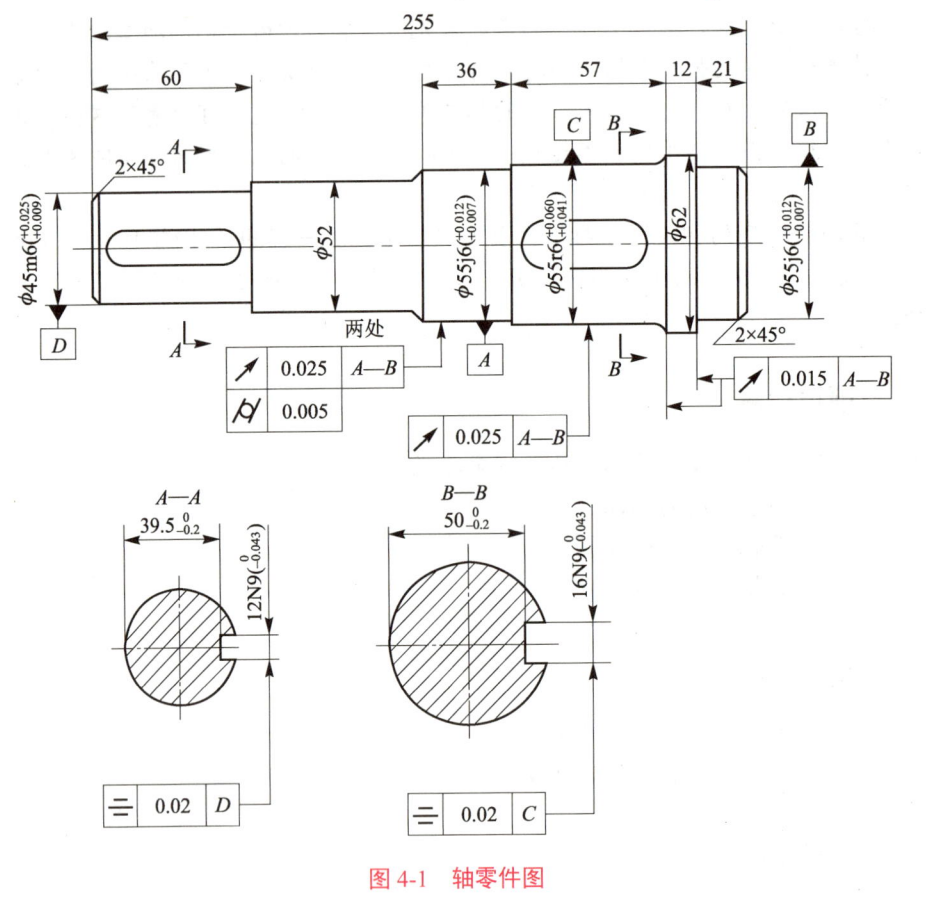

图 4-1　轴零件图

相关知识

一、概述

表面粗糙度是指加工表面上由较小间距的峰谷组成的微观几何形状误差。表面粗糙度越小，表面越光滑。

如图 4-2 所示，零件同一表面存在着叠加在一起的三种误差，即形状误差（宏观几何形状误差）、表面波度和表面粗糙度（微观几何形状误差）。三者之间通常可按相邻波峰和波谷之间的距离（波距）加以区分：波距大于 10 mm 的属于形状误差；波距为 1～10 mm 的属于表面波度；波距小于 1 mm 的属于表面粗糙度。

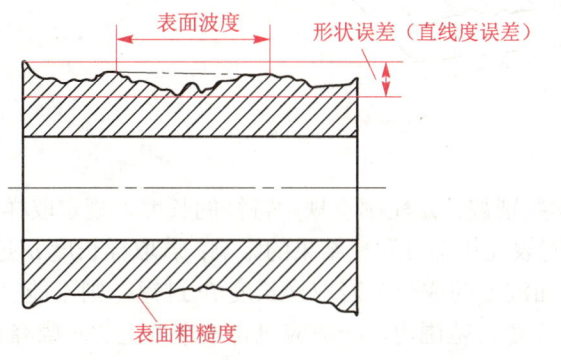

码上学——表面粗糙度

图 4-2　形状误差、表面波度和表面粗糙度

表面粗糙度对零件的使用性能和工作寿命有很大影响，主要表现在以下几个方面。

（1）对零件耐磨性的影响。表面粗糙度越大，配合面之间的有效接触面积越小，压强越大，磨损就越快；但如果表面粗糙度过小，不仅不利于润滑油的储存，而且会加大金属分子间的吸附力，也会加快磨损。

（2）对零件配合性质的影响。表面粗糙度会影响配合性质的稳定性。对于间隙配合，微观峰顶会在工作中迅速磨损，从而使间隙增大；对于过盈配合，压入装配时微观峰顶会被挤平，从而使实际过盈量减小。

（3）对零件接触刚度的影响。两个零件上相互接触的表面粗糙度越大，其实际接触面积越小，单位面积受力越大，峰顶处的局部塑性变形越严重，接触刚度越低。

（4）对零件疲劳强度的影响。粗糙的零件表面存在较大的微观凹谷，其对应力集中十分敏感，会降低零件的疲劳强度。对于承受交变载荷的零件，这种影响尤为显著。

（5）对零件耐蚀性的影响。粗糙的零件表面，易于在表面微观凹谷处积聚腐蚀性气体和液体，并由此渗入内层，造成表面锈蚀，降低零件的抗腐蚀能力。

（6）对零件密封性的影响。粗糙表面结合时，两表面只在局部点上接触，无法严密贴合，气体或液体容易通过接触面间的微小缝隙发生渗漏。

此外，表面粗糙度还对零件的外观、测量精度等有很大的影响。因此，表面粗糙度在零件的几何精度设计中是必不可少的，是一项非常重要的零件质量评定指标。

二、基本术语及定义

表面粗糙度的基本术语主要包括表面轮廓、取样长度 lr、评定长度 ln、基准线 m 等。

1. 表面轮廓

表面轮廓是指一个指定平面与实际表面相交所得的轮廓，如图 4-3 所示。

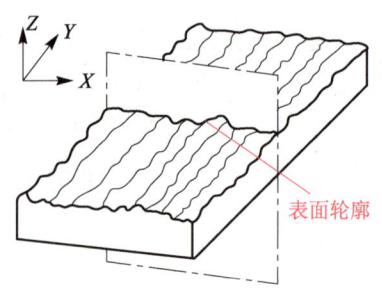

图 4-3　表面轮廓

2．取样长度 lr

取样长度 lr 是指在 X 轴方向判别被评定轮廓不规则特征的长度。规定取样长度 lr 的目的是为了限制和减弱表面波度对表面粗糙度测量结果的影响：若取样长度 lr 过长，则表面粗糙度的测量值中可能含有表面波度的成分；若取样长度 lr 过短，则不能客观地反映表面粗糙度的实际情况。在取样长度 lr 范围内，一般应包含 5 个以上的轮廓峰和轮廓谷。表面越粗糙，取样长度 lr 应越长。

取样长度 lr 的数值应从表 4-1 给出的数值中选取。

表 4-1　取样长度 lr 的数值（摘自 GB/T 1031—2009）　　　　单位：mm

lr	0.08	0.25	0.8	2.5	8	25

3．评定长度 ln

评定长度 ln 是指用于评定被评定轮廓的 X 轴方向上的长度，如图 4-4 所示。由于零件表面存在不均匀性，为了合理、客观地反映表面质量，评定长度 ln 一般包含一个或几个取样长度 lr，通常取 $ln = 5lr$。若被测表面均匀性较好，可选 $ln < 5lr$；若被测表面均匀性较差，可选 $ln > 5lr$。

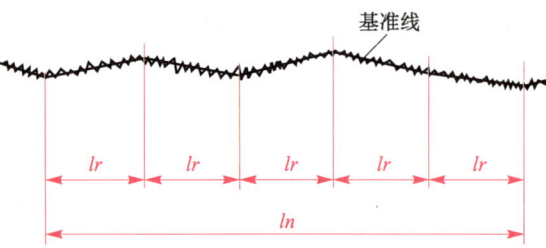

图 4-4　取样长度和评定长度

在评定长度 ln 内，根据取样长度 lr 进行测量，可得到一个或几个测量值，取其平均值作为表面粗糙度数值的可靠值。

4．基准线 m

基准线 m 是指评定表面粗糙度参数值大小的一条参考线，它包括轮廓最小二乘中线和轮廓算术平均中线两种。

1）轮廓最小二乘中线

轮廓最小二乘中线简称中线，是指具有几何轮廓形状并划分轮廓的基准线，在取样长度内，轮廓线上各点到该线距离 Z_i 的平方和为最小，如图 4-5（a）所示，即

$$\sum_{i=1}^{n} Z_i^2 = \min \quad (4-1)$$

2）轮廓算术平均中线

轮廓算术平均中线是指具有几何轮廓形状，在取样长度内与轮廓走向一致，并划分轮廓为上下两部分，且使上下两部分面积相等的基准线，如图 4-5（b）所示，即

$$\sum_{i=1}^{n} F_i = \sum_{i=1}^{n} F_i' \quad (4-2)$$

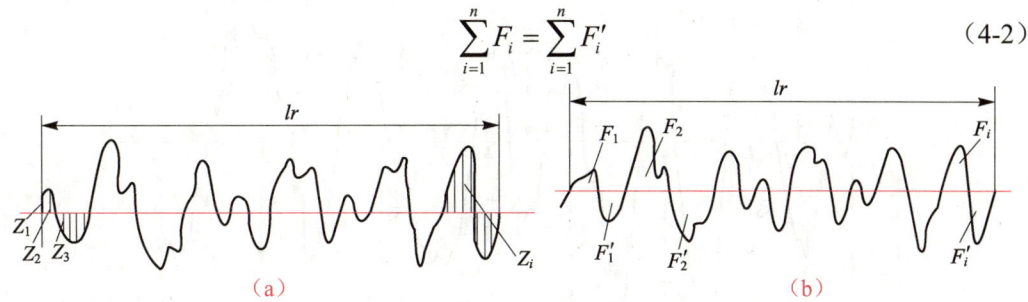

（a）　　　　　　　　　　（b）

图 4-5　基准线

轮廓最小二乘中线从理论上讲是理想的基准线，但在轮廓图形上确定其位置比较困难；而轮廓算术平均中线与轮廓最小二乘中线的差别很小，且可用目测方法确定，故通常用轮廓算术平均中线来代替轮廓最小二乘中线。当轮廓不规则时，轮廓算术平均中线不止一条，而轮廓最小二乘中线只有一条。

三、表面粗糙度的评定参数及其数值

常用的表面粗糙度的评定参数有轮廓的算术平均偏差 Ra、轮廓的最大高度 Rz、轮廓单元的平均宽度 Rsm、轮廓支承长度率 $Rmr(c)$ 等。

1. 轮廓的算术平均偏差 Ra

轮廓的算术平均偏差 Ra 是指在一个取样长度内，纵坐标 $Z(x)$ 绝对值的算术平均值，其表达式为

$$Ra = \frac{1}{lr} \int_0^{lr} |Z(x)| \, dx \quad (4-3)$$

或近似为

$$Ra = \frac{1}{n} \sum_{i=1}^{n} |Z(x_i)| \quad (4-4)$$

Ra 越大，则表面越粗糙。Ra 能比较全面、客观地反映表面微观几何形状的特性，因此是普遍采用的评定参数。

轮廓的算术平均偏差 Ra 的数值如表 4-2 所示。

表 4-2　轮廓的算术平均偏差 Ra 的数值（摘自 GB/T 1031—2009）　　　单位：μm

Ra	0.012	0.2	3.2	50
	0.025	0.4	6.3	100
	0.05	0.8	12.5	
	0.1	1.6	25	

2. 轮廓的最大高度 Rz

轮廓的最大高度 Rz 是指在一个取样长度内，最大轮廓峰高 Rp 和最大轮廓谷深 Rv 之和，如图 4-6 所示，其表达式为

$$Rz = Rp + Rv \qquad (4-5)$$

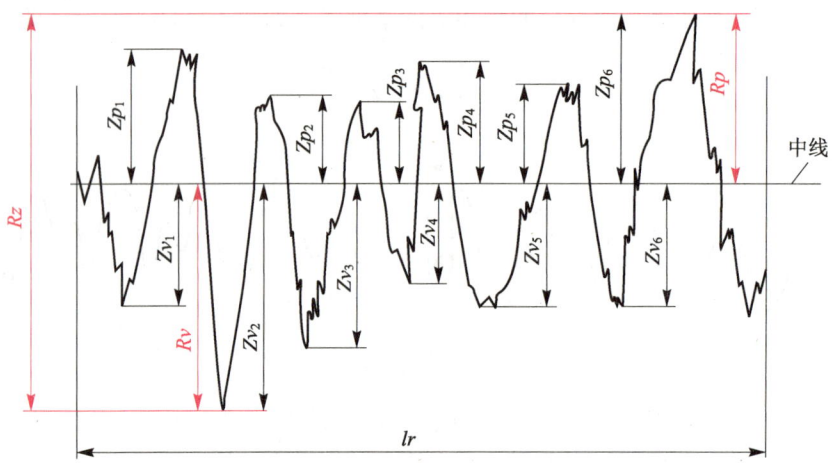

图 4-6 轮廓的最大高度

点 拨

Zp 为轮廓峰高，Zv 为轮廓谷深。在图 4-6 中，Zp_6 为最大轮廓峰高 Rp，Zv_2 为最大轮廓谷深 Rv。

Rz 越大，则表面越粗糙。Rz 不能全面、客观地反映表面轮廓情况，但其测量、计算方便，故应用较多。

轮廓的最大高度 Rz 的数值如表 4-3 所示。

表 4-3 轮廓的最大高度 Rz 的数值（摘自 GB/T 1031—2009）　　　　单位：μm

Rz	0.025	0.4	6.3	100	1 600
	0.05	0.8	12.5	200	
	0.1	1.6	25	400	
	0.2	3.2	50	800	

一般情况下，在测量 Ra 和 Rz 时，应按表 4-4 所示选用相应的取样长度 lr 和评定长度 ln（表中 $ln = 5lr$）。此时，取样长度值的标注在图样上或技术文件中可省略；当有特殊要求时，应给出相应的取样长度值，并在图样上或技术文件中注出。

表 4-4 Ra、Rz 与 lr、ln 的对应关系（摘自 GB/T 1031—2009）

Ra/μm	Rz/μm	lr/mm	ln/mm
≥0.008～0.02	≥0.025～0.10	0.08	0.4
>0.02～0.1	>0.10～0.50	0.25	1.25

表4-4（续）

$Ra/\mu m$	$Rz/\mu m$	lr/mm	ln/mm
>0.1～2.0	>0.50～10.0	0.8	4.0
>2.0～10.0	>10.0～50.0	2.5	12.5
>10.0～80.0	>50～320	8.0	40.0

3. 轮廓单元的平均宽度 Rsm

轮廓单元的平均宽度 Rsm 是指在一个取样长度内，轮廓单元宽度 Xs 的平均值，如图4-7所示，其表达式为

$$Rsm = \frac{1}{m}\sum_{i=1}^{m} Xs_i \qquad (4-6)$$

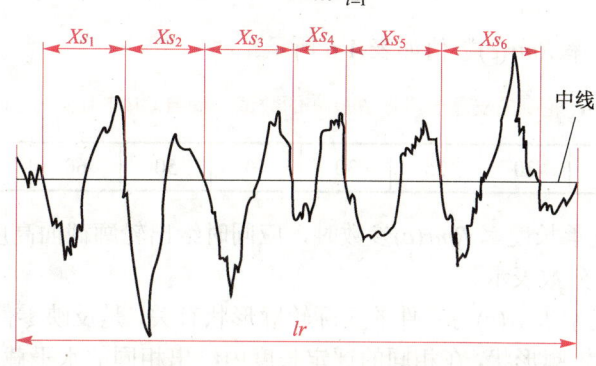

图4-7 轮廓单元的平均宽度

 点 拨

轮廓单元是指轮廓峰与相邻轮廓谷的组合。轮廓单元宽度是指一个轮廓单元与 X 轴相交线段的长度。

Rsm 越小，轮廓表面越细密，密封性越好。

轮廓单元的平均宽度 Rsm 的数值如表4-5所示。

表4-5 轮廓单元的平均宽度 Rsm 的数值（摘自 GB/T 1031—2009） 单位：mm

Rsm	0.006	0.1	1.6
	0.012 5	0.2	3.2
	0.025	0.4	6.3
	0.05	0.8	12.5

4. 轮廓的支承长度率 $Rmr(c)$

轮廓的支承长度率 $Rmr(c)$ 是指在给定水平截面高度 c 上，轮廓的实体材料长度 $Ml(c)$ 与评定长度 ln 的比率，如图4-8所示，其表达式为

$$Rmr(c) = \frac{Ml(c)}{ln} \tag{4-7}$$

$$Ml(c) = Ml_1 + Ml_2 + \cdots + Ml_i \tag{4-8}$$

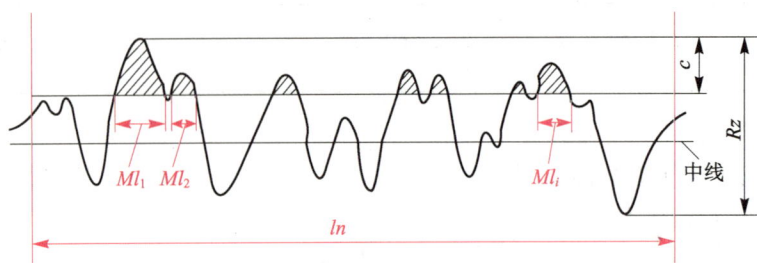

图 4-8 轮廓的支承长度率

轮廓的支承长度率 $Rmr(c)$ 数值如表 4-6 所示。

表 4-6 轮廓的支承长度率 $Rmr(c)$ 的数值（摘自 GB/T 1031—2009）

$Rmr(c)$	10	15	20	25	30	40	50	60	70	80	90

在选用轮廓的支承长度率 $Rmr(c)$ 参数时，应同时给出轮廓截面高度 c 值。c 值可用微米（μm）或 Rz 的百分数表示。

轮廓的支承长度率 $Rmr(c)$ 与零件的实际轮廓形状有关，是反映零件表面耐磨性能的指标。对于不同的实际轮廓形状，在相同的评定长度内给出相同的水平截面高度 c 时，$Rmr(c)$ 越大，表示零件表面凸起的实体部分越大，零件的承载面积就越大，因而接触刚度就越高，耐磨性能就越好，如图 4-9 所示。

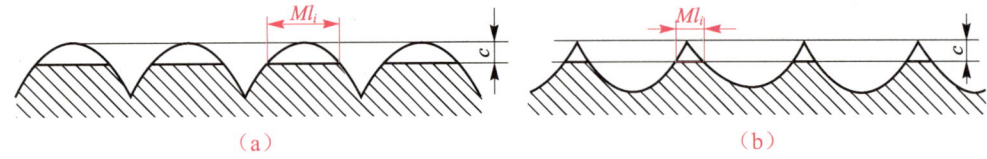

图 4-9 不同形状轮廓的支承长度率

任务实施

（1）将学生分为若干小组，每组讨论判断下列每对配合（或工件）使用性能相同时，哪一个的表面粗糙度值应小些。

① $\phi60H7/f6$ 与 $\phi60H7/h6$ ② $\phi30h7$ 与 $\phi90h7$

③ $\phi30H7/e6$ 与 $\phi30H7/r6$ ④ $\phi40g6$ 与 $\phi40G6$

（2）将结果做成大字报，老师随机选取小组代表上台阐述分析过程。

码上学——参考答案

拓展阅读

练就"金手指",铸就大工匠

除了掌心厚厚的老茧和指甲下黢黑的泥垢,这双手瞧不出有何特异之处。但就是这双手,轻触钢铁,便能感知百分之一毫米的误差,被称为"金手指"。这双手属于裴永斌——哈尔滨电机厂有限责任公司的首席技师。

1982年,18岁的裴永斌走进了军营。服役期间,他全身心投入军事训练,是当时全师第二个入党的新兵,也曾是全团年龄最小的装甲运输指挥车车长。脱下军装后,裴永斌来到哈尔滨电机厂穿上"工人蓝",当了一名普通车工。"白天跟着师傅学,拿个小本随时记,晚上回去再梳理总结。"没几年,裴永斌就凭着过硬的技术在厂里崭露头角。

1995年,裴永斌开始接触弹性油箱的生产加工。作为水电站发电机组核心设备,弹性油箱承载着机组数千吨重量,其品质关系到整座水电站的安危。才上手,裴永斌就倒吸一口凉气,"作业误差只允许有百分之一毫米,在加工油箱内部时,车刀刀架遮挡入口,注入的冷却液也会产生烟雾,根本看不到走刀情况,实在太难了。"

为提高效率,裴永斌决定用手测量,他找来一件以前的废件,下班后就一个人在车间练习。年复一年,他终于练就了一手绝活。"裴永斌有用手摸就能'盲测'油箱壁厚和表面粗糙度的绝活,测量精度不亚于专用仪器,他也因此成为行业公认的'金手指'。"哈尔滨电机厂水电分厂党委书记、厂长许晖说。

成绩背后,是每天工作10多个小时、节假日不休的艰苦付出。"要敢打硬仗,敢啃硬骨头。"裴永斌说,"虽然退役三十多年,但是部队的好传统、好作风不能丢。"

自1985年从部队转业以来,裴永斌一直在生产一线与机床相伴,平均每年提出技术革新十多项,参与生产加工水电站发电机组核心设备——弹性油箱4 000多件,创造了零废品的纪录,并先后获得全国劳模、中国首届质量工匠等荣誉称号。

(资料来源: http://military.people.com.cn/n1/2021/0328/c1011-32062724.html,有改动)

任务二　表面粗糙度的标注

任务引入

经过廖师傅的讲解，小张完成了轴零件图的标注，如图4-10所示。图中增加了 $\sqrt{Ra\,0.8}$、$\sqrt{Ra\,1.6}$、$\sqrt{Ra\,3.2}$、$\sqrt{Ra\,6.3}$（$\sqrt{}$）等符号。这些符号有什么含义？

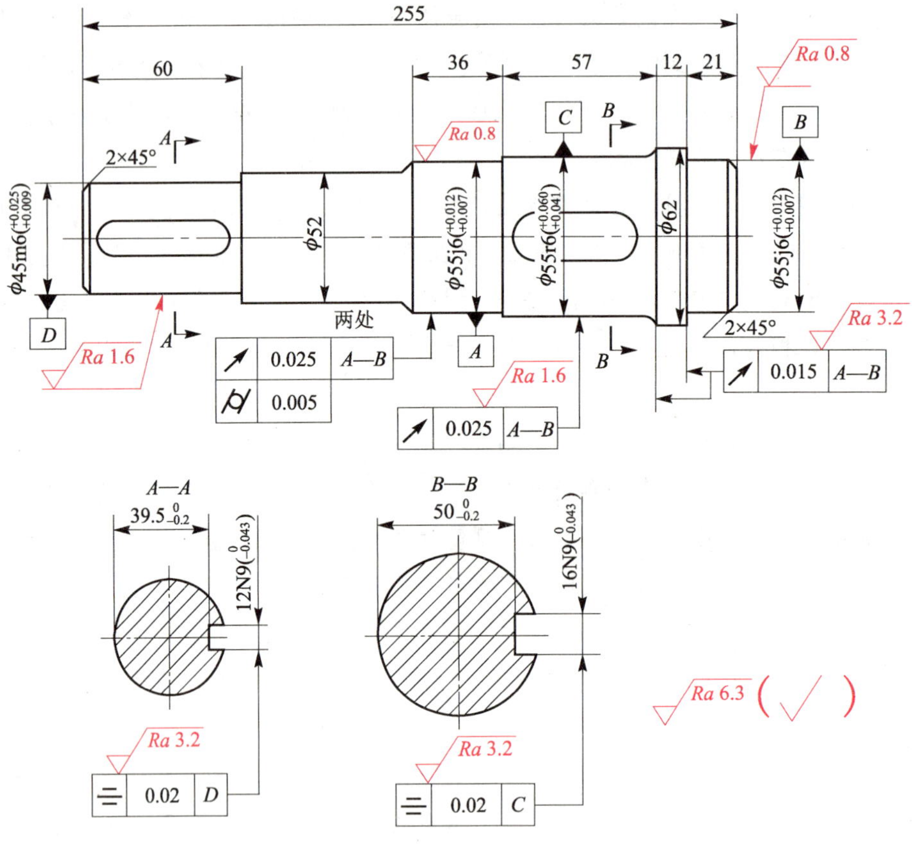

图4-10　轴零件图

相关知识

国家标准 GB/T 131—2006 对表面结构（表面粗糙度）的符号及标注都作了规定，现对其进行简要介绍。

一、表面结构的符号

图样上表示表面结构的符号有五种，如表 4-7 所示。

表 4-7　表面结构符号（摘自 GB/T 131—2006）

符号	意义
✓	基本图形符号，由两条不等长的与标注表面成 60°夹角的直线构成，表示表面可用任何方法获得。当不加注粗糙度参数值或有关说明（如表面热处理、局部热处理等）时，仅适用于简化代号标注
✓̄	扩展图形符号，基本图形符号上加一短横，表示指定表面用去除材料方法（如车、铣、钻等）获得
✓○	扩展图形符号，基本图形符号上加一圆圈，表示指定表面用不去除材料方法（如铸造、锻造、热轧等）获得
✓— ✓̄— ✓○—	完整图形符号，在上述三个符号的长边上加一横线，用于标注表面结构特征的补充信息
✓⊙ ✓̄⊙ ✓○⊙	工件轮廓各表面的图形符号，在完整图形符号上加一圆圈，表示图样上构成封闭轮廓的各表面有相同的表面结构要求

二、表面结构的代号

在表面结构符号的基础上，注上其他有关表面特征的符号及数值，即组成了表面结构的代号。

一般情况下，在表面结构代号中，只注出表面结构评定参数代号及其允许值（单一要求）即可。但为了明确表面结构要求，必要时应注出补充要求。补充要求包括传输带、取样长度、加工工艺、表面纹理及方向、加工余量等。在完整符号中，对表面结构的单一要求和补充要求应标注在图 4-11 所示指定位置上。

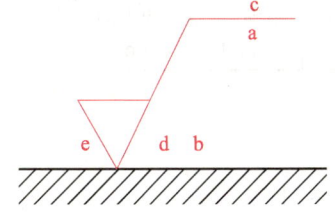

位置a注写表面结构的单一要求
位置a和b注写两个或多个表面结构要求
位置c注写加工方法、表面处理、涂层或其他加工工艺要求等
位置d注写表面纹理及方向
位置e注写加工余量，以"mm"为单位给出数值

图 4-11　表面结构的代号

表面纹理及方向的标注如表 4-8 所示。

表 4-8　表面纹理的标注（摘自 GB/T 131—2006）

符号	解释与示例		符号	解释与示例	
═	纹理平行于视图所在的投影面	纹理方向	M	纹理呈多方向	M
⊥	纹理垂直于视图所在的投影面	纹理方向	R	纹理呈近似放射状且与表面圆心相关	R
×	纹理呈两斜向交叉且与视图所在的投影面相交	纹理方向	P	纹理呈微粒、凸起，无方向	P
C	纹理呈近似同心圆且圆心与表面中心相关	C			

注：如果表面纹理不能清楚地用这些符号表示，必要时，可以在图样上加注说明。

表面结构代号的示例及含义如表 4-9 所示。

表 4-9　表面结构代号的示例及含义

代号	含义	代号	含义
$\sqrt{}\ Ra\ 0.8$	用不去除材料方法获得的表面粗糙度，Ra 的上限值为 0.8 μm	$\sqrt{}\ Rzmax\ 3.2$	用去除材料方法获得的表面粗糙度，Rz 的最大值为 3.2 μm
$\sqrt{}\ Ra\ 3.2$	用去除材料方法获得的表面粗糙度，Ra 的上限值为 3.2 μm	$\sqrt{}\ U\ Ra\ 3.2\ L\ Ra\ 0.8$	用不去除材料方法获得的表面粗糙度，Ra 的上限值为 3.2 μm，下限值为 0.8 μm

提　示

评定参数规定值的判断规则有 16% 规则和最大规则两种。

运用 16% 规则时，当被测表面测得的全部参数值中，超过规定值的个数不多于总个数的 16% 时，该表面是合格的。此时，应在图样上标注表面粗糙度参数的上、下极限值。

运用最大规则时，被测整个表面上测得的参数值一个也不应超过给定的最大值，此时，应在参数代号后注写"max"。当参数代号后未注写"max"时，均默认为应用 16% 规则。

三、表面结构在图样和其他技术产品文件中的注法

表面结构要求对每一个表面一般只标注一次，并尽可能注在相应的尺寸及其公差的同一视图上。除非另有说明，所标注的表面结构要求是对完工零件的表面要求。

1．表面结构符号、代号的标注位置与方向

（1）国家标准规定，表面结构的注写和读取方向与尺寸的注写和读取方向一致。表面结构要求可标注在轮廓线上，其符号应从材料外指向并接触表面。必要时，表面结构符号也可以用带箭头或黑点的指引线引出标注，如图 4-12 和图 4-13 所示。

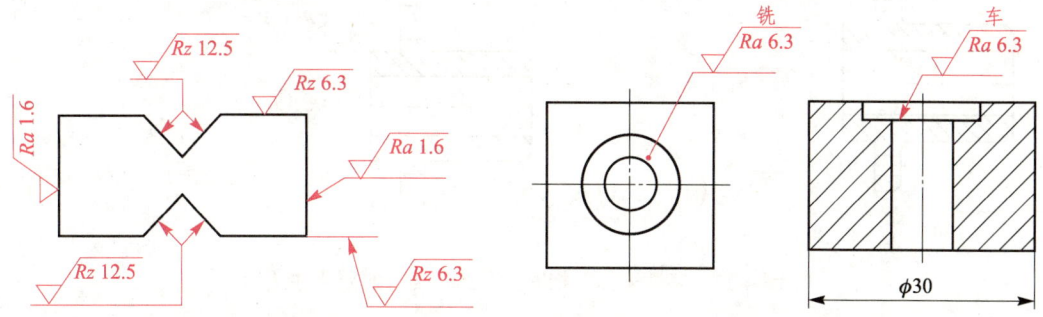

图 4-12　表面结构要求在轮廓线上的标注　　图 4-13　用指引线引出标注表面结构要求

（2）在不致引起误解的情况下，表面结构要求可以标注在给定的尺寸线上，如图 4-14（a）所示；也可标注在几何公差框格的上方，如图 4-14（b）和图 4-14（c）所示。

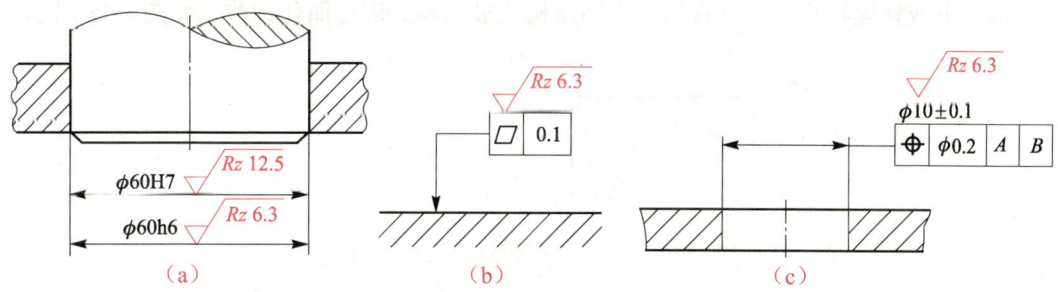

图 4-14　表面结构要求标注在尺寸线上或公差框格上

（3）表面结构要求可以直接标注在延长线上，或用带箭头的指引线从延长线上引出标注，如图 4-15 所示。

（4）圆柱和棱柱表面的表面结构要求只标注一次，如果每个棱柱表面都有不同的表面结构要求，则应分别标注，如图 4-16 所示。

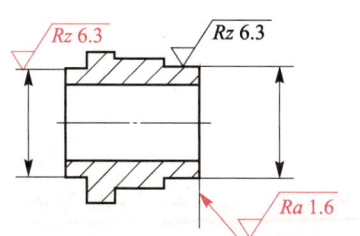 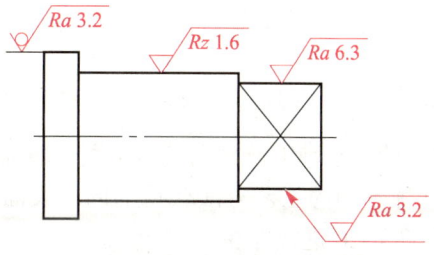

图 4-15　表面结构要求标注在延长线上　　图 4-16　圆柱和棱柱表面结构要求的标注

2．表面结构的简化注法

1）有相同表面结构要求的简化注法

如果工件的多数（包括全部）表面有相同的表面结构要求，则其表面结构要求可统一标注在图样的标题栏附近。此时（除全部表面有相同要求的情况外），表面结构要求的符号后面应在圆括号内给出无任何其他标注的基本符号，如图4-17（a）所示；或在圆括号内给出不同的表面结构要求，如图4-17（b）所示。不同的表面结构要求应直接标注在图形中，如图4-17所示。

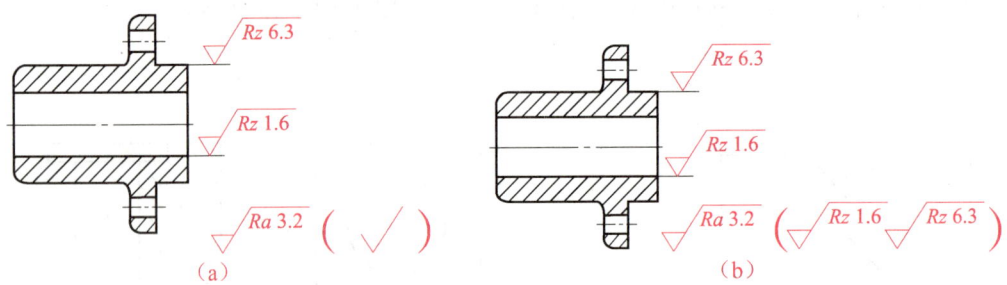

图4-17 多数表面有相同表面结构要求的简化注法

2）多个表面有共同表面结构要求的简化注法

当多个表面有共同的表面结构要求或图纸空间有限时，也可采用简化注法。

* **用带字母的完整符号的简化注法**：可用带字母的完整符号，以等式的形式，在图形或标题栏附近，对有相同表面结构要求的表面进行简化标注，如图4-18所示。

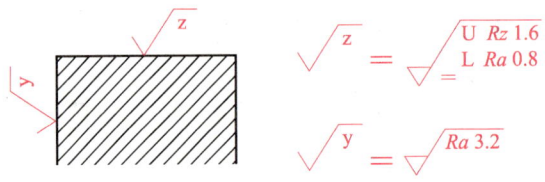

图4-18 用带字母的完整符号的简化注法

* **只用表面结构符号的简化注法**：可用表4-7所示表面结构符号，以等式的形式给出对多个表面共同的表面结构要求，如图4-19所示。

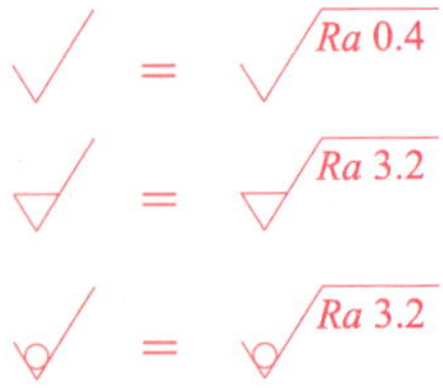

$$\sqrt{} = \sqrt{Ra\ 0.4}$$
$$\sqrt{} = \sqrt{Ra\ 3.2}$$
$$\sqrt{} = \sqrt{Ra\ 3.2}$$

图4-19 只用表面结构符号的简化注法

3．两种或多种工艺共同获得的同一表面的注法

由几种不同的工艺方法获得的同一表面，当需要明确每种工艺方法的表面结构要求时，可按图4-20进行标注。

项目四　表面粗糙度与检测

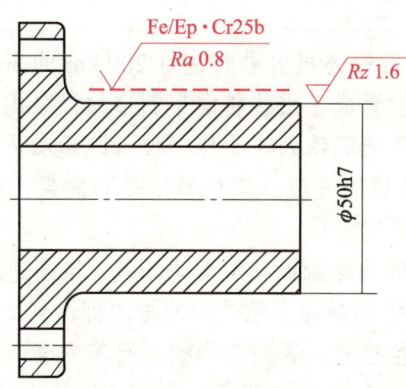

图 4-20　同时给出镀覆前后的表面结构要求的注法

任务实施

（1）将学生分为若干小组，各小组将下列表面粗糙度要求标注在图 4-21 上。

① 用任何方法加工圆柱面 ϕd_3，要求 Rz 最大允许值为 3.2 μm。
② 用去除材料方法获得孔 ϕd_1，要求 Ra 上限值为 3.2 μm。
③ 用不去除材料方法获得表面 a，要求 Ra 最大允许值为 3.2 μm。
④ 其余用去除材料方法获得表面，要求 Ra 上限值均为 25 μm。

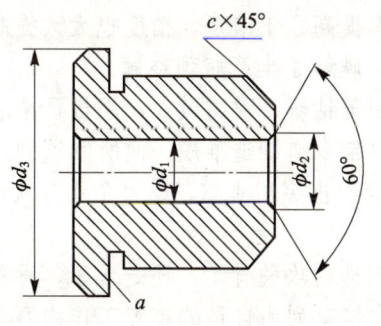

图 4-21　表面粗糙度的标注

码上学——参考答案

（2）将结果做成大字报，老师随机选取小组代表上台阐述标注的分析过程，并进行点评。

拓展阅读

"高铁首席研磨师"宁允展

宁允展，是南车青岛四方机车车辆股份有限公司（简称南车四方股份公司）车辆钳工高级技师，中国南车技能专家，被誉为"高铁首席研磨师"。

2004年，南车四方股份公司引进时速为200 km的高速动车组。产品进入试制阶段，转向架上的定位臂成了困扰转向架制造的拦路虎。转向架是高速动车组九大关键技术之一。如果把高铁列车比作一位长跑运动员，转向架就是他的"腿脚"，是高铁跑得又快又稳的关键。定位臂则是转向架上构架与车轮之间的接触部位，相当于人的"脚踝"。

普通机客车对定位臂的接触面精度要求不高，但高速动车组以超过200 km/h飞奔时，在不足10 cm^{2}的接触面上承受的冲击力可达到二三十吨。因此，要求定位臂与轮对节点必须严丝合缝，否则会影响到行车安全。按要求，必须保证75%以上的接触面间隙小于0.05 mm，相当于一根细头发丝的间距。这要靠纯手工研磨来实现。研磨精度磨小了，精度达不到要求；磨大了，动辄十几万的构架就会报废。

宁允展主动请缨，挑战这项难度极高的研磨技术。平时的深厚积累加上夜以继日的潜心琢磨，不到一个星期就出师了。他研磨出的定位臂，连外方专家都啧啧称奇，向他竖起了大拇指。

高速动车组大批量制造后，转向架研磨跟不上生产进度。凭借多年的研磨经验，宁允展意识到，按照外方的研磨工艺，不仅效率低，而且精度难以保证，他将目光瞄向研磨工艺的创新。

经过两个多月的摸索和试验，宁允展发明了风动砂轮纯手工研磨操作法，采用分层、交错、叠加式研磨，将接触面织成一张纹路细密、摩擦力超强的"网"。宁允展的这项绝活，使原来的研磨效率提高了1倍多，精度也大大提高，很快被纳入工艺文件，并应用到现场生产中，破解了生产瓶颈难题。

多年来，宁允展立足本职岗位，刻苦钻研、爱岗敬业，用自己精湛的操作技能和高度的责任心，攻克了动车组转向架多道制造难题。他所制造的产品创造了10余年无次品的纪录，为精益企业建设做出突出贡献，成为企业万众创新、节约创效的典范。

如今，宁允展不仅是企业转向架制造的攻关骨干，还是北京、青岛多家职业院校的特聘教师。他将传道授业、人才培育列为自己的重点工作内容之一，每年为社会和企业培育数百名优质人才，为行业企业的发展注入优质源动力。

（资料来源：http://www.wenming.cn/sbhr_pd/zghrb/jyfx/201508/t20150828_2825924.shtml，有改动）

任务三　表面粗糙度的选择及检测

任务引入

在小张完成的轴零件图中，只标注了表面粗糙度 Ra 值。为什么不标注 Rz 值？Ra 值又是如何确定的？

 相关知识

表面粗糙度的选择包括评定参数的选择和参数值的选择。

一、表面粗糙度评定参数的选择

在表面粗糙度的评定参数中，Ra 和 Rz 两个幅度参数为基本参数，Rsm 和 $Rmr(c)$ 为附加参数。这些参数分别从不同角度反映了零件的表面形貌特征，但都存在着不同程度的不完整性。在具体选用时，如果零件表面没有特殊要求，一般仅选用幅度参数；如果零件表面有特殊功能要求，为了保证功能和提高产品质量，可以附加选用附加参数 Rsm 和 $Rmr(c)$ 来综合控制表面质量。

1. 轮廓的算术平均偏差 Ra

由于 Ra 既能反映加工表面的微观几何形状特征，又能反映微观凸峰高度，且测量效率高，测量时便于进行数据处理，因此，在幅度参数常用的参数值范围内，推荐优先选用 Ra 值。

2. 轮廓的最大高度 Rz

Rz 反映轮廓情况虽不如 Ra 全面、客观，但其概念简单，测量方便，同时也弥补了 Ra 不能测量极小表面的不足。因此，在零件加工表面过于粗糙、过于光滑，或测量面积很小时，可以选用 Rz 值。

3. 轮廓单元的平均宽度 Rsm 和轮廓的支承长度率 $Rmr(c)$

附加参数 Rsm 和 $Rmr(c)$ 只有在幅度参数不能满足表面功能要求时，才附加使用。例如，当表面要求耐磨时，可以选用 Ra、Rz 和 $Rmr(c)$；当表面要求密封性时，可以选用 Rz 和 Rsm；当表面着重要求外观质量和可漆性时，可以选用 Ra 和 Rsm。

二、表面粗糙度评定参数值的选择

表面粗糙度评定参数值选择的合理与否，不仅对产品的使用性能有很大的影响，而且直接关系到产品的质量和制造成本。一般来说，表面粗糙度评定参数值越小，零件的工作性能越好，使用寿命越长。但表面粗糙度评定参数值并不是越小越好。因为过小的评定参数值会增加加工难度，提高生产成本，且有时还会影响使用性能。

因此，表面粗糙度评定参数值的选择原则是：在满足功能要求的前提下，尽量选用较大的参数允许值，以减小加工难度，降低生产成本。

在选择表面粗糙度评定参数值时，应根据国家标准 GB/T 1031—2009 规定的参数值系列来选择，如表 4-2 至表 4-6 所示。实际生产中，可参照一些经过验证的实例，用类比法来确定。根据类比法初步确定表面粗糙度后，再对比工作条件进行适当调整。调整时应考虑以下几点。

（1）同一零件上，工作表面的粗糙度值（评定参数值）比非工作表面的粗糙度值小。

（2）摩擦表面比非摩擦表面的粗糙度值小，滚动摩擦表面比滑动摩擦表面的粗糙度值小。

（3）运动速度高、压强大、受交变载荷的零件表面，以及容易产生应力集中的沟槽、

圆角部位等，表面粗糙度值应小些。

（4）配合稳定性要求高的表面，如小间隙配合表面、受重载荷的过盈配合表面，表面粗糙度值应小些。

（5）表面粗糙度值应与尺寸和形状公差相协调。例如，尺寸、形状公差小时，表面粗糙度值也要小些；相同公差等级时，轴的表面粗糙度值应比孔要小些。

（6）密封性、抗腐蚀性要求高的表面或外形要求美观的表面，表面粗糙度值要小些。

（7）凡有关标准已对表面粗糙度有具体规定的，应按该标准的要求选择。

表 4-10 为常用表面粗糙度 Ra 的推荐值，表 4-11 为不同加工方法获得的表面粗糙度及应用举例。

表 4-10 常用表面粗糙度 Ra 的推荐值

表面特征			Ra 不大于/μm			
经常拆卸零件的配合表面（如挂轮、滚刀等）	公差等级	表面	公称尺寸/mm			
			≤50	>50～500		
	5	轴	0.2	0.4		
		孔	0.4	0.8		
	6	轴	0.4	0.8		
		孔	0.4～0.8	0.8～1.6		
	7	轴	0.4～0.8	0.8～1.6		
		孔	0.8	1.6		
	8	轴	0.8	1.6		
		孔	0.8～1.6	1.6～3.2		
过盈配合的配合表面	公差等级	表面	公称尺寸/mm			
			≤50	>50～120	>120～500	
	压入装配 5	轴	0.1～0.2	0.4	0.4	
		孔	0.2～0.4	0.8	0.8	
	6～7	轴	0.4	0.8	1.6	
		孔	0.8	1.6	1.6	
	8	轴	0.8	0.8～1.6	1.6～3.2	
		孔	1.6	1.6～3.2	1.6～3.2	
	热装	轴	1.6			
	—	孔	1.6～3.2			
精密定心用配合的零件表面		表面	径向跳动公差/μm			
			2.5	4	6	10	16	25
			Ra 不大于/μm			
		轴	0.05	0.1	0.1	0.2	0.4	0.8
		孔	0.1	0.2	0.2	0.4	0.8	1.6

表 4-10（续）

表面特征		Ra 不大于/μm		
滑动轴承的配合表面	表面	公差等级		液体湿摩擦条件
		6～9	10～12	
		Ra 不大于/μm		
	轴	0.4～0.8	0.8～3.2	0.1～0.4
	孔	0.8～1.6	1.6～3.2	0.2～0.8

表 4-11 不同加工方法获得的表面粗糙度及应用举例

表面微观特性		Ra/μm	Rz/μm	加工方法	应用举例
粗糙表面	可见刀痕	>20～40	>80～160	粗车、粗刨、粗铣、钻、粗锉、锯	半成品粗加工过的表面，非配合的加工表面，如轴端面、倒角、钻孔、齿轮侧面、带轮侧面、键槽底面、垫圈接触面等
	微见刀痕	>10～20	>40～80		
半光表面	微见加工痕迹	>5～10	>20～40	车、刨、铣、镗、钻、锉、粗铰、粗磨	轴上不安装轴承、齿轮处的非配合表面，紧固件的自由装配表面等
	微见加工痕迹	>2.5～5	>10～20	车、刨、铣、镗、磨、锉、粗刮、滚压、电火花加工	半精加工表面，箱体、支架、端盖、套筒等和其他零件结合而无配合要求的表面，需要发蓝的表面等
	看不清加工痕迹	>1.25～2.5	>6.3～10	车、刨、铣、镗、磨、拉、刮、滚压、铣齿	接近于精加工表面、齿轮的齿面、定位销孔、箱体上安装轴承的镗孔表面
光表面	可辨加工痕迹方向	>0.63～1.25	>3.2～6.3	车、镗、磨、铣、拉、刮、精铰、磨齿、粗研	要求保证定心及配合特性的表面，如圆柱销、圆锥销，与滚动轴承相配合的轴径，磨削的齿轮表面，普通车床的导轨面，内、外花键定位表面等
	微辨加工痕迹方向	>0.32～0.63	>1.6～3.2	精铰、精镗、磨、刮、滚压、研磨	要求配合性质稳定的配合表面，受交变应力作用的重要零件，较高精度车床的导轨面
	不可辨加工痕迹方向	>0.16～0.32	>0.8～1.6	精磨、研磨、超精加工、抛光	精密机床主轴锥孔、顶尖圆锥面，发动机曲轴、凸轮轴工作表面，高精度齿轮齿面
极光表面	暗光泽面	>0.08～0.16	>0.4～0.8	精磨、研磨、抛光、超精车	精密机床主轴颈表面，气缸内表面，活塞销表面，仪器导轨面，阀的工作面，一般量规测量面等
	亮光泽面	>0.04～0.08	>0.2～0.4	超精磨、精抛光、镜面磨削	精密机床主轴颈表面，滚动导轨中的钢球、滚子和高速摩擦的工作表面
	镜状光泽面	>0.01～0.04	>0.1～0.2		高压柱塞泵中柱塞和柱塞套的配合表面，中等精度仪器零件配合表面
	镜面	≤0.01	≤0.05	镜面磨削、超精研	高精度量仪、量块的工作表面，高精度仪器摩擦机构的支承表面，光学仪器中的金属镜面

三、表面粗糙度的检测

测量表面粗糙度参数值时,若图样上没有特别指明测量方向,则应在尺寸最大的方向上测量,通常在垂直于表面纹理方向的截面上测量。对没有一定纹理方向的表面,应在几个不同的方向上测量,取最大值为测量结果。此外,应注意测量时不要把表面缺陷(如气孔、划痕等)包含进去。

表面粗糙度的常用检测方法有比较法、光切法、干涉法和针描法等。

1. 比较法

比较法是指将被测表面与已知高度特征参数值的表面粗糙度样板进行比较,通过肉眼观察、手动触摸,或借助放大镜、显微镜等来判断被测表面粗糙度的一种检测方法。比较时,所用表面粗糙度样板的材料、形状、加工方法及纹理方向等应尽可能与被测表面相同,以减少检测误差。

比较法简单易行,适用于在车间条件下使用。但由于其评定结果的准确性很大程度上取决于检测人员的经验,因此仅适用于评定表面粗糙度要求不高的工件。

2. 光切法

光切法是指应用光切原理来测量表面粗糙度的一种检测方法。常用的仪器为光切显微镜(又称双管显微镜)。该仪器适用于测量用车、铣、刨等加工方法所获得金属零件的平面或外圆表面。光切显微镜主要用于测量轮廓的最大高度 Rz 值。

3. 干涉法

干涉法是指利用光波干涉原理测量表面粗糙度的一种检测方法。利用此方法测量时,被测表面直接参与光路,用同一标准反射镜比较,以光波波长来度量干涉条纹的弯曲程度,从而测得该表面的粗糙度值。常用的仪器为干涉显微镜。干涉显微镜主要用于测量轮廓的最大高度 Rz 值。

4. 针描法

针描法又称轮廓法,是指利用仪器的触针与被测表面接触,并使触针沿被测表面轻轻滑动来测量表面粗糙度的一种检测方法。常用的仪器是电动轮廓仪。

针描法测量表面粗糙度能够直接读出轮廓的算术平均偏差 Ra 值,且能测量平面、轴、孔和圆弧面等各种形状的表面粗糙度。但由于触针要与被测表面可靠接触,需要适当的测量力,当测量材料较软或表面粗糙度值较小时,被测表面容易产生划痕。

任务实施

(1)将学生分为若干小组,各小组根据以下要求选择对应的表面粗糙评定参数值。

① 半成品粗加工过的微见刀痕表面。
② 箱体上安装轴承的镗孔表面。
③ 精密机床主轴颈表面。
④ 较高精度车床的导轨面。
⑤ 普通车床的导轨面。
⑥ 紧固件的自由装配表面。

(2)小组成员将选择结果与分析过程以报告形式提交给老师。

拓展阅读

用自己的"匠心之尺",让工件精度无限逼近零误差

他,加工 40 多吨重的异形工件,能够保证几何精度和尺寸精度不超过一根头发丝;他,工作几十年以来,以工匠之心打磨着每一件经手的工件,产品合格率保持在 99% 以上。他就是四川鸿舰成套分公司大型段镗床甲班班长李元刚。

"法兰焊接后,端面已经变形,要想保证工件的密封性能,必须在加工支架的同时对法兰的端面进行再加工,其尺寸公差和平面度公差必须保证在 0.03 mm 以内!"一天,李元刚在 200 型数控镗床前对着图样向徒弟讲解加工要求。他再三叮嘱:"工件是高炉所用,来不得半点差错。"大约 10 min 后,李元刚利用机床数显表测量加工尺寸,然后说道:"还得再做数据补偿,法兰到大面的尺寸和平面度都不在规定的公差范围内。"李元刚带着徒弟重新调整机床,修改加工程序。为了将零件加工误差控制在 0.03 mm 以内,他们足足忙了 4 个小时。0.03 mm 不到一根头发丝直径的二分之一,超过了肉眼的辨识范围,但镗工李元刚早已对这样的精度习以为常。

2017 年底,某用户急需一种备件。该备件不但外观复杂,需要加工的表面很多,而且面相对于孔的垂直度要求不超过 ±0.02 mm,其苛刻的工艺要求无异于让加工人员"戴着镣铐跳舞"。按常规,这根本就是一个无法按期完成的任务。"这个备件是对方首次让我们加工,如果我们能保质按工期完成,便有后续订单的可能……"接到加工任务后,李元刚好像进入"疯魔"状态,走路、吃饭、上厕所,甚至连睡觉的时候,都在琢磨工装怎么设计、如何实现人工数字补偿。独具匠心的李元刚将职业精神、敬业精神,融化为对产品负责的态度,反复更改设计数十次,终于在工期内完成了加工任务,得到了用户的高度认可。这些年,像这样的上百个高精、特急备件,都在李元刚手里高质量按时加工完成。

在李元刚的职业生涯中,精度就是他的极致追求。他用自己的"匠心之尺",在一刀一刀的加工过程中,一次次赢得了对技术极限的挑战。

(资料来源:https://www.chinanews.com/gn/2018/10-08/8644126.shtml,有改动)

思考与练习

一、填空题

1. 取样长度 lr 是指_____。规定取样长度 lr 的目的是为了限制和减弱_____对表面粗糙度测量结果的影响。

2．评定长度 ln 是指＿＿＿＿＿＿＿＿＿＿＿＿＿＿＿＿＿＿＿＿＿＿。评定长度 ln 一般包含＿＿＿＿＿＿＿＿＿＿＿＿＿取样长度 lr。通常取 ln＝＿lr。

3．国家标准规定，常用的表面粗糙度幅度参数有＿＿＿＿＿＿＿＿、＿＿＿＿＿＿＿＿、＿＿＿＿＿＿＿＿、＿＿＿＿＿＿＿＿等。

4．国家标准规定，表面结构的注写和读取方向与＿＿＿＿＿的注写和读取方向一致。表面结构要求可标注在轮廓线上，其符号应从＿＿＿＿＿指向并接触＿＿＿＿＿。必要时，表面结构符号也可以用＿＿＿＿＿＿＿的指引线引出标注。

5．如果工件的多数（包括全部）表面具有相同的表面结构要求，则其表面结构要求可统一标注在＿＿＿＿＿＿＿附近。

二、选择题

1．国家标准规定的表面粗糙度评定参数中，能比较全面、客观地反映表面微观几何形状特性的是（　　）。
　　A．Rz　　　　B．Ra　　　　C．Rsm　　　　D．Rmr(c)

2．若表面粗糙度值小，则零件的（　　）。
　　A．耐磨性好　　　　　　　　B．配合精度高
　　C．抗疲劳强度差　　　　　　D．密封性好

3．车间生产中评定表面粗糙度最常用的方法是（　　）。
　　A．针描法　　B．光切法　　C．干涉法　　D．比较法

4．双管显微镜是根据（　　）原理制成的。
　　A．针描　　B．光切　　C．干涉　　D．比较

5．下列说法正确的是（　　）。
　　A．表面粗糙度属于表面微观性质的形状误差
　　B．表面粗糙度属于表面宏观性质的形状误差
　　C．表面粗糙度属于表面波度误差
　　D．经磨削加工所得表面比车削加工所得表面的表面粗糙度大

三、判断题

1．表面越粗糙，取样长度 lr 应越长。　　　　　　　　　　　　　　（　　）

2．轮廓算术平均中线是理想的基准线，且可用目测方法确定，故实际中经常会用到。
　　　　　　　　　　　　　　　　　　　　　　　　　　　　　　（　　）

3．轮廓的支承长度率 Rmr(c) 是反映零件表面耐磨性能的指标。　　（　　）

4．某经常拆卸的轴尺寸为 $\phi 60h7$，其表面粗糙度 Ra 值可选 3.2 μm。（　　）

5．表面结构要求可以直接标注在延长线上，或用带箭头的指引线从延长线上引出标注。
　　　　　　　　　　　　　　　　　　　　　　　　　　　　　　（　　）

四、问答题

1．表面粗糙度的含义是什么？它与形状误差和表面波度有何区别？

2．表面粗糙度的评定参数如何选择？

3. 一般情况下，ϕ40H7 和ϕ80H7 相比，ϕ40H6/f5 和ϕ40H6/s5 相比，哪个应选较小的表面粗糙度值？

4. 图样上表示表面结构的符号有几种？其意义如何？

5. 将下列表面粗糙度的要求标注在图 4-22 上。

① 用去除材料方法获得表面 a 和 b，要求 Ra 上限值为 1.6 μm。

② 用任何方法加工 ϕd_1 和 ϕd_2 圆柱面，要求 Rz 上限值为 6.3 μm，下限值为 3.2 μm。

③ 用去除材料方法加工其余表面，要求 Ra 上限值为 12.5 μm。

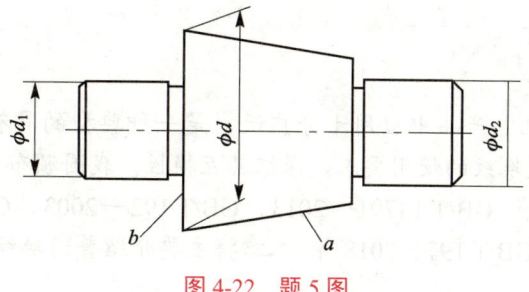

图 4-22　题 5 图

项目五 螺纹的公差配合与检测

项目导读

螺纹连接在机电产品中应用十分广泛,是一种典型的具有互换性的连接结构。为了满足普通螺纹的使用要求,保证其互换性,我国颁布了一系列普通螺纹国家标准,主要有 GB/T 14791—2013、GB/T 192—2003、GB/T 193—2003、GB/T 196—2003、GB/T 197—2018 等。本章将主要介绍普通螺纹配合的国家标准。

项目目标

- 掌握普通螺纹的基本牙型及主要几何参数
- 掌握普通螺纹几何参数误差对互换性的影响及螺纹中径合格性判断原则
- 掌握普通螺纹的公差与配合
- 熟悉普通螺纹的检测

技能目标

- 会选择普通螺纹的公差带与配合
- 会识读和标注普通螺纹
- 会进行普通螺纹的检测

素质目标

- 激发心系国家建设,勇担时代使命的爱国情怀
- 培育执着专注、踏实认真的职业素质

项目五　螺纹的公差配合与检测

任务一　螺纹概述

任务引入

螺纹零件是人类最早发明的简单机械零件之一。究竟是谁在哪里制造出了第一个螺纹零件,我们已经不得而知,但可以知道世界上最早的螺纹是用木头做的,主要用于橄榄油的压制和葡萄酒的榨汁。而使用金属的螺栓和螺母作为紧固件,已经是15世纪的事情了。目前,螺纹零件已经应用到了各个领域。那么,螺纹零件都有哪些种类? 螺纹的主要几何参数又有哪些?

相关知识

螺纹是指在圆柱或圆锥表面上,具有相同牙型、沿螺旋线连续凸起的牙体。螺纹连接是指利用螺纹零件构成的可拆连接。

一、螺纹的分类

按结合性质和使用要求不同,螺纹可分为普通螺纹、传动螺纹和紧密螺纹三类。

1. 普通螺纹

普通螺纹主要用于连接和紧固机械零件,是应用最广泛的一种螺纹,如米制普通螺纹。对这类螺纹的主要要求是具有可旋合性及连接可靠性。本项目将主要介绍普通螺纹。

2. 传动螺纹

传动螺纹主要用于传递动力、运动和位移,如机床中的丝杠和螺母。对这类螺纹的主要要求是传递动力可靠、传动比恒定、螺纹接触良好及具有足够的耐磨性,同时还必须有一定的保证间隙,以便传动和储存润滑油。

3. 紧密螺纹

紧密螺纹主要用于密封连接,如管螺纹。对这类螺纹的主要要求是具有良好的旋合性及密封性,以保证不漏水、不漏气、不漏油。

二、普通螺纹的基本牙型及主要几何参数

普通螺纹的几何参数取决于螺纹轴向剖面内的基本牙型。内、外螺纹的大径、小径、中径和螺距等基本参数都是在基本牙型上定义的。

1. 普通螺纹的基本牙型

根据国家标准 GB/T 192—2003 规定,普通螺纹的基本牙型如图 5-1 所示。它是在通过

螺纹轴线的剖面上，将高度为 H 的原始等边三角形顶部截去 $H/8$ 和底部截去 $H/4$ 后形成的内、外螺纹共有的理论牙型。基本牙型上的尺寸为螺纹的基本尺寸。

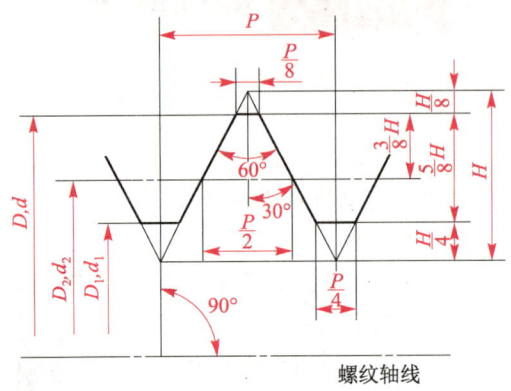

图 5-1　普通螺纹的基本牙型

2. 普通螺纹的主要几何参数

普通螺纹的主要几何参数包括大径、小径、中径、螺距、导程、单一中径、牙型高度、牙型角、牙型半角、升角、螺纹旋合长度等。

1）大径

大径是指与内螺纹牙底或与外螺纹牙顶相切的假想圆柱或圆锥的直径。国家标准规定，普通螺纹大径的基本尺寸为螺纹的公称直径尺寸。对内螺纹而言，大径为底径，用 D 表示；对外螺纹而言，大径为顶径，用 d 表示。

2）小径

小径是指与内螺纹牙顶或与外螺纹牙底相切的假想圆柱或圆锥的直径。对内螺纹而言，小径为顶径，用 D_1 表示；对外螺纹而言，小径为底径，用 d_1 表示。

3）中径

中径是指一个假想圆柱或圆锥的直径，该假想圆柱或圆锥的母线通过牙型上牙厚和槽宽相等的地方。该假想圆柱或圆锥称为中径圆柱或中径圆锥。中径圆柱或中径圆锥的轴线为螺纹轴线，母线为螺纹中径线。内螺纹的中径用 D_2 表示，外螺纹的中径用 d_2 表示。

4）螺距和导程

螺距 P 是指相邻两牙体上对应牙侧和中径线相交两点间的轴向距离。导程 P_h 是指最近的两同名牙侧（处于同一螺旋面上的牙侧）与中径线相交两点间的轴向距离。对于单线螺纹，导程等于螺距，即 $P_h = P$；对于多线螺纹，导程等于螺距与螺旋线数 n 的乘积，即 $P_h = nP$。

5）单一中径

单一中径是指一个假想圆柱或圆锥的直径，该假想圆柱或圆锥的母线通过实际螺纹上牙槽宽度等于 1/2 基本螺距的地方。当螺距无误差时，单一中径与中径相等；当螺距有误差时，两者不相等，如图 5-2 所示。

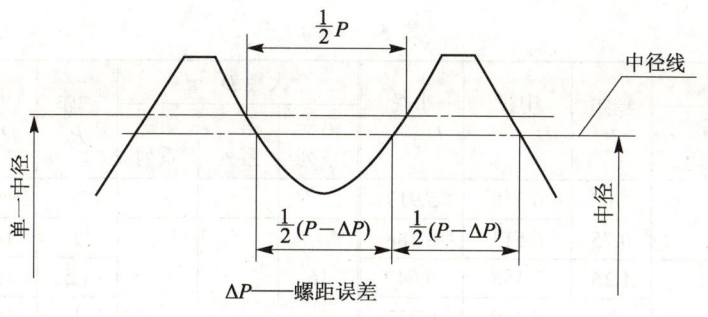

图 5-2 单一中径与中径

6）牙型高度

牙型高度是指从一个螺纹牙体的牙顶到其牙底间的径向距离。如图 5-1 所示，5H/8 即为牙型高度。

7）牙型角和牙型半角

牙型角 α 是指在螺纹牙型上，两相邻牙侧间的夹角；牙型半角 $\alpha/2$ 为牙型角 α 的一半，如图 5-3 所示。普通螺纹的牙型角 $\alpha=60°$，牙型半角 $\alpha/2=30°$。

8）升角

升角 φ 是指在中径圆柱或中径圆锥上，螺旋线的切线与垂直于螺纹轴线平面间的夹角。如图 5-4 所示，它与导程 P_h 和中径 d_2 之间的关系为

$$\tan\varphi = \frac{P_h}{\pi d_2} \tag{5-1}$$

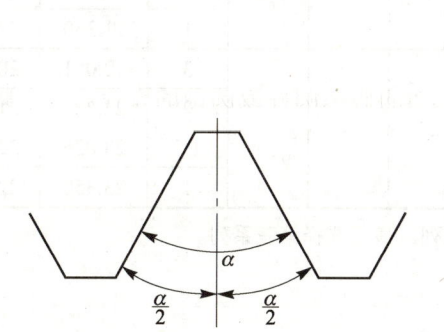

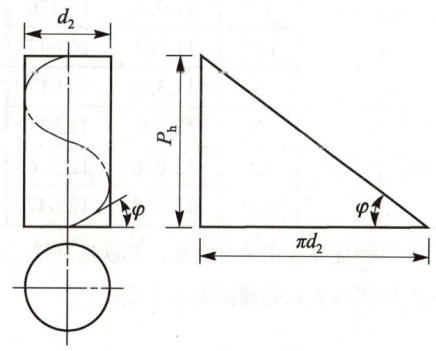

图 5-3 牙型角和牙型半角　　　　图 5-4 升角

9）螺纹旋合长度

螺纹旋合长度 L 是指两个相互配合螺纹的有效螺纹相互接触的轴向长度。

螺纹的基本尺寸如表 5-1 所示。

表 5-1　普通螺纹的基本尺寸　　　　　　　　　　　　　　　　单位：mm

大径 D、d			螺距 P	中径 D_2、d_2	小径 D_1、d_1	大径 D、d			螺距 P	中径 D_2、d_2	小径 D_1、d_1
第一系列	第二系列	第三系列				第一系列	第二系列	第三系列			
6			1	5.350	4.917	14			1	13.350	12.917
			0.75	5.513	5.188		15		1.5	14.026	13.376

表 5-1（续）

大径 D、d			螺距 P	中径 D_2、d_2	小径 D_1、d_1	大径 D、d			螺距 P	中径 D_2、d_2	小径 D_1、d_1
第一系列	第二系列	第三系列				第一系列	第二系列	第三系列			
	7		1	6.350	5.917	16			1	14.350	13.917
			0.75	6.513	6.188				**2**	14.701	13.835
8			**1.25**	7.188	6.647				1.5	15.026	14.376
			1	7.350	6.917				1	15.350	14.917
			0.75	7.513	7.188			17	1.5	16.026	15.376
		9	**1.25**	8.188	7.647				1	16.350	15.917
			1	8.350	7.917		18		**2.5**	16.376	15.294
			0.75	8.513	8.188				2	16.701	15.835
10			**1.5**	9.026	8.376				1.5	17.026	16.376
			1.25	9.188	8.647				1	17.350	16.917
			1	9.350	8.917	20			**2.5**	18.376	17.294
			0.75	9.513	9.188				2	18.701	17.835
		11	**1.5**	10.026	9.376				1.5	19.026	18.376
			1	10.350	9.917				1	19.350	18.917
			0.75	10.513	10.188		22		**2.5**	20.376	19.294
12			**1.75**	10.863	10.106				2	20.701	19.835
			1.5	11.026	10.376				1.5	21.026	20.376
			1.25	11.188	10.647				1	21.350	20.917
			1	11.350	10.917	24			**3**	22.051	20.752
	14		**2**	12.701	11.835				2	22.701	21.835
			1.5	13.026	12.376				1.5	23.026	22.376
			1.25	13.188	12.647				1	23.350	22.917

注：① 直径优先选用第一系列，其次选择第二系列，最后选择第三系列。
② 用黑体表示的螺距为粗牙螺距。

三、普通螺纹几何参数误差对互换性的影响

影响螺纹互换性的几何参数有大径、小径、中径、螺距和牙型半角。由于螺纹的大径和小径处均留有间隙，一般不会影响其配合性质，因此，影响螺纹互换性的主要几何参数是中径、螺距和牙型半角。

1. 中径偏差对互换性的影响

中径偏差是指中径实际尺寸与其基本尺寸之差。内、外螺纹旋合时，相互作用集中在牙型侧面上，因此，中径的差异将直接影响牙型侧面的接触状态。若外螺纹的中径大于内螺纹的中径，内、外螺纹就会产生干涉，难以旋合；若外螺纹的中径小于内螺纹的中径，又会使螺纹结合过松，影响连接的可靠性。因此，加工螺纹牙型时，应当对中径误差加以控制。

2. 螺距偏差对互换性的影响

螺距偏差是指螺距的实际值与其基本值之差。螺距偏差主要影响螺纹的旋合性和连接强度。螺距偏差包括单个螺距偏差和累积螺距偏差。其中,累积螺距偏差是指在规定的螺纹长度内,任意两牙体间的实际累积螺距值与其基本累积螺距值之差中绝对值最大的那个偏差,它与旋合长度有关,对互换性的影响更为明显。因此,下面仅讨论累积螺距偏差对互换性的影响。

假定内螺纹具有基本牙型,外螺纹的中径及牙型半角与内螺纹相同,但外螺纹的螺距有偏差,且外螺纹的螺距比内螺纹的螺距大。假定在 n 个螺牙长度上,累积螺距偏差为 ΔP_Σ,则内、外螺纹的牙型将产生干涉(见图 5-5(a)中交叉剖面线部分),从而无法旋合。为使内、外螺纹能够旋合,可将外螺纹的中径减小一个数值 f_P(或将内螺纹的中径加大一个数值 f_P)。这个 f_P 值是为补偿累积螺距偏差的影响而折算到中径上的数值,称为螺距偏差中径当量。

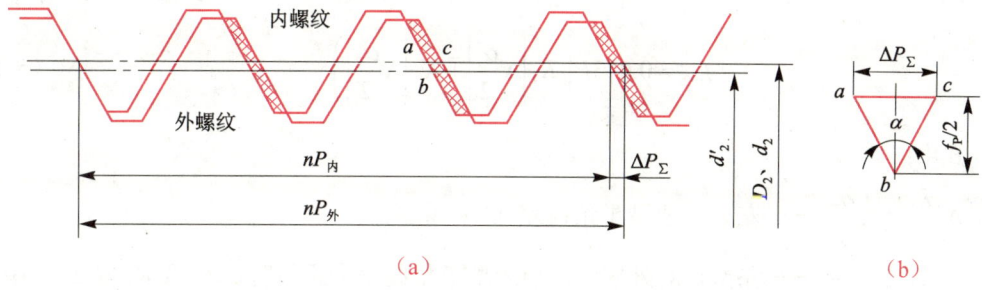

图 5-5 累积螺距偏差对互换性的影响

由图 5-5(b)所示几何关系可知

$$f_P = |\Delta P_\Sigma| \cot \frac{\alpha}{2} \tag{5-2}$$

对于普通螺纹,其牙型角 $\alpha = 60°$,则 $f_P = 1.732 |\Delta P_\Sigma|$。

3. 牙型半角偏差对互换性的影响

牙型半角偏差是指实际牙型半角与理论牙型半角之差,它也会影响螺纹的旋合性和连接强度。

假设内螺纹具有基本牙型,外螺纹的中径及螺距与内螺纹的相同,且都没有偏差,但外螺纹的牙型半角有偏差,则内外螺纹旋合时,在牙侧将会产生干涉,难以旋合,如图 5-6 所示。其中,图 5-6(a)所示为外螺纹的牙型半角小于内螺纹的牙型半角,图 5-6(b)所示为外螺纹的牙型半角大于内螺纹的牙型半角,剖面线部分表示产生干涉处。

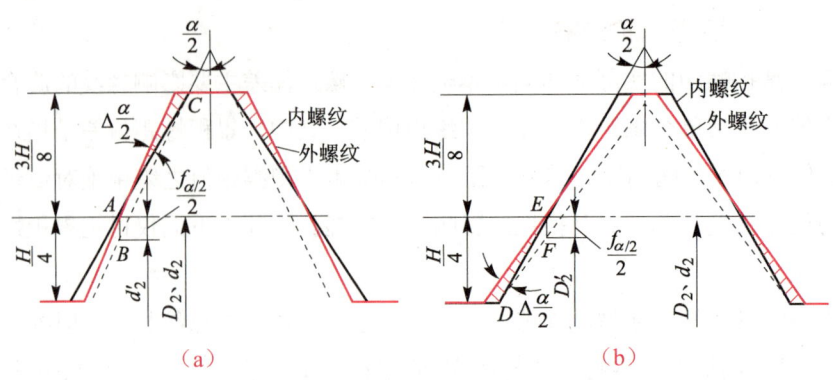

图 5-6 牙型半角偏差对互换性的影响

为使内外螺纹能够旋合，应将外螺纹的实际中径减小一个数值 $f_{\alpha/2}$（当内螺纹牙型半角有偏差时，可将内螺纹的实际中径增加一个数值 $f_{\alpha/2}$）。这个 $f_{\alpha/2}$ 值是为补偿牙型半角偏差的影响而折算到中径上的数值，称为牙型半角偏差中径当量。

$f_{\alpha/2}$ 与左、右牙型半角偏差的关系为

$$f_{\alpha/2} = 0.073P\left(K_1\left|\Delta\frac{\alpha_1}{2}\right| + K_2\left|\Delta\frac{\alpha_2}{2}\right|\right) \tag{5-3}$$

式中：

$\Delta\dfrac{\alpha_1}{2}$、$\Delta\dfrac{\alpha_2}{2}$ ——左、右牙型半角偏差（′）；

K_1、K_2 ——系数，对外螺纹，当牙型半角偏差为正值时，K_1 或 K_2 取 2，当牙型半角偏差为负值时，K_1 或 K_2 取 3；对内螺纹，当牙型半角偏差为正值时，K_1 或 K_2 取 3，当牙型半角偏差为负值时，K_1 或 K_2 取 2。

四、螺纹中径合格性判断原则

实际生产中，中径偏差 ΔD_2（Δd_2）、螺距偏差 ΔP 和牙型半角偏差 $\Delta\alpha/2$ 是同时存在的。因此，即使螺纹测得的中径合格，但由于有 ΔP 和 $\Delta\alpha/2$，仍不能确定螺纹是否合格。

对于内螺纹，当有 ΔP 和 $\Delta\alpha/2$ 后，只能与一个中径较小的外螺纹旋合，其效果相当于内螺纹的中径减小了，这个减小了的假想中径称为内螺纹的**作用中径** D_{2m}，它是与外螺纹旋合时起作用的中径，其值为

$$D_{2m} = D_{2a} - (f_P + f_{\alpha/2}) \tag{5-4}$$

对于外螺纹，当有 ΔP 和 $\Delta\alpha/2$ 后，只能与一个中径较大的内螺纹旋合，其效果相当于外螺纹的中径增大了，这个增大了的假想中径称为外螺纹的**作用中径** d_{2m}，它是与内螺纹旋合时起作用的中径，其值为

$$d_{2m} = d_{2a} + (f_P + f_{\alpha/2}) \tag{5-5}$$

国家标准中对作用中径的定义为：作用中径是指在规定的旋合长度内，恰好包容实际螺纹牙侧的一个假想理想螺纹的中径。该理想螺纹具有基本牙型，并且包容时与实际螺纹

在牙顶和牙底处不发生干涉。

螺纹的实际中径 D_{2a}（d_{2a}）可用单一中径代替。

由于螺距偏差和牙型半角偏差均可以折算成中径当量，因此，国家标准没有单独规定螺距和牙型半角公差，只规定了一个中径公差（T_{D2}、T_{d2}）。这个公差可同时控制实际中径（单一中径）偏差、螺距偏差和牙型半角偏差的共同影响。

根据以上分析可知，螺纹中径是衡量螺纹互换性的主要参数。螺纹中径合格性判断原则应遵循泰勒原则，实际螺纹的作用中径不能超出最大实体牙型的中径，实际螺纹上任意位置的实际中径（单一中径）不能超出最小实体牙型的中径，即

对于内螺纹

$$D_{2m} \geqslant D_{2\min}、\ D_{2a} \leqslant D_{2\max} \tag{5-6}$$

对于外螺纹

$$d_{2m} \leqslant d_{2\max}、\ d_{2a} \geqslant d_{2\min} \tag{5-7}$$

任务实施

（1）将学生分为若干小组，各小组根据以下条件判断该螺纹的中径是否合格。

> 某普通螺纹为粗牙内螺纹，公称直径 D 为 20 mm，螺距 P 为 2.5 mm，中径的尺寸范围为 18.376～18.656 mm。测得其实际中径 D_{2a} = 18.61 mm，累积螺距偏差 ΔP_Σ = 40 μm，实际牙型半角 $\alpha_1/2 = 30°30'$、$\alpha_2/2 = 29°10'$。

码上学——参考答案

（2）将结果做成大字报，老师随机选取小组代表上台阐述分析过程。

拓展阅读

为高铁拧上"中国螺栓"

靳小海，是中国兵器工业集团北方凌云工业集团有限公司（简称凌云太行公司）数控车工高级技师，曾获河北省突出贡献技师、河北大工匠等荣誉称号，享受国务院政府特殊津贴。

1996年，靳小海带着优秀毕业生标兵的荣誉，从中原机械工业学校毕业，来到凌云太行公司工作。入厂后，靳小海的岗位变换了多次——生产处调度员、团委宣传干事，再到一产种植员。每一次变换岗位他都欣然接受，每到一个岗位他都心无旁骛，踏踏实实地工作。

2000年4月，靳小海响应企业号召，开始从事数控加工。2007年，他针对高铁的一项发明创造，让他声名鹊起。那一年，凌云太行公司承担了时速350 km

"和谐号"CRH3动车组制动器关键部件国产化的试制攻关任务,这项攻关任务就落到了靳小海的头上。

高铁不但要跑得快,更要刹得住。因此,制动系统成为高铁的核心技术之一。"高铁制动系统螺栓外径精度公差要求0.02 mm以内。我们做不好,只能依赖进口。"靳小海说。

为了打破技术垄断,为高铁制动系统拧上"中国螺栓",靳小海放弃了所有休息日,全身心投入试制攻关任务。经过半年多的技术攻关,靳小海试制出的7种产品全部达到德国铁路行业检测标准,自此中国高铁拧上了"中国螺栓"。

这些年,从数控车床摸索编程,到摘得第三届全国数控技能大赛河北赛区数控车工职工组第一名,从打破高铁制动系统关键零部件国外垄断到实现国产化、自动化,从临危受命到15天拼出全自动口罩机……从事数控加工以来,靳小海连续创造了安全生产零事故、送检产品一次性通过、工艺试制零废品等多项记录。他先后参与完成军品、"复兴号"高铁、城铁、青藏铁路、南车时代、中车重工等产品系列的科研攻关工作,累计完成新产品工艺试制173项,实现产值4 000万元,并发表了《深孔梯形内螺纹刀具设计及车削工艺改进》等多篇论文,拥有《一种车床不停车抛光夹具》等12项专利成果。

"在党的培育下,我从一名学徒工成长为中国兵器工业集团关键技能带头人,我将不忘初心,坚定跟党走,为军工发展、高铁建设贡献自己的力量。"靳小海说。

(资料来源:https://baijiahao.baidu.com/s?id=1706463108482258611&wfr=spider&for=pc,有改动)

任务二　普通螺纹的公差与配合

任务引入

普通螺纹常常作为连接和紧固零部件的连接结构用于机械设备仪表中,是应用最广的连接螺纹。普通螺纹零件大多都是标准件,为了保证螺纹结合的互换性,螺纹应具有合理的公差和配合要求。本任务我们将学习普通螺纹公差与配合的相关知识。

相关知识

为保证螺纹的互换性,国家标准《普通螺纹　公差》(GB/T 197—2003)中规定了普通螺纹的公差带位置、公差等级、旋合长度、推荐公差带、牙底形状、螺纹标记等内容。

一、普通螺纹的公差带

普通螺纹公差带与尺寸公差带一样，其大小由公差等级决定，位置由基本偏差决定。普通螺纹公差带以基本牙型为零线，沿着螺纹牙型的牙侧、牙顶和牙底分布，并在垂直于螺纹轴线的方向上计量。

在普通螺纹中，为了满足互换性的要求，只需规定大径、小径和中径公差。而螺纹底径（内螺纹的大径 D 和外螺纹的小径 d_1）是在加工时与中径一起由刀具切出的，其尺寸由刀具保证，因此，国家标准没有规定底径公差，只规定内外螺纹牙底的实际轮廓不能超出基本偏差所确定的最大实体牙型，以保证旋合时不会发生干涉。这样，在普通螺纹国家标准中，只规定了内螺纹的小径 D_1、中径 D_2 和外螺纹的大径 d、中径 d_2 的公差。

1. 公差等级

螺纹的公差等级如表 5-2 所示。其中，3 级精度最高，9 级精度最低，6 级为基本级。普通螺纹的顶径公差和中径公差分别如表 5-3 和表 5-4 所示。

表 5-2　螺纹的公差等级

螺纹直径	公差等级	螺纹直径	公差等级
内螺纹小径 D_1	4、5、6、7、8	外螺纹大径 d	4、6、8
内螺纹中径 D_2	4、5、6、7、8	外螺纹中径 d_2	3、4、5、6、7、8、9

表 5-3　普通螺纹的基本偏差和顶径公差（摘自 GB/T 197—2018）　　　　　单位：μm

螺距 P/mm	内螺纹的基本偏差 EI		外螺纹的基本偏差 es				内螺纹小径公差 T_{D1} 公差等级					外螺纹大径公差 T_d 公差等级		
	G	H	e	f	g	h	4	5	6	7	8	4	6	8
0.75	22	0	−56	−38	−22	0	118	150	190	236	—	90	140	—
0.8	24		−60	−38	−24		125	160	200	250	315	95	150	236
1	26		−60	−40	−26		150	190	236	300	375	112	180	280
1.25	28		−63	−42	−28		170	212	265	335	425	132	212	335
1.5	32		−67	−45	−32		190	236	300	375	475	150	236	375
1.75	34		−71	−48	−34		212	265	335	425	530	170	265	425
2	38		−71	−52	−38		236	300	375	475	600	180	280	450
2.5	42		−80	−58	−42		280	355	450	560	710	212	335	530
3	48		−85	−63	−48		315	400	500	630	800	236	375	600
3.5	53		−90	−70	−53		355	450	560	710	900	265	425	670
4	60		−95	−75	−60		375	475	600	750	950	300	475	750
4.5	63		−100	−80	−63		425	530	670	850	1 060	315	500	800

表 5-4　普通螺纹的中径公差（摘自 GB/T 197—2018）　　　单位：μm

公称直径 D、d/mm		螺距 P/mm	内螺纹中径公差 T_{D2}					外螺纹中径公差 T_{d2}					
			公差等级					公差等级					
>	≤		4	5	6	7	8	3	4	5	6	7	8	9
5.6	11.2	0.75	85	106	132	170	—	50	63	80	100	125	—	—
		1	95	118	150	190	236	56	71	90	112	140	180	224
		1.25	100	125	160	200	250	60	75	95	118	150	190	236
		1.5	112	140	180	224	280	67	85	106	132	170	212	265
11.2	22.4	1	100	125	160	200	250	60	75	95	118	150	190	236
		1.25	112	140	180	224	280	67	85	106	132	170	212	265
		1.5	118	150	190	236	300	71	90	112	140	180	224	280
		1.75	125	160	200	250	315	75	95	118	150	190	236	300
		2	132	170	212	265	335	80	100	125	160	200	250	315
		2.5	140	180	224	280	355	85	106	132	170	212	265	335
22.4	45	1	106	132	170	212	—	63	80	100	125	160	200	250
		1.5	125	160	200	250	315	75	95	118	150	190	236	300
		2	140	180	224	280	355	85	106	132	170	212	265	335
		3	170	212	265	335	425	100	125	160	200	250	315	400
		3.5	180	224	280	355	450	106	132	170	212	265	335	425
		4	190	236	300	375	475	112	140	180	224	280	355	450
		4.5	200	250	315	400	500	118	150	190	236	300	375	475

2．基本偏差

内外螺纹公差带的位置如图 5-7 所示。对于内螺纹，基本偏差为下极限偏差 EI；对于外螺纹，基本偏差为上极限偏差 es。

在普通螺纹国家标准中，对内螺纹规定了两种公差带位置，其基本偏差分别为 G、H，如图 5-7（a）和图 5-7（b）所示；对外螺纹规定了四种公差带位置，其基本偏差分别为 e、f、g、h，如图 5-7（c）和图 5-7（d）所示。各种基本偏差的数值如表 5-3 所示，其中，H、h 的基本偏差为零，G 的基本偏差为正值，e、f、g 的基本偏差为负值。选择基本偏差主要依据螺纹表面涂镀层的厚度及螺纹件的装配间隙。

项目五　螺纹的公差配合与检测

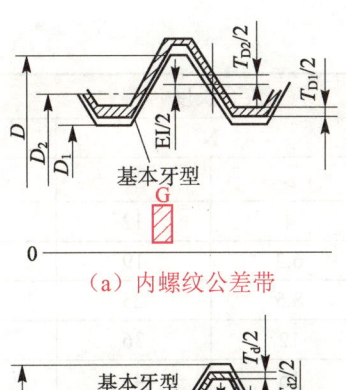

（a）内螺纹公差带

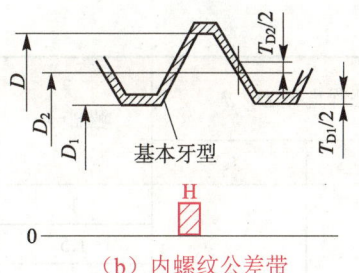

（b）内螺纹公差带

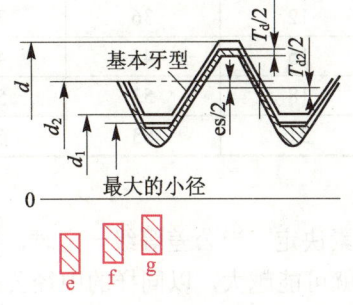

（c）外螺纹公差带

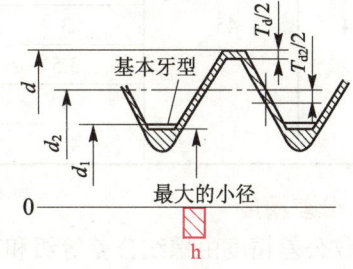

（d）外螺纹公差带

图 5-7　内、外螺纹公差带

二、普通螺纹旋合长度和公差精度

下面将主要介绍国家标准中对普通螺纹旋合长度和公差精度的规定。

1. 旋合长度

为满足普通螺纹不同使用性能的要求，国家标准将螺纹的旋合长度分为了短旋合长度组 S、中等旋合长度组 N 和长旋合长度组 L 三组，其值如表 5-5 所示。设计时，一般选择中等旋合长度组 N。

表 5-5　螺纹的旋合长度（摘自 GB/T 197—2018）　　　　　单位：mm

公称直径 D，d		螺距 P	旋合长度			
			S	N		L
>	≤		≤	>	≤	>
5.6	11.2	0.75	2.4	2.4	7.1	7.1
		1	3	3	9	9
		1.25	4	4	12	12
		1.5	5	5	15	15
11.2	22.4	1	3.8	3.8	11	11
		1.25	4.5	4.5	13	13
		1.5	5.6	5.6	16	16
		1.75	6	6	18	18
		2	8	8	24	24
		2.5	10	10	30	30

表 5-5（续）

公称直径 D, d		螺距 P	旋合长度			
			S	N		L
>	≤		≤	>	≤	>
22.4	45	1	4	4	12	12
		1.5	6.3	6.3	19	19
		2	8.5	8.5	25	25
		3	12	12	36	36
		3.5	15	15	45	45
		4	18	18	53	53
		4.5	21	21	63	63

2. 公差精度

螺纹公差精度由螺纹公差等级和旋合长度两个因素决定。当公差等级一定时，旋合长度越长，加工时产生的累积螺距偏差和牙型半角偏差就可能越大，以同样的中径公差值加工就越困难。

螺纹公差精度等级的高低，反映螺纹加工的难易程度。国家标准根据使用场合的不同，规定了精密、中等和粗糙三种公差精度等级。其中，精密级主要用于精密螺纹；中等级主要用于一般用途螺纹；粗糙级主要用于制造螺纹有困难的场合，如在热轧棒料上和深盲孔内加工螺纹等。

实际选用时，还必须考虑螺纹的工作条件、尺寸大小、工艺结构及加工的难易程度等因素。例如，当螺纹承载较大，且为交变载荷或有较大振动时，应选用精密级；对于小直径螺纹，为保证连接强度，应提高其公差精度。

三、普通螺纹公差带与配合的选择

1. 公差带的选择

国家标准规定了内、外螺纹的推荐公差带，如表 5-6 和表 5-7 所示。除特殊情况外，不应选用标准规定以外的公差带。如果不知道螺纹旋合长度的实际值（如标准螺栓），国家标准推荐按中等旋合长度组 N 选取螺纹公差带。

表 5-6 内螺纹的推荐公差带（摘自 GB/T 197—2018）

公差精度	公差带位置 G			公差带位置 H		
	S	N	L	S	N	L
精密	—	—	—	4N	5H	6H
中等	(5G)	**6G**	(7G)	**5H**	6H	**7H**
粗糙	—	(7G)	(8G)	—	7H	8H

项目五 螺纹的公差配合与检测

表 5-7 外螺纹的推荐公差带（摘自 GB/T 197—2018）

公差精度	公差带位置 e			公差带位置 f			公差带位置 g			公差带位置 h		
	S	N	L	S	N	L	S	N	L	S	N	L
精密	—	—	—	—	—	—	—	(4g)	(5g4g)	(3h4h)	**4h**	(5h4h)
中等	—	**6e**	(7e6e)	—	**6f**	—	(5g6g)	6g	(7g6g)	(5h6h)	6h	(7h6h)
粗糙	—	(8e)	(9e8e)	—	—	—	—	8g	(9g8g)	—	—	—

公差带的优先选用顺序为：黑字体公差带、一般字体公差带、括号内公差带。带方框的黑字体公差带用于大量生产的紧固件螺纹。

2. 配合的选择

从原则上讲，表 5-6 所示内螺纹公差带能与表 5-7 所示外螺纹公差带形成任意组合。但为了保证内、外螺纹间有足够的螺纹接触高度，国家标准推荐完工后的螺纹零件应优先组成 H/g、H/h 或 G/h 配合。对公称直径小于和等于 1.4 mm 的螺纹，应选用 5H/6h、4H/6h 或更精密的配合。

四、普通螺纹的表面粗糙度

普通螺纹的牙侧表面粗糙度，主要按用途和中径公差等级来确定，如表 5-8 所示。

表 5-8 普通螺纹牙侧表面粗糙度

工件	中径公差等级		
	4、5	6、7	7～9
	$Ra/\mu m$		
螺栓、螺钉、螺母	≤1.6	≤3.2	3.2～6.3
轴及套上的螺纹	0.8～1.6	≤1.6	≤3.2

五、普通螺纹标记

完整的螺纹标记由螺纹特征代号、尺寸代号、公差带代号及其他有必要进一步说明的个别信息组成。

1. 特征代号

普通螺纹的特征代号用字母"M"表示。

2. 尺寸代号

单线螺纹的尺寸代号为"公称直径×螺距"，公称直径和螺距数值的单位为毫米（mm）。对于粗牙螺纹，可以省略标注其螺距项。例如，公称直径为 8 mm、螺距为 1 mm 的单线细牙螺纹标记为 M8×1；公称直径为 8 mm、螺距为 1.25 mm 的单线粗牙螺纹标记为 M8。

多线螺纹的尺寸代号为"公称直径×Ph（导程）P（螺距）"，公称直径、导程和螺距数值的单位为毫米（mm）。如果要进一步表明螺纹的线数，可在后面增加括号说明（使用英语进行说明，如双线为 two starts，三线为 three starts）。例如，公称直径为 16 mm、螺距为 1.5 mm、导程为 3 mm 的双线螺纹标记为 M16×Ph3P1.5 或 M16×Ph3P1.5（two starts）。

3. 公差带代号

普通螺纹的公差带代号包含中径公差带代号和顶径公差带代号。中径公差带代号在前，顶径公差带代号在后。各直径的公差带代号由表示公差等级的数值和表示公差带位置的字母（内螺纹用大写字母；外螺纹用小写字母）组成。如果中径公差带代号和顶径公差带代号相同，则应只标注一个公差带代号。螺纹尺寸代号与公差带间用"—"号分开。

例如，公称直径为 10 mm、中径公差带为 5g、顶径公差带为 6g 的粗牙外螺纹标记为 M10—5g6g；公称直径为 10 mm、中径公差带和顶径公差带都为 6H 的粗牙内螺纹标记为 M10—6H。

表示内、外螺纹配合时，内螺纹公差带代号在前，外螺纹公差带代号在后，中间用斜线分开。例如，公差带为 6H 的内螺纹与公差带为 5g6g 的外螺纹组成的配合标记为 M20×2—6H/5g6g。

4. 旋合长度和旋向代号

对短旋合长度组和长旋合长度组的螺纹，应在公差带代号后分别标注"S"和"L"代号。旋合长度代号与公差带间用"—"分开，如短旋合长度的内螺纹 M20×2—5H—S、长旋合长度的外螺纹 M6—7g6g—L。中等旋合长度组螺纹不标注旋合长度代号 N。

对于左旋螺纹，应在旋合长度代号之后标注"LH"代号。旋合长度代号与旋向代号间用"—"分开，如左旋螺纹 M6×0.75—5h6h—S—LH。右旋螺纹不标注旋向代号。

任务实施

（1）将学生分为若干小组，老师给每个小组一个普通螺纹标记（如 M20×2—6H/5g6g），让各小组学生分工查表确定内、外螺纹的大径、小径和中径及其极限偏差。

（2）将结果记录在表 5-9 中。

扫一扫
码上学——参考答案

表 5-9 内、外螺纹的极限偏差　　　　　单位：mm

参数	基本尺寸	内螺纹		外螺纹	
		上极限偏差	下极限偏差	上极限偏差	下极限偏差
大径					
小径					
中径					

项目五　螺纹的公差配合与检测

拓展阅读

大国重器生产线上的一枚"极致"螺丝钉

赵晶,年纪不大却拥有中国兵器关键技能带头人、国家级数控车工技能大师、全国技术能手、全国青年岗位能手、2020年度全国三八红旗手标兵等众多荣誉称号。我国很多作战装备的零件上,都凝结着她的智慧与汗水。

2003年,刚满20岁的赵晶从包头职业技术学院毕业后,被分配到中国兵器工业集团内蒙古第一机械集团有限公司第四分公司。赵晶所学的专业是数控车床,但当时公司车间里只有普通车床。

"我就从最基础的磨刀学起,"赵晶说,"只有先把车床刀具加工好,才能加工出各种各样的零件。"很快,领导看她勤学肯干,便把她安排到车间关键岗位。她牢牢把握住这一机会,每日刻苦钻研、磨炼技艺。

后来厂里添置了几台高精度数控机床,其中大部分是从国外进口。但问题又来了,设备虽好,但厂里无人会用,赵晶想啃下这块"硬骨头"。可在当时除了外文设备说明书,几乎没有其他参考资料,赵晶在无人指导、没有资料可借鉴的情况下,凭着过往积累的加工技术和进取心,查阅了大量资料,仅用3个月的时间,就掌握了该进口机床的操作要领,进而成为厂里的技能骨干。

赵晶凭借着勤于思考、勇于创新、敢于实践的精神,练就了薄壁加工和轴套类零部件高精度加工的绝活。她独创的"一位双刀套类零件操作法",可以在保证零件设计精度的同时,将产品合格率提高到100%。

凭借绝活,赵晶先后攻克了30余个型号、数百种零件的加工难题。她的《一种锻造用压力机通用框架》《一种多拐曲轴角向位检验工具》等项目获得国家专利授权。"身处大国重器的制造一线,我必须要用极致的态度对待自己的工作,刻苦钻研、精益求精。"

在众多成绩和荣誉面前,赵晶不骄不躁,她说:"我只是一名一线工人,没有单位提供的干事创业平台,没有组织的精心教育和培养,就没有今天的我。"

公司在发展,赵晶也在不断进步,但她的初心和决心始终不变。"今后,我将继续发挥自己的技术优势,立足本职、保持本色,一步一个脚印,用精益求精的工匠精神,言传身教的实际行动,继续耕耘,为祖国的兵工事业奉献青春。"她说。

（资料来源：https://baijiahao.baidu.com/s?id=1696883752389642734&wfr=spider&for=pc,有改动）

任务三　普通螺纹的检测

任务引入

小刘在车间跟着王师傅学习。某天，车间新生产了一批螺栓、螺母，王师傅随机选取了一些零件，让小刘检测是否合格。但小刘只是把螺母拧到螺栓上便完成了检测。王师傅看到后，便指出了小刘的问题并讲述了正确的检测方法。下面我们一起来学习如何进行普通螺纹的检测吧。

相关知识

普通螺纹的检测可分为综合检验和单项测量两类。

一、综合检验

综合检验的目的是检验螺纹各参数偏差的综合结果是否符合螺纹的使用性能要求。对螺纹进行综合检验的仪器有光滑极限量规和螺纹量规，它们都是由通规（通端）和止规（止端）组成的。其中，光滑极限量规用于检验内、外螺纹顶径的合格性；螺纹量规的通规用于检验内、外螺纹的作用中径及底径的合格性，螺纹量规的止规用于检验内、外螺纹单一中径的合格性。

码上学——普通螺纹的检测

检验内螺纹的螺纹量规称为螺纹塞规，检验外螺纹的螺纹量规称为螺纹环规，如图5-8所示。

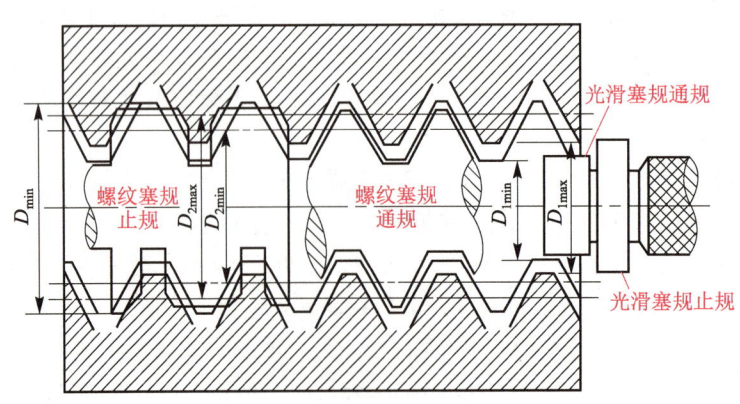

（a）螺纹塞规

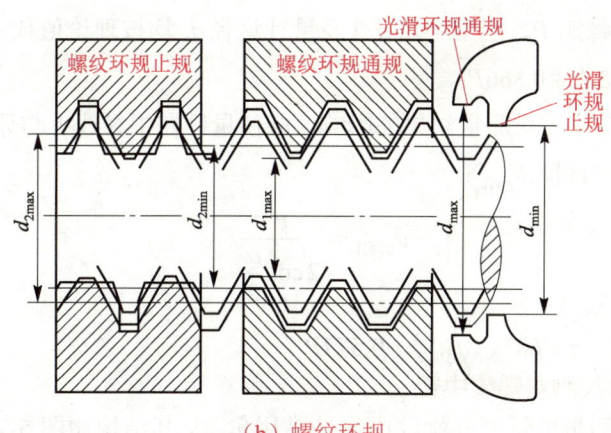

（b）螺纹环规

图 5-8　螺纹量规

根据螺纹中径合格性的判断原则，螺纹量规的通规和止规在螺纹长度和牙型上的结构特征是不同的。

螺纹通规主要用于检验作用中径，使其不得超出最大实体牙型中径（同时控制螺纹的底径），它应该具有完整的牙型，且其螺纹长度至少要等于螺纹工件旋合长度的80%。当螺纹通规可以和螺纹工件自由旋合时，表示螺纹工件的作用中径没有其超出最大实体牙型中径。

螺纹止规只控制螺纹的实际中径不超出其最小实体牙型中径。为了消除螺距偏差和牙型半角偏差的影响，其牙型应做成截短牙型，且螺纹长度只有2～3.5牙。当螺纹止规不能旋合或不完全旋合时，表示螺纹的实际中径没有超出其最小实体牙型中径。

如果螺纹通规能自由旋过工件，螺纹止规不能旋入工件（或旋入工件不超过两圈），则表示工件合格；否则不合格。

二、单项测量

单项测量是指分别测量螺纹的各个参数，主要包括中径、螺距和牙型半角，其次包括顶径和底径，有时还需测量牙底的形状。单项测量主要用于螺纹工件的工艺分析或螺纹量规和螺纹刀具的质量检查。

单项测量的方法很多，下面将主要介绍用三针法测量螺纹中径和用螺纹千分尺测量螺纹中径。

1. 用三针法测量螺纹中径

三针法主要用于测量精密外螺纹（如螺纹塞规、丝杠等）的中径 d_2，如图5-9所示。测量时，将三根直径相等的精密量针放在被测螺纹沟槽中，用光学或机械量仪测出针距 M。然后根据被测螺纹已知的螺距 P、牙型半角 $\alpha/2$ 及量针直径 d_0，按下式计算螺纹中径的实际尺寸 d_2：

$$d_2 = M - d_0\left(1 + \frac{1}{\sin\dfrac{\alpha}{2}}\right) + \frac{P}{2}\cot\frac{\alpha}{2} \qquad (5\text{-}8)$$

式（5-8）中，螺距 P、牙型半角 $\alpha/2$ 及量针直径 d_0 均按理论值代入。对于普通螺纹，$\alpha = 60°$、$d_2 = M - 3d_0 + 0.866P$。

为消除牙型半角偏差对测量结果的影响，应使量针在中径线上与牙侧接触，此时的量针直径称为量针最佳直径 $d_{0最佳}$。

$$d_{0最佳} = \frac{P}{2\cos\frac{\alpha}{2}} \qquad (5-9)$$

对于普通螺纹，$\alpha = 60°$、$d_{0最佳} = 0.577P$。

2. 用螺纹千分尺测量螺纹中径

螺纹千分尺是测量低精度外螺纹中径的常用量具，其结构如图 5-10 所示。可以看出，螺纹千分尺的结构与外径千分尺基本相同，只是在测杆和砧座上装有可换侧头（见图 5-10 中侧头 1 和侧头 2）。侧头是成对配套的，它们被做成与螺纹牙型相吻合的形状。其中，一个为 V 形侧头，与螺纹牙型凸起部位相吻合；另一个为圆锥形侧头，与螺纹牙型沟槽部位相吻合。测量时，在螺纹千分尺上可直接读出被测螺纹中径的实际尺寸。

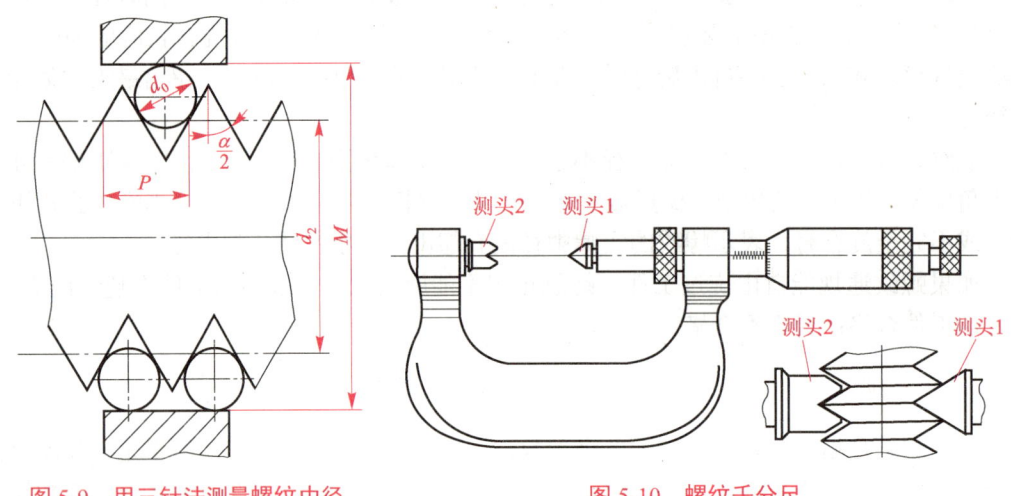

图 5-9　用三针法测量螺纹中径　　　图 5-10　螺纹千分尺

任务实施

（1）老师给出一些零件，确定需要测量的螺纹中径。将学生分为若干小组，各小组根据老师分配的任务，练习用螺旋千分尺测量螺纹中径。螺纹千分尺测量螺纹中径的方法如下。

① 根据被测螺纹的螺距，选取合适的侧头，将侧头准确牢靠地分别插入螺纹千分尺的测杆和砧座孔内，并校对螺纹千分尺的"0"位。

② 将被测螺纹擦净，放入两侧头之间，找正中径的位置。

③ 分别在同一个截面相互垂直的两个方向上测量螺纹中径，取它们的平均值作为螺纹的中径。

（2）将测量数据填入表 5-10 中，比较螺纹中径实际值与公差值，得出合格性结论。

表 5-10　螺纹中径的测量结果

项　目	实　测		
	1	2	3
截面一			
截面二			
中径实际值			
结　论			

拓展阅读

奋斗的青春最美丽

王敏是秦川机床工具集团股份公司液压车间加工中心的一名操作工。2007 年参加工作时，他虽然才二十岁，但工作认真，善于学习。在十几年的工作中，他追求"专、精、尖"，用钻研的劲头攻克一个个难题，团结并带领周围的青年同事为企业高质量发展贡献智慧和力量。

在变速箱关键零件摆线泵生产中，王敏自制工装夹具，对废旧三爪卡盘进行改造利用，改进了机床及液压自动夹具，并调整设备程序参数，有效提高了生产效率，使月产量达到 20 000 台，超额完成了目标任务，为公司全年生产目标的实现做出了积极贡献。

在加工液压密封类斜锥管螺纹时，王敏大胆尝试新技术、新工艺、新方法，用新技术铣削螺纹代替传统的机用攻螺纹，既提高了加工效率又保证了加工质量。该方法不但降低了成本、减少了螺纹毛刺，还提高了螺纹的表面加工质量。在某齿轮泵关键零件齿圈加工时，他积极与技术人员探讨，选用特种刀具加工，改进多项加工工艺，通过采用螺旋式进刀方式，使单工序加工时长从 58 min 降低到 8 min，既保证了合格率，又提高了效率、节约了成本。

公司液压车间青年职工多，大部分是 80 后、90 后。王敏作为车间的团支部书记，带领青年职工开展技能训练，手把手指导，耐心解答他们的疑问，使大家的技能水平得到了显著提高，为企业培养出一批年轻的生产中坚力量。王敏也因此先后获得集团公司优秀员工、最美青年、宝鸡市青年岗位能手等荣誉称号和宝鸡市五一劳动奖章。

（资料来源：http://bjrb.joyhua.cn/bjrb/20210817/html/content_20210817005001.htm，有改动）

思考与练习

一、填空题

1. 按结合性质和使用要求不同，螺纹可分为_____、_____和_____三类。

2. 普通螺纹的基本牙型是在通过_____的剖面上，将高度为 H 的原始等边三角形顶部截去_____和底部截去_____后形成的内、外螺纹共有的理论牙型。基本牙型上的尺寸为螺纹的_____。

3. 大径是指与内螺纹_____或与外螺纹_____相切的假想_____的直径。普通螺纹大径的基本尺寸为螺纹的_____尺寸。

4. 影响螺纹互换性的主要几何参数是_____、_____和_____。

5. 普通螺纹公差带以_____为零线，沿着螺纹牙型的_____、_____和_____分布，并在垂直于_____的方向上计量。

6. 螺纹公差精度由螺纹_____和_____两个因素决定，它可分为_____、_____和_____三个等级。

7. 普通螺纹的检测方法可分为_____和_____两类。

二、选择题

1. 普通螺纹连接的主要要求是（　　）。
   A．旋合性　　　　　　　　B．密封性
   C．传动比恒定　　　　　　D．连接可靠性

2. 普通螺纹的中径公差可以限制（　　）。
   A．单一中径偏差　　　　　B．累积螺距偏差
   C．牙型半角偏差　　　　　D．大径偏差

3. 下列关于底径的描述正确的是（　　）。
   A．其尺寸由刀具保证　　　B．底径为大径
   C．国家标准没有规定底径公差　　D．国家标准规定了底径公差

4. 设计螺纹时，旋合长度一般选择（　　）。
   A．短旋合长度组 S　　　　B．中等旋合长度组 N
   C．长旋合长度组 L　　　　D．以上三者都不是

5. 关于标记 M10×1－5g6g 的说法正确的是（　　）。
   A．此螺纹为内螺纹　　　　B．螺距为 1 mm
   C．此螺纹为粗牙螺纹　　　D．顶径公差带为 5g

三、判断题

1. 当螺距无偏差时，单一中径与中径相等。　　　　　　　　　　　　　　（　　）

2．螺纹中径是衡量螺纹互换性的主要参数。（ ）

3．在热轧棒料上和深盲孔内加工螺纹时的公差精度一般为中等精度。（ ）

4．选择公差带时，如果不知道螺纹旋合长度的实际值，国家标准推荐按长旋合长度组 L 选取螺纹公差带。（ ）

5．螺纹公差带代号的标记中，顶径公差带代号在前，中径公差带代号在后。（ ）

四、问答题

1．什么是螺纹的作用中径？如何判断螺纹中径的合格性？

2．某普通螺纹 M24×2－6H，加工后，测得实际中径 D_{2a} = 22.785 mm，累积螺距偏差 ΔP_Σ = 30 μm，实际牙型半角 $\alpha_1/2$ = 30°35′，$\alpha_2/2$ = 30°25′，试确定此螺纹的中径是否合格。

3．某普通螺纹 M18×2－6g，试查表确定此螺纹的大径、小径和中径的极限偏差。

4．解释下列标记的含义。

（1）M30×2－5g6g　　　（2）M20×2LH－5H－L　　　（3）M16×Ph3P1.5

项目六　滚动轴承的公差与配合

项目导读

滚动轴承是机械制造业中应用极为广泛的标准件之一。例如，旱冰鞋、转椅、防盗门及各种旋转的机器中均有滚动轴承。为了实现滚动轴承及其相配件的互换性，正确进行滚动轴承的公差与配合设计，我国颁布了 GB/T 307.1—2017、GB/T 307.3—2017、GB/T 275—2015 等国家标准。

项目目标

- 了解滚动轴承的组成及分类
- 掌握滚动轴承的公差等级及应用
- 掌握滚动轴承及轴、外壳孔的公差带
- 掌握滚动轴承与轴、外壳配合的选择

技能目标

- 会选用滚动轴承的公差等级
- 会选用滚动轴承的配合

素质目标

- 树立勤奋踏实、拼搏进取、勇于担当的奋斗精神
- 培育崇尚技艺、求实创新的职业品质

项目六 滚动轴承的公差与配合

任务一 滚动轴承的公差及公差带

任务引入

据统计，在使用滚动轴承的旋转机械中，大约有30%的机械故障都是由滚动轴承引起的。由此可见，滚动轴承是旋转机械中的重要零件，其运行状态是否正常往往直接影响着整台机器的性能，如可靠性、精度、寿命等。若要让滚动轴承运转良好，则首先必须有良好的配合。下面我们一起来学习滚动轴承配合的相关知识吧。

相关知识

一、概述

如图6-1所示，滚动轴承由内圈、外圈、滚动体和保持架组成。其中，内圈与轴装配；外圈与外壳孔装配；滚动体承受载荷并形成滚动摩擦；保持架将轴承内的滚动体均匀分开，使其轮流承受相等的载荷，并保证滚动体在轴承内、外滚道间正常滚动。与滑动轴承相比，滚动轴承具有摩擦力小、消耗功率少、润滑简单、更换方便等优点。

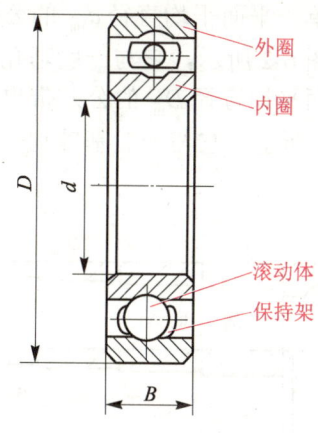

图6-1 滚动轴承

滚动轴承按其所承受的载荷方向不同,可分为向心轴承和推力轴承;按滚动体的种类不同,可分为球轴承和滚子轴承。

滚动轴承的工作性能和寿命,既取决于轴承本身的制造精度,也与配合件(轴和外壳)的尺寸精度、几何精度和表面粗糙度有关。

二、滚动轴承的公差等级及其应用

滚动轴承是按尺寸公差和旋转精度分级的。其中,尺寸公差是指轴承的内径 d、外径 D、宽度 B 等的公差;旋转精度是指轴承内、外圈做相对转动时跳动的程度,包括内、外圈的径向圆跳动,端面对滚道的跳动,端面对内孔的跳动等。

国家标准 GB/T 307.3—2017 规定,向心轴承(圆锥滚子轴承除外)分为普通、6、5、4、2 五级,圆锥滚子轴承分为普通、6X、5、4、2 五级;推力轴承分为普通、6、5、4 四级。公差等级依次由低到高排列,普通级最低,2 级最高。

滚动轴承各公差等级的应用情况如下。

普通级广泛用于低、中转速和旋转精度要求不高的旋转机构中,如普通机床的变速机构、进给机构,拖拉机的变速机构,水泵及农业机械等通用机械的旋转机构等。

6 级、6X 级和 5 级多用于转速较高或旋转精度要求较高的旋转机构中,如普通机床主轴轴系(前支承采用 5 级,后支承采用 6 级),比较精密的仪器、仪表的旋转机构等。

4 级多用于转速很高或旋转精度要求很高的旋转机构中,如高精度磨床和车床的主轴轴承等。

2 级多用于精密机械的旋转机构中,如精密坐标镗床的主轴轴承等。

三、滚动轴承的公差带

滚动轴承为标准件,它与其他零件组成配合时,都是以滚动轴承为配合基准件来选择基准制的,即滚动轴承内圈内径与轴的配合采用基孔制,滚动轴承外圈外径与外壳孔的配合采用基轴制。

国家标准规定,轴承内圈单一平面平均直径 d_{mp} 的公差带位于零线下方,上极限偏差为零,下极限偏差为负,如图 6-2 所示,它与一般基孔制公差带的分布位置相反,公差值也不同;轴承外圈单一平面平均直径 D_{mp} 的公差带也位于零线下方,上极限偏差为零,下极限偏差为负,如图 6-2 所示,它与一般基轴制公差带的分布位置相同,但公差值不同。

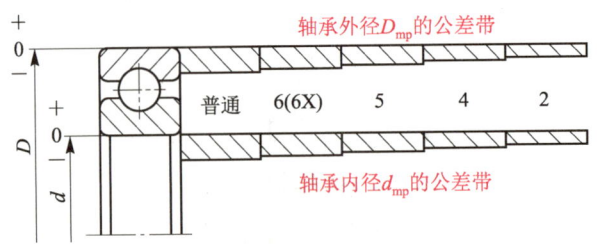

图 6-2 滚动轴承内径、外径公差带

多数情况下，轴承内圈与轴一起旋转，内圈与轴之间必须具有一定的过盈，但过盈量不宜过大，以防止内圈应力过大而产生较大的变形。轴承的内、外圈都是薄壁零件，在制造和自由状态下都易变形，但在装配后也很容易得到校正。根据这些特点，国家标准中不仅规定了两种尺寸公差，还规定了两种形状公差。其目的是控制轴承的变形程度、轴承与轴和外壳孔配合的尺寸精度。

- **两种尺寸公差**：轴承单一内径 d_s 与外径 D_s 的偏差（Δd_s、ΔD_s）；轴承单一平面平均内径 d_{mp} 与外径 D_{mp} 的偏差（Δd_{mp}、ΔD_{mp}）。

- **两种形状公差**：轴承单一平面内单一内径 d_s 与外径 D_s 的变动量（V_{dsp}、V_{Dsp}）；轴承平均内径与外径的变动量（V_{dmp}、V_{Dmp}）。

提 示

公称内径（外径）是指包容基本圆柱孔（圆柱外表面）理论表面的圆柱体的直径。

单一内径（外径）是指与实际内孔表面（外表面）和一径向平面的交线相切的两平行切线间的距离。

单一内径（外径）偏差是指基本圆柱孔（外表面）的单一内径（外径）与公称内径（外径）之差。

单一平面平均内径（外径）是指单一径向平面内，最大与最小单一内径（单一外径）的算术平均值。

单一平面平均内径（外径）偏差是指单一径向平面内，基本圆柱孔（外表面）的平均内径（外径）与公称内径（外径）之差。

单一平面内单一内径（外径）的变动量是指单一径向平面内，最大与最小单一内径（单一外径）之差。

平均内径（外径）变动量是指具有基本圆柱孔（外表面）的单个套圈或垫圈的最大与最小单一平面平均内径（平均外径）之差。

对于同一内径的轴承，使用场合不同，其所承受的载荷大小和寿命极限不同。因此，必须使用直径大小不同的滚动体，从而使轴承的外径和宽度随之变化，这种内径相同而外径不同的结构变化称为直径系列。

四、轴和外壳孔的公差带

滚动轴承内圈内径与轴的配合采用基孔制，滚动轴承外圈外径与外壳孔的配合采用基轴制。国家标准 GB/T 275—2015 规定了 17 种与滚动轴承配合的轴公差带，16 种与滚动轴承配合的外壳孔公差带，如图 6-3 所示。

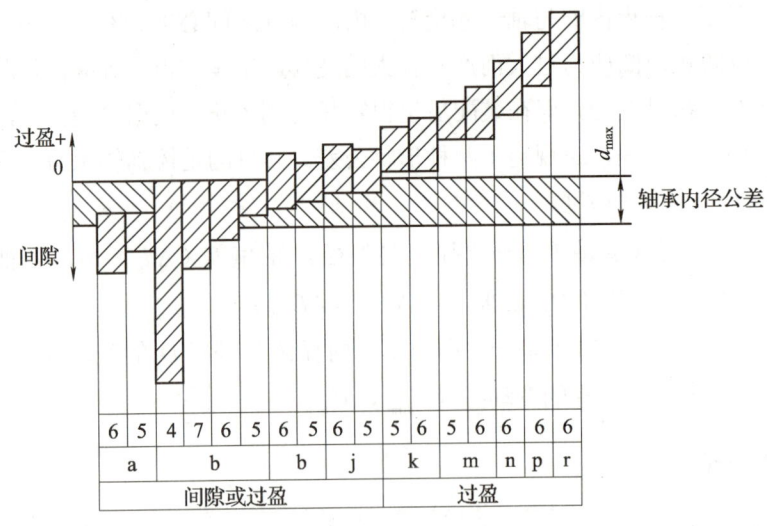

（a）与滚动轴承配合的轴公差带

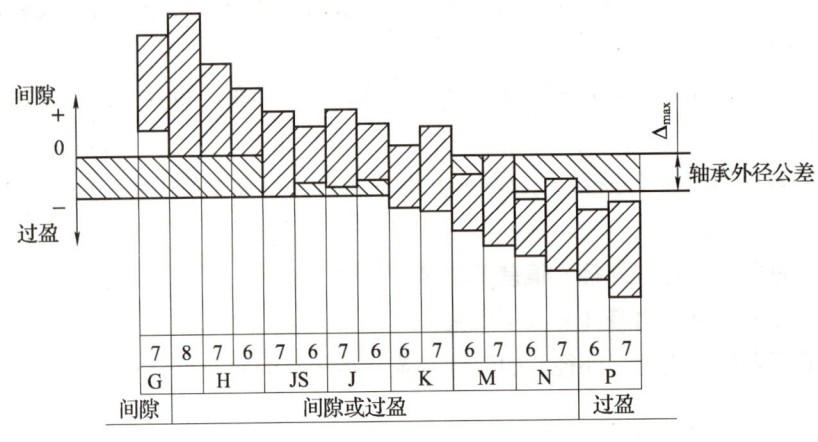

（b）与滚动轴承配合的外壳孔公差带

图 6-3　与滚动轴承配合的轴、外壳孔公差带

点　拨

轴承内圈与轴的配合虽然属于基孔制，但由于轴承内径的公差带均采用上极限偏差为零、下极限偏差为负的向下单向分布，所以轴承内圈与轴的配合比按一般基孔制形成的配合紧一些。

上述公差带只适用于对轴承的旋转精度、运转平稳性和工作温度无特殊要求，轴为实心轴或厚壁钢制轴，外壳为铸钢或铸铁制件的场合。

任务实施

（1）将学生分为若干小组，各小组列举一些机械设备，并说明这些机械设备的公差等级。

（2）小组成员将结果与分析过程以报告形式提交给老师。

拓展阅读

高端轴承撑起中国制造

这是一个飞速旋转的世界。从汽车到高铁再到飞机，它们都有一个共同的"灵魂"——轴承。而用于制造轴承所需的轴承钢，被誉为"钢中之王"，其服役条件十分严苛，使用性能要求极高，是生产难度最大、产品质量要求最严、检验项目最多的特种钢之一。

如今，曾经被发达国家垄断的高端轴承钢，早已被中信泰富特钢集团江阴兴澄特种钢铁有限公司（简称兴澄特钢）所攻克。兴澄特钢自主研发的新型轴承钢，在最重要的疲劳性指标上，实现国际领先。

上世纪90年代初，兴澄特钢还是一个装备简陋、管理粗放，年产量不满20万吨的地方性普钢小厂。1993年与中信泰富公司合资办厂后，兴澄特钢就把发展方向定位于生产全球最优质的轴承钢。

轴承钢是钢铁生产中要求最严的钢种之一。它对化学成分的均匀性、非金属夹杂物的含量和分布、碳化物的分布等要求都非常高。

"多年来，我们下定决心依托科技创新，坚定不移走精品特钢发展路线，当其他企业根据市场利润在特钢和普钢之间徘徊反复时，兴澄特钢始终如一，终于闯出一条具有自己特色的特钢之路。"中信泰富特钢集团兴澄特钢总经理李国忠说。

可以说，当时研发高端轴承钢，对于兴澄特钢来说，不是一件容易的事。用兴澄科研人员的话来说，"国际上一些能够生产高端轴承钢的企业，对中国企业技术封锁，我们开始也走了不少弯路。"

正是凭借研发实力和不断提升产品品质，兴澄特钢经历了普转优、优转特、特转精的不断升级。2018年，中信泰富特钢集团营业收入超千亿元。未来，兴澄特钢更志在与更多的中国企业共同实现轴承领域从基础材料到工业应用的产业链技术整体提升，让中国制造傲立全世界。

（资料来源：https://baijiahao.baidu.com/s?id=1631021893211008340&wfr=spider&for=pc，有改动）

任务二 滚动轴承的配合及选择

任务引入

某齿轮减速器出现了故障，便交由车间李师傅进行维修。李师傅拆开减速器后发现有一个滚动轴承坏了，于是他让小赵去零件库里拿一个同一型号的滚动轴承。小赵看到零件库里的三个货架都摆着各式各样的滚动轴承，他觉得找起来太麻烦便随手拿了一个差不多的交给了李师傅。

李师傅拿到滚动轴承后发现型号不一样，便让小赵重新去拿，并教导小赵对待工作要一丝不苟，不能马虎。事后李师傅告诉小赵所有的滚动轴承都是严格按照配合要求选用的，必须找同一型号的替换，否则极易出现故障，严重的还会造成巨大的经济损失。

那么，滚动轴承的配合是如何选择的呢？

相关知识

一、滚动轴承配合的选择原则

选择滚动轴承配合时，应综合考虑作用在轴承上的载荷类型及载荷大小、轴承尺寸、轴承游隙、工作温度、旋转精度及其他因素。

1. 载荷类型

轴承运转时，根据作用于轴承上的合成径向载荷相对于轴承套圈的旋转情况，轴承所受载荷可分为固定载荷、旋转载荷和方向不定载荷三类，如图6-4所示。

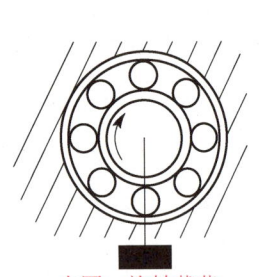
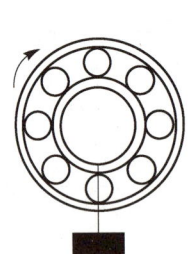
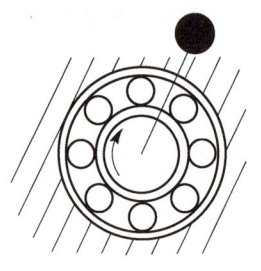

内圈：旋转载荷　　内圈：固定载荷　　内圈：旋转载荷　　内圈：方向不定载荷
外圈：固定载荷　　外圈：旋转载荷　　外圈：方向不定载荷　外圈：旋转载荷
　　(a)　　　　　　　(b)　　　　　　　(c)　　　　　　　(d)

图6-4　轴承套圈所受载荷类型

1) 固定载荷

固定载荷是指作用于轴承上的合成径向载荷与套圈相对静止，即合成径向载荷方向始终不变地作用于套圈滚道的局部区域上，如图6-4（a）和图6-4（b）所示。

承受固定载荷的轴承套圈与轴或外壳孔的配合，应选较松的过渡配合或较小的间隙配合,以便让套圈滚道间的摩擦力矩带动套圈转位,使套圈受力均匀,延长轴承的使用寿命。

2) 旋转载荷

旋转载荷是指作用于轴承上的合成径向载荷与套圈相对旋转,即合成径向载荷方向顺次作用于套圈滚道的整个圆周上,如图6-4所示。

承受旋转载荷的轴承套圈与轴或外壳孔的配合,应选过盈配合或较紧的过渡配合,以防止套圈在轴或外壳孔的配合表面上打滑,使配合表面发生磨损。其过盈量的大小,以不使轴承套圈与轴或外壳孔的配合表面间产生爬行现象为原则。

3) 方向不定载荷

方向不定载荷是指作用于轴承上的合成径向载荷与所承载的套圈在一定区域内相对摆动,即合成载荷向量连续摆动地作用在套圈的部分圆周上,如图6-4(c)和图6-4(d)所示。此时的合成载荷向量为定向载荷 F_0 和旋转载荷 F_1 的矢量和。

承受方向不定载荷的轴承套圈,其配合要求与承受旋转载荷时相同或略松一些。

2. 载荷大小

载荷的大小可用径向当量动载荷 P_r 与径向额定动载荷 C_r 的比值来区分,当 $P_r/C_r \leqslant 0.06$ 时,称为轻载荷;当 $0.06 < P_r/C_r \leqslant 0.12$ 时,称为正常载荷;当 $P_r/C_r > 0.12$ 时,称为重载荷。

轴承在承受重载荷和冲击载荷时,套圈容易产生变形,使配合面受力不均匀,导致配合松动,因此载荷越大,过盈量应越大;承受冲击载荷应选用比承受平稳载荷较紧的配合。

3. 轴承尺寸

随着轴承尺寸的增大,选择过盈配合的过盈量应越大或间隙配合的间隙量应越大。

4. 轴承游隙

选择轴承游隙时,应考虑因配合性质、工作载荷、轴承内外圈温度差等因素变化所引起的游隙变化,以检验安装后轴承的游隙是否满足使用要求。例如,采用过盈配合会导致轴承游隙减小,若轴承的两个套圈之一必须采用过盈配合,则应选择较大的轴承游隙。

5. 工作温度

轴承工作时,由于摩擦发热和其他热源的影响,轴承套圈的温度经常高于其相配合零件的温度。热膨胀会使轴承内圈与轴的配合变松,使轴承外圈与外壳孔的配合变紧。因此,轴承的工作温度较高时,应对选用的配合进行适当修正。

6. 旋转精度

对旋转精度和运转平稳性有较高要求的场合,一般不采用间隙配合。在提高轴承公差等级的同时,轴承配合部位也应相应提高精度。

7. 其他因素

空心轴比实心轴、薄壁外壳比厚壁外壳、轻合金外壳比钢或铸铁外壳采用的轴承配合要紧一些;剖分式外壳比整体式外壳采用的配合要松一些,以免过盈将轴承外圈夹扁,其至将轴卡住。紧于 k7（包括 k7）的配合或外壳孔的标准公差等级小于 IT6 时，应选用整体式外壳。

为了便于安装和拆卸，特别对于重型机械，应采用较松的配合。当既要求可拆卸，又要求采用较紧的配合时，可采用分离轴承或锥孔轴承。

当轴承的内圈或外圈能够沿轴向游动时，内圈与轴或外圈与外壳孔的配合应选较松的配合。

二、滚动轴承配合的选择方法

滚动轴承与轴和外壳孔的配合，通常综合考虑上述因素用类比法选择。如表 6-1 至表 6-4 所示为国家标准推荐的常用配合，可供选择时参考。

表 6-1　向心轴承和轴的配合——轴公差带（摘自 GB/T 275—2015）

载荷情况			圆柱孔轴承			公差带
		举例	深沟球轴承、调心球轴承和角接触球轴承	圆柱滚子轴承和圆锥滚子轴承	调心滚子轴承	
			轴承公称内径/mm			
内圈承受旋转载荷或方向不定载荷	轻载荷	输送机、轻载齿轮箱	≤18	—	—	h5
			>18～100	≤40	≤40	j6①
			>100～200	>40～140	>40～100	k6①
			—	>140～200	>100～200	m6①
	正常载荷	一般通用机械、电动机、泵、内燃机、正齿轮传动装置	≤18	—	—	j5、js5
			>18～100	≤40	≤40	k5②
			>100～140	>40～100	>40～65	m5②
			>140～200	>100～140	>65～100	m6
			>200～280	>140～200	>100～140	n6
			—	>200～400	>140～280	p6
			—	—	>280～500	r6
	重载荷	铁路机车车辆轴箱、牵引电机、破碎机等	>50～140	>50～100		n6
			>140～200	>100～140		p6③
			>200	>140～200		r6
			—	>200		r7
内圈承受固定载荷	所有载荷	内圈需在轴向易移动	非旋转轴上的各种轮子			f6
						g6
		内圈不需在轴向易移动	张紧轮、绳轮	所有尺寸		h6
						j6
仅有轴向载荷			所有尺寸			j6、js6

表 6-1（续）

	圆锥孔轴承			
所有载荷	铁路机车车辆轴箱	装在退卸套上	所有尺寸	h8（IT6）④⑤
	一般机械传动	装在紧定套上	所有尺寸	h9（IT7）④⑤

注：① 凡对精度有较高要求的场合，应用 j5、k5、m5 代替 j6、k6、m6。
② 圆锥滚子轴承、角接触球轴承配合对游隙影响不大，可用 k6、m6 代替 k5、m5。
③ 重载荷下轴承游隙应选大于 N 组。
④ 凡精度要求较高或转速要求较高的场合，应选用 h7（IT5）代替 h8（IT6）。
⑤ IT6、IT7 表示圆柱度公差数值。

表 6-2　向心轴承和轴承座孔的配合——孔公差带（摘自 GB/T 275—2015）

载荷情况		举例	其他状况	公差带①	
				球轴承	滚子轴承
外圈承受固定载荷	轻、正常、重	一般机械、铁路机车车辆轴箱	轴向易移动，可采用剖分式轴承座	H7、G7②	
	冲击		轴向能移动，可采用整体式或剖分式轴承座	J7、JS7	
方向不定载荷	轻、正常	电机、泵、曲轴主轴承			
	正常、重			K7	
	重、冲击	牵引电机		M7	
外圈承受旋转载荷	轻	皮带张紧轮	轴向不移动，采用整体式轴承座	J7	K7
	正常	轮毂轴承		M7	N7
	重			—	N7、P7

注：① 并列公差带随尺寸的增大从左至右选择。对旋转精度有较高要求时，可相应提高一个公差等级。
② 不适用于剖分式轴承座。

表 6-3　推力轴承和轴的配合——轴公差带（摘自 GB/T 275—2015）

载荷情况		轴承类型	轴承公称内径/mm	公差带
仅有轴向载荷		推力球和推力圆柱滚子轴承	所有尺寸	j6、js6
径向和轴向联合载荷	轴圈承受固定载荷	推力调心滚子轴承、推力角接触球轴承、推力圆锥滚子轴承	≤250	j6
			>250	js6
	轴圈承受旋转载荷或方向不定载荷		≤200	k6
			>200～400	m6
			>400	n6

注：要求较小过盈时，可分别用 j6、k6、m6 代替 k6、m6、n6。

表 6-4 推力轴承和轴承座孔的配合——孔公差带（摘自 GB/T 275—2015）

载荷情况		轴承类型	公差带
仅有轴向载荷		推力球轴承	H8
		推力圆柱、圆锥滚子轴承	H7
		推力调心滚子轴承	—[①]
径向和轴向联合载荷	座圈承受固定载荷	推力角接触球轴承、推力调心滚子轴承、推力圆锥滚子轴承	H7
	座圈承受旋转载荷或方向不定载荷		K7[②]
			M7[③]

注：① 轴承座孔与座圈间隙为 $0.001D$（D 为轴承公称外径）。
　　② 一般工作条件。
　　③ 有较大径向载荷时。

三、配合表面的其他技术要求

轴承与轴和轴承座孔的公差等级和配合性质确定后，为保证轴承正常工作，还应对轴及轴承座孔的几何公差和表面粗糙度提出要求。表 6-5 和表 6-6 所示为国家标准规定的轴和轴承座孔的几何公差及配合面的表面粗糙度，可供选择时参考。

表 6-5 轴和轴承座孔的几何公差（摘自 GB/T 275—2015）

公称尺寸/mm		圆柱度 t/μm				轴向圆跳动 t_1/μm			
		轴颈		轴承座孔		轴肩		轴承座孔肩	
		轴承公差等级							
>	≤	0	6（6X）	0	6（6X）	0	6（6X）	0	6（6X）
—	6	2.5	1.5	4	2.5	5	3	8	5
6	10	2.5	1.5	4	2.5	6	4	10	6
10	18	3	2	5	3	8	5	12	8
18	30	4	2.5	6	4	10	6	15	10
30	50	4	2.5	7	4	12	8	20	12
50	80	5	3	8	5	15	10	25	15
80	120	6	4	10	6	15	10	25	15
120	180	8	5	12	8	20	12	30	20
180	250	10	7	14	10	20	12	30	20
250	315	12	8	16	12	25	15	40	25
315	400	13	9	18	13	25	15	40	25
400	500	15	10	20	15	25	15	40	25

表 6-6　配合表面及端面的表面粗糙度（摘自 GB/T 275—2015）

轴或轴承座孔直径/mm		轴或轴承座孔配合表面直径公差等级					
		IT7		IT6		IT5	
		表面粗糙度 $Ra/\mu m$					
>	≤	磨	车	磨	车	磨	车
—	80	1.6	3.2	0.8	1.6	0.4	0.8
80	500	1.6	3.2	1.6	3.2	0.8	1.6
500	1 250	3.2	6.3	1.6	3.2	1.6	3.2
端面		3.2	6.3	6.3	6.3	6.3	3.2

任务实施

（1）将学生分为若干小组，各小组根据以下条件用类比法确定轴和轴承座孔的公差带代号，画出公差带图，并确定轴和轴承座的几何公差值及表面粗糙度。

> 某圆柱齿轮减速器，装有普通级向心角接触球轴承，轴承内圈随轴一起转动，外圈固定。轴承尺寸 $d \times D \times B = 50 \text{ mm} \times 110 \text{ mm} \times 27 \text{ mm}$，径向额定动载荷 $C_r = 32\ 000 \text{ N}$，轴承承受的径向当量动载荷 $P_r = 4\ 000 \text{ N}$。

码上学——参考答案

（2）将结果做成大字报，老师随机选取小组代表上台阐述分析过程。

拓展阅读

小轴承带动乡村振兴

河北馆陶轴承小镇马栏厂村隶属于馆陶县魏僧寨镇，是馆陶轴承发源地之一。

60 多岁的张殿友就是土生土长的马栏厂村人。用他自己的话说，从小到大没离开过村，在村建楼盖房。这么多年，不出村就能一直有活干，原因就是村里主打轴承，一直向前发展。

回首往事，张殿友感慨万千，早期轴承产业都为公有制企业管理，他在轴承厂是一名生产工人，当时厂里效益还不错，每个月除了能维持生计还有一些盈余。

改革开放政策出台以后，国有轴承企业改制、改革，建立现代企业制度，民营、合资、外资轴承企业纷纷涌现，张殿友的创业春天也跟着到来了，他摇身一变成为了老板，开办起了自己的工厂。

自家的小日子有滋有味，全村的势头也一浪高过一浪，张殿友说，像他这样的企业在马栏厂村还有七八家。全村 180 户，从事轴承加工的就有 160 户，吸纳劳动力 2 000 多名，生活可谓是芝麻开花节节高。

当地人没有满足于眼前的成绩，而是不断求新、求变、求突破。经过 30 多年的发展，马栏厂村的轴承从半成品到成品、微型到中型、低档到高档，各种型号轴承产品均可加工生产，已形成大中小企业与加工散户并存的较为完整的轴承加工工业体系，产业特色明显。

为了增加销售渠道，拓宽经营范围，2011 年由村内轴承企业家联合出资 2 700 万开始修建连接山东省的大桥。经过 5 年的不懈努力，大桥于 2016 年正式通行。这座大桥全程 1 460 多米，一边是轴承交易市场山东省烟店镇，另一边是微型轴承生产基地馆陶县魏僧寨镇。桥梁连接起了两省工业发展之路，也使马栏厂村打通了致富道路。

目前，村里在全国各大中小城市设立的销售门市和网点有 100 多处，规模较大的销售公司 26 家，产品辐射全国 20 多个省市，部分产品出口到越南、缅甸、印度、孟加拉国等周边国家。轴承产业真正改变了马栏厂村村民的生活。

产业兴旺、生活富裕的马栏厂村，为改善村民生活环境，从 2015 年 8 月开始建设美丽乡村。漫步村中，粉墙黛瓦的小镇，分外整齐大方。结合村庄特色，村内的墙上绘制了从轴承制作的原始作坊到现代化作坊的演变，一幅幅生动的墙绘让人目不转睛。

轴承产业让乡村插上了美丽的翅膀，机器发动的声音就是村民致富的动力。目前全村人均纯收入已超过 1 万余元，真正达到了小康水平。美丽乡村建设与轴承产业发展相结合，不仅美了乡村，也富了百姓。

（资料来源：https://m.thepaper.cn/baijiahao_8047456，有改动）

思考与练习

一、填空题

1. 滚动轴承由_____、_____、_____和_____组成。_____与轴装配；_____与外壳装配；_____承受载荷并形成滚动摩擦；_____将轴承内的滚动体均匀分开，使其轮流承受相等的载荷，并保证滚动体在轴承内、外滚道间正常滚动。

2. 国家标准规定，向心轴承（圆锥滚子轴承除外）分为_____、_____、_____、_____、

_____ 五级，圆锥滚子轴承分为_____、_____、_____、_____、_____五级；推力轴承分为_____、_____、_____、_____四级。

3．滚动轴承内圈内径与轴的配合采用_____，滚动轴承外圈外径与外壳孔的配合采用_____。

4．根据作用于轴承上的合成径向载荷相对于轴承套圈的旋转情况，轴承所受载荷可分为_____、_____和_____三类。

5．载荷的大小可用径向当量动载荷 P_r 与径向额定动载荷 C_r 的比值来区分，当_____时，称为轻载荷；当_____时，称为正常载荷；当_____时，称为重载荷。

6．当轴承的内圈或外圈能够沿轴向游动时，内圈与轴或外圈与外壳孔的配合应选_____的配合。

二、选择题

1．以下影响滚动轴承的公差等级的有（　　）。
  A．内径的公差　　　　　　　B．端面对滚道的跳动
  C．端面对内孔的跳动　　　　D．外径的公差

2．精密坐标镗床的主轴轴承采用（　　）级滚动轴承。
  A．6　　　　B．5　　　　C．4　　　　D．2

3．关于轴承外圈单一平面平均直径 D_{mp} 的公差带正确的是（　　）。
  A．下极限偏差为负　　　　　B．与一般基轴制公差带公差值相同
  C．位于零线下方　　　　　　D．与一般基轴制公差带分布位置相同

4．轴承承受（　　）载荷时，其配合的过盈量最大。
  A．轻　　　　B．正常　　　　C．重　　　　D．冲击

三、判断题

1．普通机床主轴后支承的公差等级采用 5 级。（　　）

2．轴承内圈单一平面平均直径 d_{mp} 公差带的上极限偏差为正，下极限偏差为负。（　　）

3．轴承内圈与轴的配合比按一般基孔制形成的配合紧一些。（　　）

4．承受旋转载荷的轴承套圈与轴或外壳孔的配合，应选较松的过渡配合或较小的间隙配合。（　　）

5．采用过盈配合会导致轴承游隙减小。（　　）

6．热膨胀会使轴承内圈与轴的配合变松，使轴承外圈与外壳孔的配合变紧。（　　）

四、问答题

1．滚动轴承是如何分类的？
2．滚动轴承各公差等级的适用范围如何？
3．滚动轴承所承受的三种载荷是如何定义的？

4. 某机床转轴上安装 6 级深沟球轴承,其内径为 40 mm,外径为 90 mm,该轴承受一个 4 000 N 的定向径向载荷,轴承的额定动载荷为 30 000 N,内圈随轴一起转动,外圈固定。试确定:

(1) 与轴承配合的轴、外壳孔的公差带代号。

(2) 画出公差带图,计算出内圈与轴、外圈与外壳孔配合的极限间隙和极限过盈。

(3) 把所选的公差带代号、几何公差和表面粗糙度标注在零件图 6-5 上。

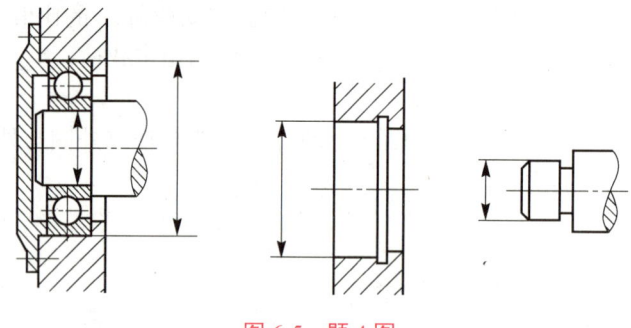

图 6-5　题 4 图

项目七 圆锥的公差配合与检测

项目导读

圆锥配合是机器设备中常用的典型结构。与圆柱配合相比,它具有独特的优点,在工业生产中得到了广泛的应用。为了保证圆锥配合的互换性及对圆锥进行正确的检测,我国颁布了 GB/T 157—2001、GB/T 11334—2005、GB/T 12360—2005 和 GB/T 11852—2003 等国家标准。

项目目标

- 了解圆锥配合的特点
- 掌握圆锥的主要参数
- 掌握圆锥配合的锥度与锥角系列
- 掌握圆锥公差项目及圆锥公差的给定方法
- 掌握圆锥配合的种类及选用
- 掌握圆锥尺寸及公差的标注
- 掌握圆锥的检测

技能目标

- 会选择圆锥的公差带与配合
- 会标注圆锥尺寸和公差
- 会进行圆锥的检测

素质目标

- 养成坚持不懈、刻苦钻研的职业作风
- 树立追求卓越、勇于拼搏的奋斗精神

任务一 圆锥概述

任务引入

在液压管路中,为加强密封性,管接头通常都带有圆锥面以进行圆锥配合,如图 7-1 所示。圆锥配合除了可以加强密封性外,还有哪些特点?在进行圆锥配合时,应注意哪些参数?

图 7-1 管接头中的圆锥面

相关知识

一、圆锥配合的特点

圆锥配合具有同轴度高、间隙或过盈可以调整、密封性好等优点,但其加工和检测较困难。

1. 同轴度高

相配合的内、外圆锥在轴向力作用下,能够自动对准中心,使配合件的轴线重合,保证内、外圆锥具有较高的同轴度。

2. 间隙或过盈可以调整

间隙或过盈的大小可通过改变内、外圆锥在轴向上的相对位置来调整。间隙或过盈的可调性可补偿配合表面的磨损,延长圆锥的使用寿命。

3. 密封性好

只要内、外圆锥沿轴向适当地移动,就可得到较紧密的配合,其密封性较好。此外,为了保证配合具有良好的密封性,还可将内、外圆锥配对研磨。

4. 加工和检测较困难

由于圆锥配合在结构上较为复杂,且影响互换性的参数也较多,因此,其加工和检测较困难。

二、圆锥配合的常用术语

圆锥配合的常用术语有圆锥表面和圆锥。

1. 圆锥表面

圆锥表面是指与轴线成一定角度,且一端相交于轴线的一条直线段(母线),围绕着该轴线旋转形成的表面,如图7-2所示。圆锥表面与通过圆锥轴线的平面的交线称为素线。

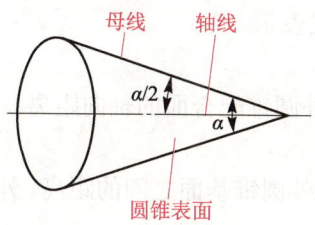

图7-2 圆锥表面

2. 圆锥

圆锥是指由圆锥表面与一定尺寸所限定的几何体,它可分为外圆锥和内圆锥。其中,外圆锥是指外表面为圆锥表面的几何体,内圆锥是指内表面为圆锥表面的几何体。

三、圆锥配合的主要参数

圆锥配合的主要参数包括圆锥角、圆锥直径、圆锥长度、锥度、圆锥配合长度、基面距等。

1. 圆锥角 α

圆锥角 α 是指在通过圆锥轴线的截面内,两条素线间的夹角,如图7-3所示。

2. 圆锥直径

圆锥直径是指垂直于圆锥轴线的截面直径,如图7-3所示。常用的圆锥直径有最大圆锥直径 D、最小圆锥直径 d、给定截面上的圆锥直径 d_x 三种。

3. 圆锥长度 L

圆锥长度 L 是指最大圆锥直径截面与最小圆锥直径截面之间的轴向距离,如图7-3所示。

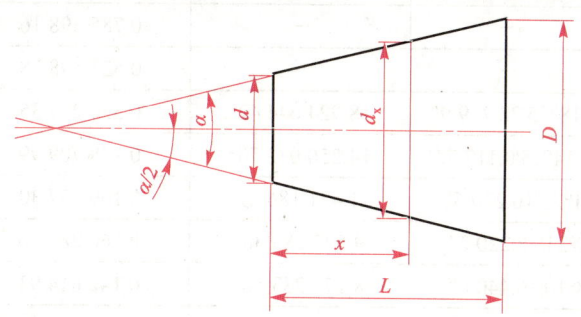

图7-3 圆锥角、圆锥直径、圆锥长度和锥度

4. 锥度 C

锥度 C 是指最大圆锥直径 D 和最小圆锥直径 d 之差与圆锥长度 L 的比值,如图7-3

所示，其计算公式为

$$C = \frac{D-d}{L} \quad (7\text{-}1)$$

锥度与圆锥角的关系为

$$C = 2\tan\frac{\alpha}{2} = 1 : \frac{1}{2}\cot\frac{\alpha}{2} \quad (7\text{-}2)$$

锥度一般用比例或分式形式表示。

5．圆锥配合长度 H
圆锥配合长度 H 是指内、外圆锥配合面的轴向距离。

6．基面距 a
基面距 a 是指相配合的内、外圆锥基面之间的距离。外圆锥的基面通常是轴肩和端面，内圆锥的基面通常是端面。

四、圆锥的锥度与锥角系列

国家标准《产品几何量技术规范（GPS） 圆锥的锥度与锥角系列》（GB/T 157—2001）适用于光滑圆锥。

GB/T 157—2001 中对一般用途圆锥的锥度与锥角系列规定了 21 个基本值，如表 7-1 所示；对特殊用途圆锥的锥度与锥角系列规定了 24 个基本值，如表 7-2 所示。

表 7-1　一般用途圆锥的锥度与锥角系列（摘自 GB/T 157—2001）

基本值		推算值			
		圆锥角 α			锥度 C
系列 1	系列 2	°　′　″	°	rad	
120°		—	—	2.094 395 10	1∶0.288 675 1
90°		—	—	1.570 796 33	1∶0.500 000 0
	75°	—	—	1.308 996 94	1∶0.651 612 7
60°		—	—	1.047 197 55	1∶0.866 025 4
45°		—	—	0.785 398 16	1∶1.207 106 8
30°		—	—	0.523 598 78	1∶1.866 025 4
1∶3		18°55′28.719 9″	18.924 644 42°	0.330 297 35	—
	1∶4	14°15′0.117 7″	14.250 032 70°	0.248 709 99	—
1∶5		11°25′16.270 6″	11.421 186 27°	0.199 337 30	—
	1∶6	9°31′38.220 2″	9.527 283 38°	0.166 282 46	—
	1∶7	8°10′16.440 8″	8.171 233 56°	0.142 614 93	—
	1∶8	7°9′9.607 5″	7.152 668 75°	0.124 837 62	—
1∶10		5°43′29.317 6″	5.724 810 45°	0.099 916 79	—
	1∶12	4°46′18.797 0″	4.771 888 06°	0.083 285 16	—

表 7-1（续）

基本值		推算值			锥度 C
系列1	系列2	圆锥角 α			
		° ′ ″	°	rad	
	1∶15	3°49′5.897 5″	3.818 304 87°	0.066 641 99	—
1∶20		2°51′51.092 5″	2.864 192 37°	0.049 989 59	—
1∶30		1°54′34.857 0″	1.909 682 51°	0.033 330 25	—
1∶50		1°8′45.158 6″	1.145 877 40°	0.019 999 33	—
1∶100		34′22.630 9″	0.572 953 02°	0.009 999 92	—
1∶200		17′11.321 9″	0.286 478 30°	0.004 999 99	—
1∶500		6′52.529 5″	0.114 591 52°	0.002 000 00	—

注：① 系列 1 中 120°～1∶3 的数值近似按 R10/2 优先数系列，1∶5～1∶500 按 R10/3 优先数系列。
② 选用时，应优先选用系列 1，系列 1 不能满足要求时，才选用系列 2。

表 7-2　特殊用途圆锥的锥度与锥角系列（摘自 GB/T 157—2001）

基本值	推算值			锥度 C
	圆锥角 α			
	° ′ ″	°	rad	
11°54′	—	—	0.207 694 18	1∶4.797 451 1
8°40′	—	—	0.151 261 87	1∶6.598 441 5
7°	—	—	0.122 175 05	1∶8.174 927 7
1∶38	1°30′27.708 0″	1.507 696 67°	0.026 314 27	—
1∶64	0°53′42.822 0″	0.895 228 34°	0.015 624 68	—
7∶24	16°35′39.444 3″	16.594 290 08°	0.289 625 00	1∶3.428 571 4
1∶12.262	4°40′12.151 4″	4.670 042 05°	0.081 507 61	—
1∶12.972	4°24′52.903 9″	4.414 695 52°	0.077 050 97	—
1∶15.748	3°38′13.442 9″	3.637 067 47°	0.063 478 80	—
6∶100	3°26′12.177 6″	3.436 716 00°	0.059 982 01	1∶16.666 666 7
1∶18.779	3°3′1.207 0″	3.050 335 27°	0.053 238 39	—
1∶19.002	3°0′52.395 6″	3.014 554 34°	0.052 613 90	—
1∶19.180	2°59′11.725 8″	2.986 590 50°	0.052 125 84	—
1∶19.212	2°58′53.528 8″	2.981 618 20°	0.052 039 05	—
1∶19.254	2°58′30.421 7″	2.975 117 13°	0.051 925 59	—
1∶19.264	2°58′24.864 4″	2.973 573 43°	0.051 898 65	—
1∶19.922	2°52′31.446 3″	2.875 401 76°	0.050 185 23	—
1∶20.020	2°51′40.796 0″	2.861 332 23°	0.049 939 67	—

表 7-2（续）

基本值	推算值			锥度 C
	圆锥角 α			
	° ′ ″	°	rad	
1∶20.047	2°51′26.928 3″	2.857 480 08°	0.049 872 44	—
1∶20.288	2°49′24.780 2″	2.823 550 06°	0.049 280 25	—
1∶23.904	2°23′47.624 4″	2.396 562 32°	0.041 827 90	—
1∶28	2°2′45.817 4″	2.046 060 38°	0.035 710 49	—
1∶36	1°35′29.209 6″	1.591 447 11°	0.027 775 99	—
1∶40	1°25′56.351 6″	1.432 319 89°	0.024 998 70	—

任务实施

（1）将学生分为若干小组，各小组根据下列条件求出锥度 C，并查出基本圆锥角 α。

> 有一外圆锥，已知最大圆锥直径为 20 mm，最小圆锥直径为 5 mm，圆锥长度为 80 mm，试求出锥度 C，并查出基本圆锥角 α。

码上学——参考答案

（2）将结果做成大字报，老师随机选取小组代表上台阐述分析过程。

 拓展阅读

"一孔"之中成就"正直"人生

全国劳模、内蒙古北方重工业集团有限责任公司深孔镗工戎鹏强，近四十年来专注火炮炮管深孔加工，用匠心打磨优质产品。他炼成以手为眼的绝技，秘诀都藏在他加工的深孔之中。

"特种钢的良品率是 98%，加工一根炮管需要几十道工序，绝不能因为自己这道工序让产品报废。"戎鹏强说，"深孔加工最难的是没有辅助工具，加工时根本看不到刀具在工件内部的切削状况，只能凭手感。"为了练就以手为眼的绝活，戎鹏强每年用坏的刀具数不胜数。通过几十年如一日的摸索实践，他总结了"摸、听、看、量"四字诀——"摸"，是摸刀杆，根据摸刀杆判断刀在行走时的状态；"听"，是听机床发出的声音和硫化油流动的声音，判断机床运转是否正常；"看"，是看铁屑形状和电流表读数；"量"，是测量刀杆每分钟行走的距离和内孔尺寸。

2012年，一个航天航空发射试验装置关键部件的加工订单（在长8 m的钢质圆棒料上打一个孔径28 mm的通孔），在全国"转"了几圈无人敢接。通孔只有成人大拇指粗细，而加工深度却有3层楼高。管体孔深长度与孔径之比大于100倍的圆柱孔被称为超长径比深孔，而该产品的长径比达到了惊人的300倍。由于加工难度极大、精度要求极高，该产品在国内没有厂家能够生产，国外也只有法国生产过。为了打破国际垄断，戎鹏强接下了这项国家级难题。

加工过程中，由于孔径小、刀杆细长，很容易造成刀头振动、烧刀或者崩刃，同时走刀过程中要反复测量内孔的尺寸，有丝毫异常就要退刀从头再来。有时他干一天活儿，只能走刀60~70 mm。不服输的戎鹏强没有放弃，他以"蚂蚁啃骨头"的精神，一毫米一毫米地向前推进。一年半后，戎鹏强成为国内掌握超大长径比深孔加工绝技的第一人。

近四十年来，戎鹏强承担了各种口径系列产品的深孔加工生产和科研任务，他加工的深孔总深度超过20万米。"深孔加工，讲究的一个是要'正'，一个是要'直'。这么多年，这两个字一直是我追求的。深孔和人生一样，不能走偏。"戎鹏强说。

（资料来源：http://www.workercn.cn/34167/202109/27/210927074959832.shtml，有改动）

任务二　圆锥的公差与配合

任务引入

知道圆锥配合的主要参数后，便可进行圆锥配合。但在实际工作中，往往会对圆锥公差有一定要求。同时，不同的圆锥配合类型选择的圆锥公差也不相同。下面让我们一起来学习圆锥的公差与配合吧。

相关知识

一、圆锥公差

国家标准《产品几何量技术规范（GPS）　圆锥公差》（GB/T 11334—2005）适用于锥

度 C 为 1∶3～1∶500、圆锥长度 L 为 6～630 mm 的光滑圆锥。

1. 圆锥公差的基本术语

圆锥公差的基本术语包括公称圆锥、实际圆锥、极限圆锥、圆锥直径公差、圆锥角公差等。

1）公称圆锥

公称圆锥是指由设计给定的理想形状圆锥。它可用以下两种形式确定。

（1）一个公称圆锥直径（D、d 或 d_x）、公称圆锥长度 L、公称圆锥角 α 或公称锥度 C。

（2）两个公称圆锥直径和公称圆锥长度 L。

2）实际圆锥

实际圆锥是指实际存在并与周围介质分离的圆锥。

实际圆锥上的任一直径称为实际圆锥直径 d_a，如图 7-4（a）所示。实际圆锥的任一轴向截面内，包容其素线且距离为最小的两对平行直线之间的夹角称为实际圆锥角，如图 7-4（b）所示。

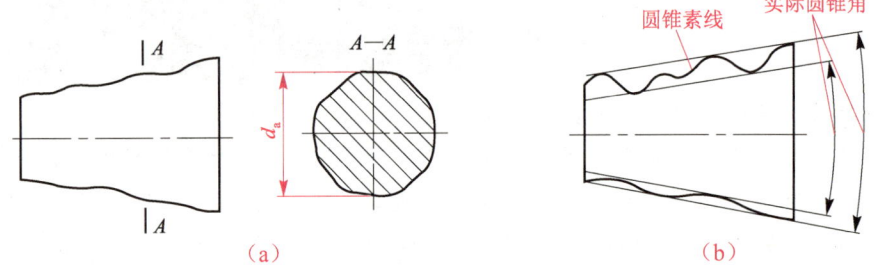

图 7-4　实际圆锥直径和实际圆锥角

3）极限圆锥

极限圆锥是指与公称圆锥共轴且圆锥角相等，直径分别为上极限直径和下极限直径的两个圆锥。在垂直圆锥轴线的任一截面上，这两个圆锥的直径差都相等，如图 7-5 所示。极限圆锥上的任一直径称为极限圆锥直径，如图 7-5 所示的 D_{max}、D_{min}、d_{max}、d_{min}。

4）圆锥直径公差 T_D

圆锥直径公差 T_D 是指圆锥直径的允许变动量。两个极限圆锥所限定的区域称为圆锥直径公差区，如图 7-5 所示。

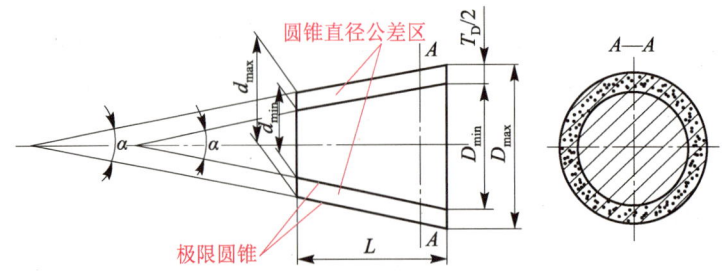

图 7-5　极限圆锥和圆锥直径公差区

在垂直圆锥轴线的给定截面内，圆锥直径允许的变动量称为给定截面圆锥直径公差 T_{DS}。

在该截面内，由两个同心圆所限定的区域称为给定截面圆锥直径公差区，如图 7-6 所示。

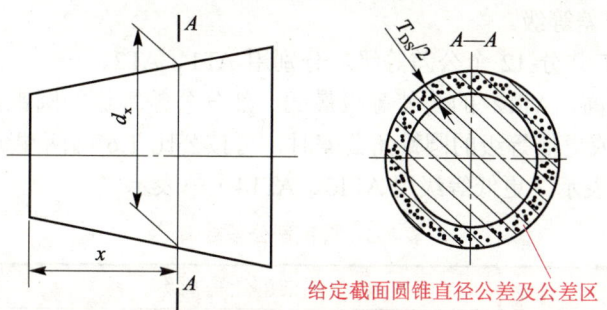

图 7-6　给定截面圆锥直径公差及公差区

5）圆锥角公差 AT

圆锥角公差 AT 是指圆锥角允许的变动量。圆锥角公差可用 AT_α 和 AT_D 两种形式表示。

- AT_α：以角度单位微弧度（μrad）或度（°）、分（′）、秒（″）表示。
- AT_D：以长度单位微米（μm）表示。

AT_α 与 AT_D 的关系为

$$AT_D = AT_\alpha \times L \times 10^{-3} \tag{7-3}$$

式（7-3）中，AT_D 的单位为 μm，AT_α 的单位为 μrad，L 的单位为 mm。

允许的上极限圆锥角或下极限圆锥角称为极限圆锥角。两个极限圆锥角所限定的区域称为圆锥角公差区，如图 7-7 所示。

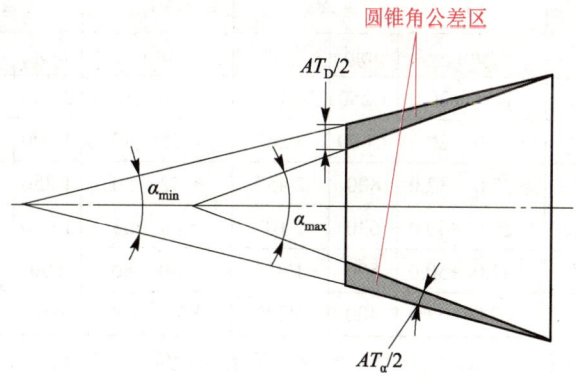

图 7-7　圆锥角公差区

2. 圆锥公差项目

圆锥公差项目包括圆锥直径公差、圆锥角公差、圆锥的形状公差和给定截面圆锥直径公差四项。

1）圆锥直径公差 T_D

圆锥直径公差 T_D 以公称圆锥直径（一般取最大圆锥直径 D）为公称尺寸，按 GB/T 1800.1—2009 规定的标准公差选取。

2）圆锥角公差 AT

（1）圆锥角公差等级。

圆锥角公差 AT 共分 12 个公差等级，分别用 AT1、AT2、……、AT12 表示。其中，AT1 的公差等级最高，AT12 的公差等级最低。部分公差等级的圆锥角公差数值如表 7-3 所示。如需要更高或更低等级的圆锥角公差时，可按公比 1.6 向两端延伸得到；更高等级用 AT0、AT01……表示，更低等级用 AT13、AT14……表示。

表 7-3　圆锥角公差数值

公称圆锥长度 L/mm		圆锥角公差等级							
		AT5			AT6			AT7		
		AT_α		AT_D	AT_α		AT_D	AT_α		AT_D
大于	至	μrad	′ ″	μm	μrad	′ ″	μm	μrad	′ ″	μm
16	25	200	41″	>3.2~5.0	315	1′05″	>5.0~8.0	500	1′43″	>8.0~12.5
25	40	160	33″	>4.0~6.3	250	52″	>6.3~10.0	400	1′22″	>10.0~16.0
40	63	125	26″	>5.0~8.0	200	41″	>8.0~12.5	315	1′05″	>12.5~20.0
63	100	100	21″	>6.3~10.0	160	33″	>10.0~16.0	250	52″	>16.0~25.0
100	160	80	16″	>8.0~12.5	125	26″	>12.5~20.0	200	41″	>20.0~32.0
160	250	63	13″	>10.0~16.0	100	21″	>16.0~25.0	160	33″	>25.0~40.0
公称圆锥长度 L/mm		圆锥角公差等级								
		AT8			AT9			AT10		
		AT_α		AT_D	AT_α		AT_D	AT_α		AT_D
大于	至	μrad	′ ″	μm	μrad	′ ″	μm	μrad	′ ″	μm
16	25	800	2′45″	>12.5~20.0	1 250	4′18″	>20~32	2 000	6′52″	>32~50
25	40	630	2′10″	>16.0~20.5	1 000	3′26″	>25~40	1 600	5′30″	>40~63
40	63	500	1′43″	>20.0~32.0	800	2′45″	>32~50	1 250	4′18″	>50~80
63	100	400	1′22″	>25.0~40.0	630	2′10″	>40~63	1 000	3′26″	>63~100
100	160	315	1′05″	>32.0~50.0	500	1′43″	>50~80	800	2′45″	>80~125
160	250	250	52″	>40.0~63.0	400	1′22″	>63~100	630	2′10″	>100~160

注：① 1 μrad 等于半径为 1 m、弧长为 1 μm 所对应的圆心角，如 5 μrad ≈ 1″，300 μrad ≈ 1′。

② 表中 AT_D 取值示例：

例 1　L 为 63 mm，选用 AT7，查表得 AT_α 为 315 μrad 或 1′05″，则 AT_D = 20 μm。

例 2　L 为 50 mm，选用 AT7，查表得 AT_α 为 315 μrad 或 1′05″，则

$$AT_D = AT_\alpha \times L \times 10^{-3} = 315 \times 50 \times 10^{-3} = 15.75 \, (\mu m)$$

取 AT_D 为 15.8 μm。

（2）圆锥角的极限偏差。

圆锥角的极限偏差可按单向或双向（对称或不对称）取值，如图 7-8 所示。

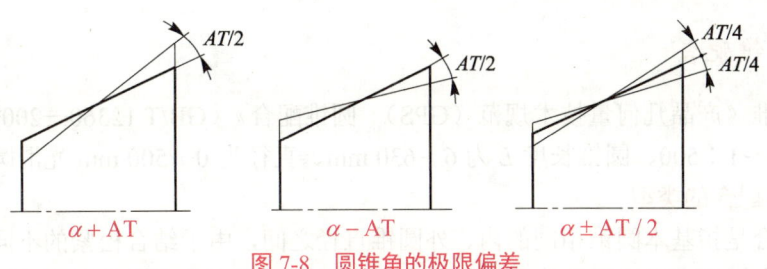

图 7-8　圆锥角的极限偏差

3）圆锥的形状公差 T_F

圆锥的形状公差 T_F 包括素线直线度公差和截面圆度公差，推荐按 GB/T 1184—1996 中附录 B "图样上注出公差值的规定"选取。

4）给定截面圆锥直径公差 T_{DS}

给定截面圆锥直径公差 T_{DS} 以给定截面圆锥直径 d_x 为公称尺寸，按 GB/T 1800.1—2009 规定的标准公差选取。

3. 圆锥公差的给定方法

对于一个具体的圆锥，应根据零件功能的要求规定所需的公差项目，不必给出上述所有公差项目。GB/T 11334—2005 规定了以下两种圆锥公差的给定方法。

（1）给出圆锥的公称圆锥角 α（或锥度 C）和圆锥直径公差 T_D。由 T_D 确定两个极限圆锥。此时，圆锥角公差和圆锥的形状公差均应在极限圆锥所限定的区域内。

当对圆锥角公差和圆锥的形状公差有更高的要求时，可再给出圆锥角公差 AT 和圆锥的形状公差 T_F。此时，AT 和 T_F 仅占 T_D 的一部分。

（2）给出给定截面圆锥直径公差 T_{DS} 和圆锥角公差 AT。此时，给定截面圆锥直径和圆锥角应分别满足这两项公差的要求。T_{DS} 和 AT 的关系如图 7-9 所示。

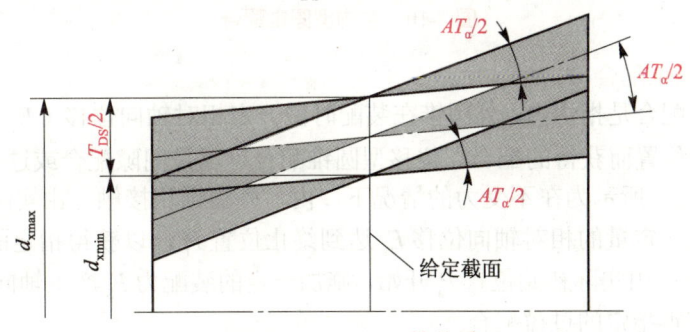

图 7-9　T_{DS} 和 AT 的关系

当圆锥在给定截面上具有最小极限尺寸 d_{xmin} 时，其圆锥角公差带为图中下面两条实线所限定的两对顶三角形区域；当圆锥在给定截面上具有最大极限尺寸 d_{xmax} 时，其圆锥角公差带为图中上面两条实线所限定的两对顶三角形区域；当圆锥在给定截面上具有某一实际尺寸 d_x 时，其圆锥角公差带为图中两条点画线所限定的两对顶三角形区域。

该方法是在假定圆锥素线为理想直线的情况下给出的，它适用于对圆锥工件的给定截面有较高精度要求的情况。例如，阀类零件常采用这种给定方法，以使圆锥配合在给定截面上具有紧密的接触，保证良好的密封性。

当对圆锥形状公差有更高的要求时，可再给出圆锥的形状公差 T_F。

二、圆锥配合

国家标准《产品几何量技术规范（GPS） 圆锥配合》（GB/T 12360—2005）适用于锥度 C 为 1∶3～1∶500、圆锥长度 L 为 6～630 mm、直径为 0～500 mm 光滑圆锥的配合。

1. 圆锥配合的类型

圆锥配合是指基本圆锥相同的内、外圆锥直径之间，由于结合松紧的不同所形成的相互关系。国家标准中规定了结构型圆锥配合和位移型圆锥配合两种圆锥配合。

1）结构型圆锥配合

结构型圆锥配合是指由圆锥结构确定装配后的最终轴向相对位置而获得的配合。结构型圆锥配合可以是间隙配合、过渡配合或过盈配合。

如图 7-10（a）所示为由外圆锥的轴肩与内圆锥的大端面接触来确定装配后的最终轴向相对位置，以获得指定的间隙配合；如图 7-10（b）所示为由内、外圆锥基准平面之间的结构尺寸 a（即基面距）来确定装配后的最终轴向相对位置，以获得指定的过盈配合。

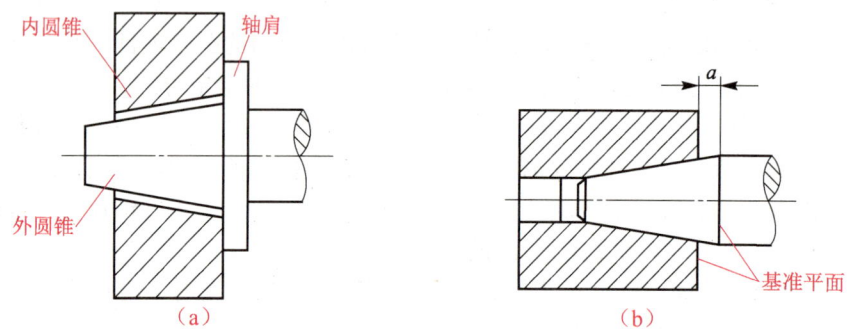

图 7-10 结构型圆锥配合

2）位移型圆锥配合

位移型圆锥配合是指由内、外圆锥在装配时做一定相对轴向位移（E_a）来确定装配后的最终轴向相对位置而获得的配合。位移型圆锥配合可以是间隙配合或过盈配合。

如图 7-11（a）所示为在不受力的情况下，内、外圆锥相接触，由实际初始位置 P_a 开始，沿轴向左做一定量的相对轴向位移 E_a 达到终止位置 P_f，以获得指定的间隙配合；如图 7-11（b）所示为由实际初始位置 P_a 开始，施加一定的装配力 F_S 产生轴向位移 E_a 达到终止位置 P_f，以获得指定的过盈配合。

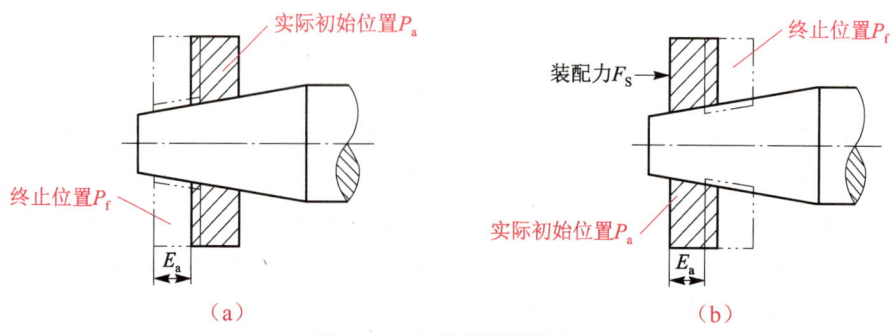

图 7-11 位移型圆锥配合

2. 圆锥配合的选用

GB/T 12360—2005 规定的圆锥配合，其内、外圆锥通常都按第一种方法给定公差，即给出圆锥的公称圆锥角 α（或锥度 C）和圆锥直径公差 T_D。

1）结构型圆锥配合的选用

结构型圆锥配合推荐优先采用基孔制。

内、外圆锥直径公差带代号及配合按 GB/T 1801—2009 选取。当 GB/T 1801—2009 中规定的配合不能满足要求时，可按 GB/T 1800.1—2009 规定的基本偏差和标准公差组成所需的配合。

2）位移型圆锥配合的选用

位移型圆锥配合的内、外圆锥直径公差带代号的基本偏差推荐选用 H、h 和 JS、js，其轴向位移极限值（E_{amax}、E_{amin}）和轴向位移公差（T_E）可按下列公式计算。

对于间隙配合

$$\begin{cases} E_{amax} = |X_{max}|/C \\ E_{amin} = |X_{min}|/C \\ T_E = E_{amax} - E_{amin} = |X_{max} - X_{min}|/C \end{cases} \quad (7\text{-}4)$$

式中：

X_{max}、X_{min}——分别为配合的最大、最小间隙；

C——锥度。

对于过盈配合

$$\begin{cases} E_{amax} = |Y_{max}|/C \\ E_{amin} = |Y_{min}|/C \\ T_E = E_{amax} - E_{amin} = |Y_{max} - Y_{min}|/C \end{cases} \quad (7\text{-}5)$$

式中：

Y_{max}、Y_{min}——分别为配合的最大、最小过盈。

🛠 任务实施

（1）将学生分为若干小组，各小组根据下列条件查出其基本圆锥角 α、锥度 C 及锥角公差的数值。

> C6140 车床尾架顶尖套与顶尖配合采用莫氏 4 号锥，顶尖的圆锥长度为 118 mm，圆锥角的公差等级为 AT9。

（2）将结果做成大字报，老师随机选取小组代表上台阐述分析过程。

码上学——参考答案

拓展阅读

不断努力，克服困难，才能成就更好的自己！

世界技能大赛每两年举办一届，被誉为"世界技能奥林匹克"。2021年8月，在俄罗斯喀山举行的第45届世界技能大赛上，我国选手共获得16枚金牌、14枚银牌、5枚铜牌及17个优胜奖，位列金牌榜、奖牌榜、团体总分第一名。而田镇基就是数控铣项目金牌选手。

2013年，田镇基进入广东省机械技师学院，踏上了技能逐梦之路。说起成为国手的历程，田镇基表示，自己并非一开始就是第一，而是坚持每天进步一点点。

2015年，学院拟通过笔试选拔一批学生，纳入学校集训队。听到这个消息，田镇基毫不犹豫地报了名。经过学校集训队的选拔，田镇基最终被选去数控铣方向。经过学校选拔，田镇基和另外两名同学被确认去参加第45届世界技能大赛数控铣项目广东省选拔赛。

2018年，田镇基在广东省选拔赛中以总分排名第二的成绩，进入到第45届世界技能大赛全国选拔赛。同年6月，第45届世界技能大赛全国选拔赛数控铣项目正式开赛。这是田镇基第一次在面向社会大众开放的大场合下比赛。因为紧张，第一个比赛模块成绩排名靠后。但是，田镇基没有放弃，迅速自我调整好状态。经过后面两个模块的追赶，田镇基以总分排名第四名的成绩，进入了第45届世界技能大赛国家集训队。

在全国选拔赛后的一个月里，集训队整月无休，通过训练不断优化方法，调整心态。在数控铣项目10进5淘汰赛上，田镇基获得了第二名，进入到了下一轮的考核。为了克服工件类型的多样和变形所带来的尺寸不稳定，田镇基开始加强练习画图基本功，练习加工多样化零件。通过长期的训练和实战，田镇基意识到在之前比赛中存在细节完成度不够好、速度较慢、易出现细小差错的问题。细节决定成败，为了改进不足，田镇基不断重复练习各个模块，增加熟练度，提高速度。

在日复一日的训练中，田镇基的技艺日益精进。最终，在经过6轮考核后，他在2进1的淘汰赛中获得了第一名，成为代表数控铣项目参加第45届世界技能大赛的正选选手。

梅花香自苦寒来。田镇基说："一份耕耘一份收获。只有不断努力，克服困难，才能成就更好的自己。"

（资料来源：https://baijiahao.baidu.com/s?id=1647090262878019552&wfr=spider&for=pc，有改动）

任务三　圆锥尺寸及公差标注

任务引入

某天，车间的孙师傅接到一个加工圆锥零件的任务，零件图样如图 7-12 所示。孙师傅拿到图样后发现圆锥尺寸及公差的标注不规范。图 7-12 中的标注究竟有哪些问题呢？

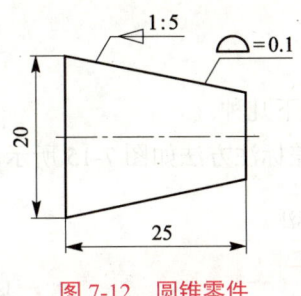

图 7-12　圆锥零件

相关知识

一、圆锥尺寸标注

1. 圆锥的尺寸标注

圆锥的尺寸标注方法如图 7-13 所示。

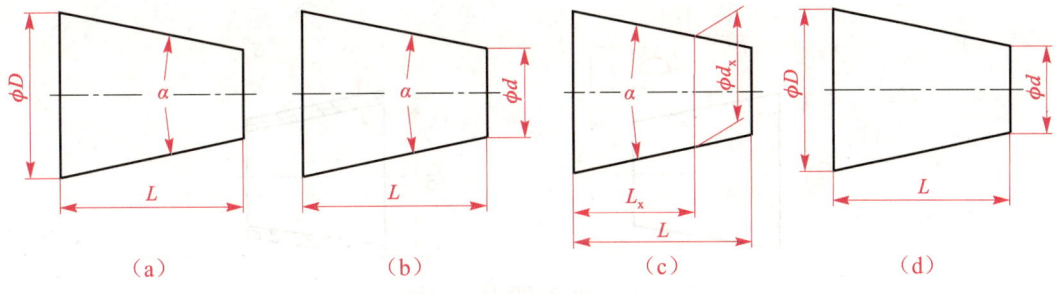

(a)　　　　　　　(b)　　　　　　　(c)　　　　　　　(d)

图 7-13　圆锥的尺寸标注

2. 圆锥的锥度标注

圆锥的锥度标注方法如图 7-14 所示。当标注的锥度是标准圆锥系列之一（尤其是莫氏锥度或米制锥度）时，可采用标准系列号和相应的标记表示，如图 7-14（d）所示。

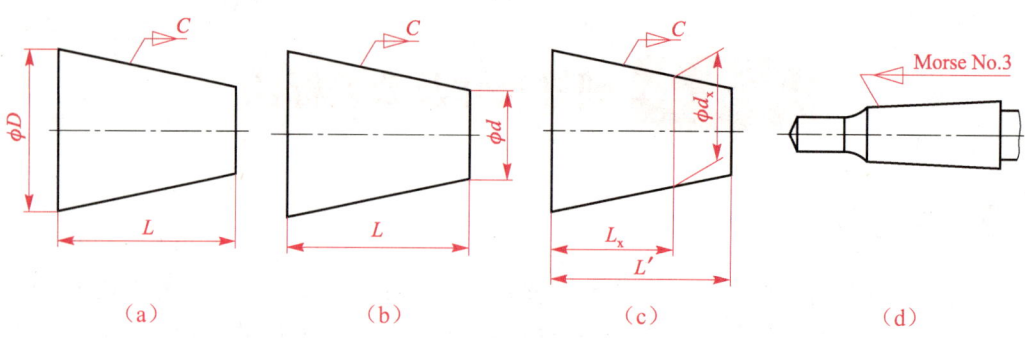

图 7-14 圆锥的锥度标注

二、圆锥的公差标注

圆锥的公差标注方法包括以下几种。

（1）给定圆锥角的圆锥公差标注方法如图 7-15 所示。

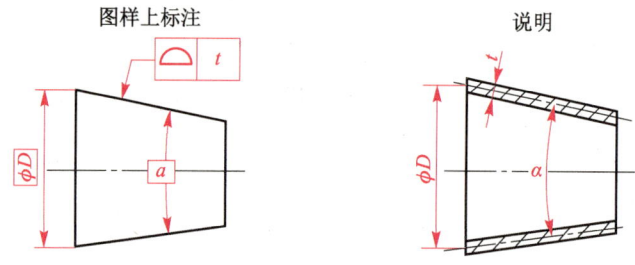

图 7-15 给定圆锥角的圆锥公差标注方法

（2）给定锥度的圆锥公差标注方法如图 7-16 所示。

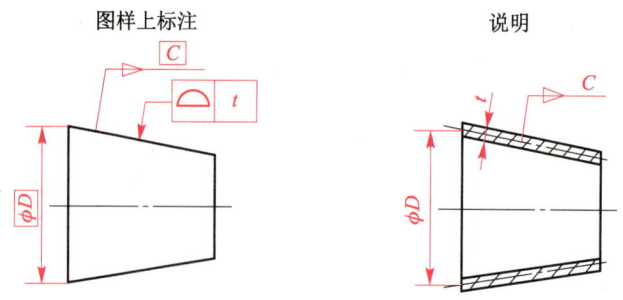

图 7-16 给定锥度的圆锥公差标注方法

（3）给定圆锥轴向位置的圆锥公差标注方法如图 7-17 所示。

（4）给定圆锥轴向位置公差的圆锥公差标注方法如图 7-18 所示。

（5）与基准线有关的圆锥公差标注方法（同时确定同轴关系）如图 7-19 所示。

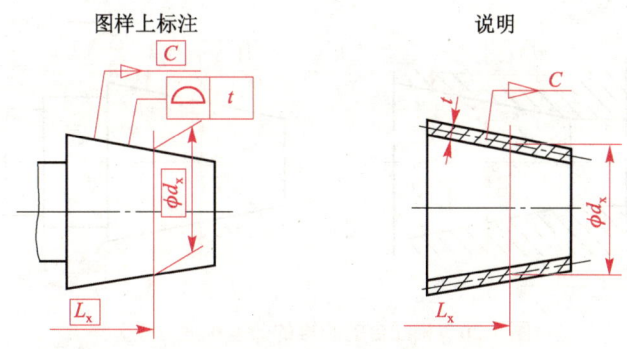

图 7-17 给定圆锥轴向位置的圆锥公差标注方法

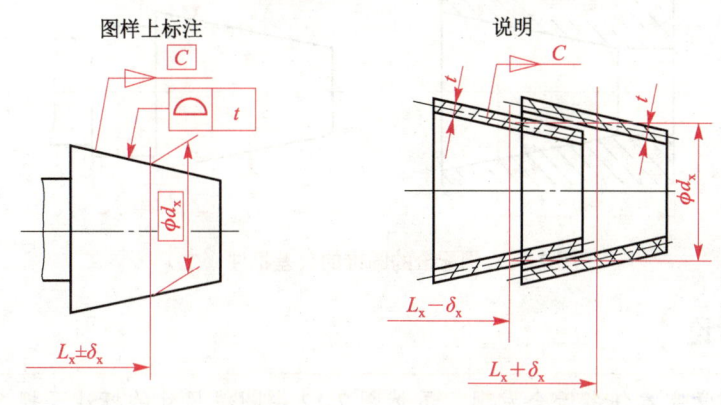

图 7-18 给定圆锥轴向位置公差的圆锥公差标注方法

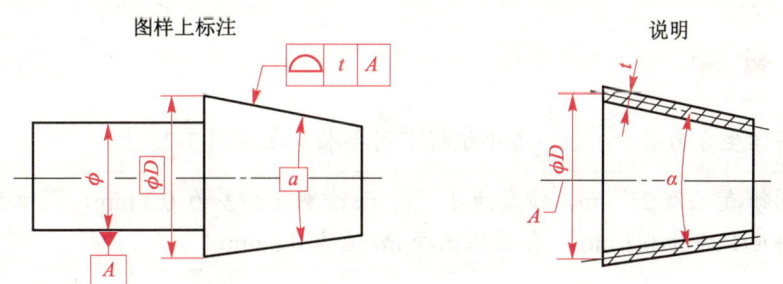

图 7-19 与基准线有关的圆锥公差标注方法

三、相配合圆锥的公差标注

根据 GB/T 12360—2005 的要求，相配合的圆锥应保证各装配件的径向尺寸和（或）轴向位置。标注两个相配圆锥的尺寸及公差时，应确定：① 具有相同的锥度或圆锥角；② 标注尺寸公差的圆锥直径的基本尺寸一致；③ 直径或位置的理论正确尺寸与两相配件的基准平面有关，如图 7-20 和图 7-21 所示。

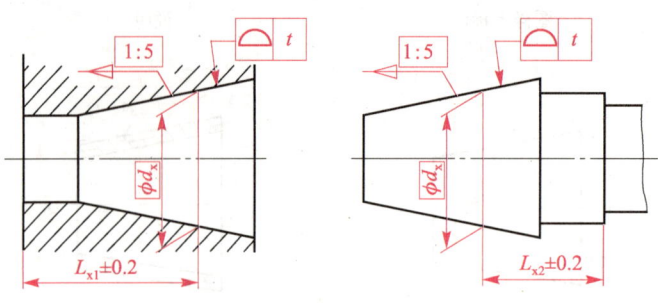

图 7-20　相配合的圆锥的公差标注（一）

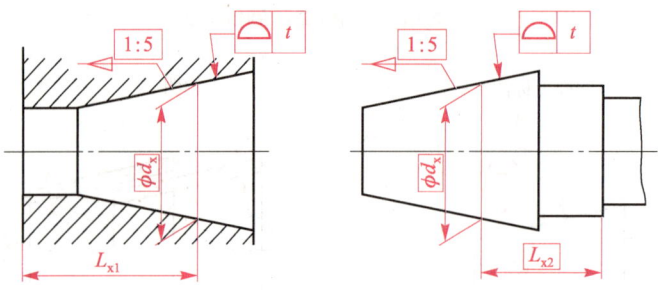

图 7-21　相配合的圆锥的公差标注（二）

 **课堂讨论**

当同学们学完本任务后会发现，虽然图 7-12 中圆锥尺寸的标注不规范，但也能看懂，那么，还有没有必要规范标注呢？为什么？

任务实施

（1）将学生分为若干小组，各小组将下列要求标注在图 7-22 上。

最大圆锥直径为 21 mm，锥度为 1∶5，面轮廓度公差为 0.3 mm，圆锥面相对于其轴线的倾斜度公差为 0.1 mm，表面粗糙度 Ra 值为 0.8 μm。

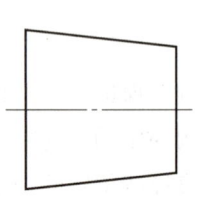

图 7-22　圆锥标注

码上学——参考答案

（2）将结果做成大字报，老师随机选取小组代表上台阐述标注的分析过程，并进行点评。

项目七　圆锥的公差配合与检测

拓展阅读

"工人院士"李万君

他是一名焊工，即便获得"中华技能大奖"，依然手握焊枪活跃在生产一线；他更是"工人院士"，钻研创新破解各种焊接难题，帮助中国高铁储备世界级人才。他是中车长春客车股份有限公司高级技师李万君，以精湛技能打造最安全可靠的中国制造高速列车，为中国梦加速。

刺眼的蓝光一闪，焊枪下两根直径仅 3.2 mm 的不锈钢丝，瞬间被分毫不差地对焊在一起。在焊接车间数十年如一日的钻研，李万君手中的焊枪已"出神入化"，李万君也从一名普通焊工成长为一名高铁焊接专家。在公司申请出口纽约地铁生产许可证时，李万君毅然主动承担起地铁转向架焊接任务，带领团队焊接出了美国检验专家见过的最高精度部件。

"用智慧加技能，把手中的产品不断升华，最后达到极致，成为工业上的艺术品，让产品走向世界，为国争光。"这就是李万君对工匠精神的最好诠释。在他心中，工匠精神是一种以振兴中华为己任、自觉报效祖国的爱国情感，是一种将目光投射于国家和人民利益的精神境界。

（资料来源：https://www.12371.cn/2021/02/15/ARTI1613375968326718.shtml，有改动）

任务四　圆锥的检测

任务引入

当孙师傅加工完圆锥零件后，让小周检测该零件的锥度是否合格。小周拿到零件后却犯了难，不知道从何做起，便向孙师傅请教。下面我们一起来学习圆锥的检测方法吧。

相关知识

圆锥的检测主要检测锥度与锥角，其测量方法主要有比较测量法、直接测量法、间接测量法等。

一、比较测量法

比较测量法是指用定角度量具与被测角度比较，并用光隙法或涂色法估计被测角度的偏差。常用的量具有直角尺、角度量块、圆锥量规、角度或锥度样板等。下面以圆锥量规为例进行介绍。

大批量生产条件下，圆锥的检验多用圆锥量规。其中，检验内锥体用锥度塞规，检验外锥体用锥度环规。圆锥量规的结构形式如图 7-23 所示。

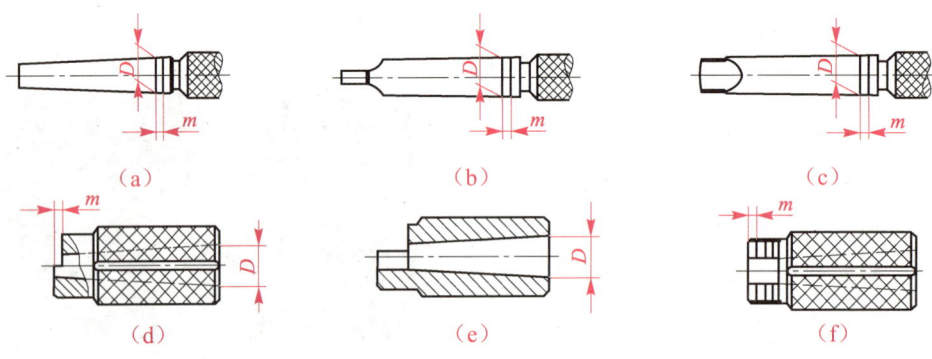

图 7-23　圆锥量规的结构形式

用圆锥量规检验圆锥工件时，应采用涂色法检验锥度，要求在锥体的大端接触，接触长度不低于国家标准的规定：对于高精度工件，接触长度不低于工作长度的 85%；对于精密工件，接触长度不低于工作长度的 80%；对于普通工件，接触长度不低于工作长度的 75%。

圆锥量规还可检验工件的基面距。在圆锥量规的一端有两条刻线或台阶，其间距 m 为基面距公差。若被测锥体的基面在量规的两条刻线或台阶的两端面之间，则被测锥体的基面距合格。

二、直接测量法

直接测量法是指直接从角度计量器具上读出被测角度。常用的计量器具是万能角度尺，如图 7-24 所示。其分度值一般分为 2′ 和 5′ 两种。

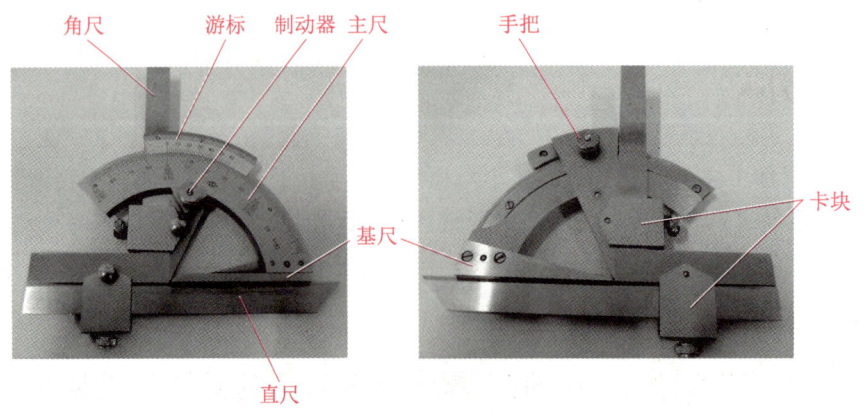

图 7-24　万能角度尺

用万能角度尺测量时，旋松制动器上的螺帽，移动基尺进行粗调整，再转动万能尺背面的手把进行精细调整，直到两测量面与被测工件的工作面密切接触为止；然后拧紧制动器上的螺帽加以固定，便可进行读数。其读数方法与游标卡尺相似，即先从主尺上读出游标零线前面的整数值，然后在游标上读出分的数值，两者相加就是被测件的角度数值。

码上学——万能角度尺

三、间接测量法

间接测量法是指测量与被测角度有关的线值尺寸，通过三角函数关系，计算出被测角度值。常用的量具有正弦尺、钢球、滚柱等。

1. 正弦尺

如图 7-25 所示为用正弦尺测量外锥体锥度的示意图。

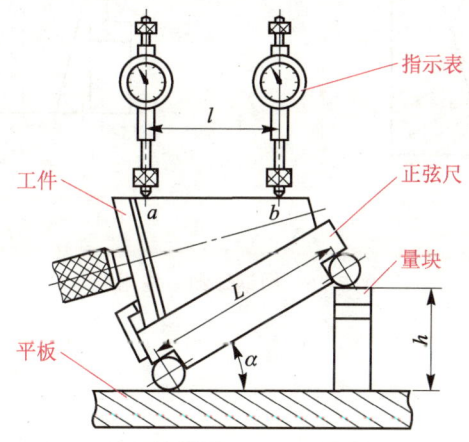

图 7-25 用正弦尺测量外锥体锥度

测量前，首先按下式计算量块组高度：

$$h = L\sin\alpha \tag{7-6}$$

式中：

L ——正弦尺两圆柱中心距（mm）；

α ——圆锥角（°）。

然后按图 7-25 所示进行测量。如果被测角度有误差，则 a、b 两点的指示值必有一差值 n，n 与测量长度 l 之比即为锥度偏差 ΔC，即

$$\Delta C = n/l \tag{7-7}$$

换算成锥角偏差 $\Delta \alpha$ 时，近似为

$$\Delta \alpha = \Delta C \times 2 \times 10^5 = 2 \times 10^5 n/l \; ('') \tag{7-8}$$

2. 钢球和滚柱

如图 7-26（a）所示为用钢球测量内圆锥的示意图。把两个直径分别为 d、D 的钢球先

后放入被测工件的内圆锥面，以被测工件的大头端面作为测量基面，分别测出钢球顶点到该基面的距离 L_1、L_2，则被测内圆锥半角 $\alpha/2$ 为

$$\sin\frac{\alpha}{2}=\frac{D-d}{2L_1-2L_2+d-D} \tag{7-9}$$

如图 7-26（b）所示为用滚柱测量外圆锥的示意图。将两个直径为 d 的滚柱与被测工件的外圆锥面贴合，测出尺寸 N，然后垫高度为 L 的量块，再测出尺寸 M，则被测外圆锥半角 $\alpha/2$ 为

$$\tan\frac{\alpha}{2}=\frac{M-N}{2L} \tag{7-10}$$

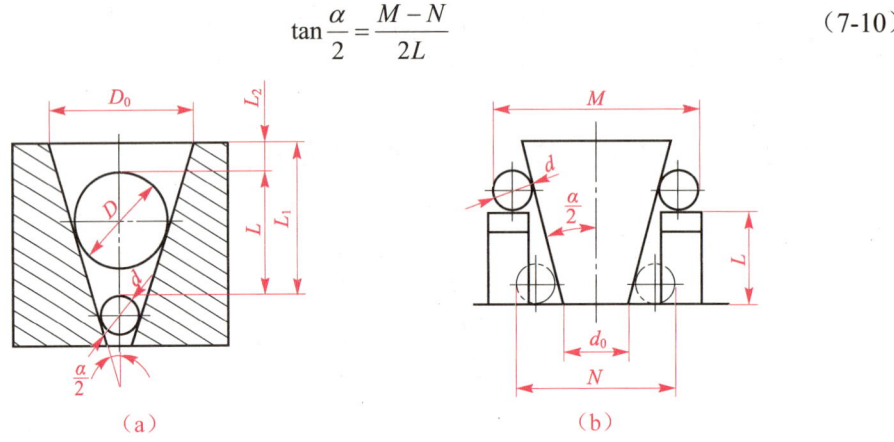

图 7-26 用钢球和滚柱测量

任务实施

（1）将学生分为若干小组，老师给出一些圆锥零件，让各小组练习用万能角度尺测量零件的圆锥角度。万能角度尺的测量方法如下。

① 测量 0°～50°之间的角度。角尺和直尺全部装上，将被测部位放在基尺和直尺的测量面之间进行测量，按主尺上的第一排刻度读数。

② 测量 50°～140°之间的角度。把角尺卸掉，将直尺装到角尺位置，使它与扇形板连在一起。工件的被测部位放在基尺和直尺的测量面之间进行测量，按主尺上的第二排刻度读数。

③ 测量 140°～230°之间的角度。把直尺和卡块卸掉，只装角尺，但要把角尺推上去，直到角尺短边与长边的交点和基尺的尖端对齐为止。测量时将工件的被测部位放在基尺和角尺短边的测量面之间，按主尺上的第三排刻度读数。

④ 测量 230°～320°之间的角度。把角尺、直尺和卡块全部卸掉，只留下扇形板和主尺（带基尺）。测量时，将工件的被测部位放在基尺和扇形板测量面之间，按主尺上的第四排刻度读数。

（2）每个零件测量 3 次，将测量结果记录在表 7-4 中。

项目七　圆锥的公差配合与检测

表7-4　测量结果

零件序号	测量次数		
	1	2	3
1			
2			
3			
4			
5			
6			

 拓展阅读

数控系统调控工程师的工匠精神

一身浅灰色的工作服干净整洁，身形精瘦，皮肤白净，戴着一副眼镜——蒲鹰给人的印象是一个文质彬彬的工程师。而熟悉他的同事都知道，工作中的蒲鹰，就如他的名字那般，带着鹰的敏锐、坚韧和无畏。他15年坚守生产一线，在数控调试领域刻苦钻研，解决了一项又一项技术难题；他在创新中前进，带领徒弟们适应新形势谋求新发展，用行动诠释工匠精神。

福达集团桂林曲轴有限公司曲轴生产车间，一台台大型数控设备平稳有序运行。作为公司数控调试室主任，蒲鹰总是忙碌的——制订技改方案，解决疑难故障，指导协调设备调试、维护，传授设备操作技巧……

2004年，蒲鹰只身一人从西北来到桂林，进入公司工作。初来之时，正赶上公司扩大生产规模，引进了4台数控机床，而公司掌握调试维修设备技术的只有蒲鹰一人。当时，4台数控设备分放在两个厂区，生产是24小时三班倒，设备利用率高。蒲鹰吃住在厂区内，哪台设备出了问题，他就第一时间出现在哪里。

"干一行，爱一行，精一行。"正是抱着这样的初心，蒲鹰在15年里寒来暑往，在无数个加班加点的日日夜夜中，练就出数控设备调整、故障处理等方面的高技能。

随着生产的需要，公司的数控设备不断增加，原有的设备也在不断更新。作为企业的特殊专业人才，蒲鹰一边忙于原有设备的换型和故障处理，另一边要了解新设备的安装调试状况。"系统软件都在提升，新东西不断出现，我只有每天泡在生产一线，才能做到对设备基本了如指掌。"蒲鹰说。

蒲鹰将新眼光、新思维、新方法运用于工作中，不断摸索、改进和创新，提高机床加工效率。2015年，公司计划改造两台闲置设备，但是和设备厂家一谈，发现改造费用高达100万元。面对高额费用，蒲鹰主动请缨尝试进行改造。没有图纸，蒲鹰反复研究探索，带着徒弟连续干了十几天，经历了反复多次试验后，终于找到突破口，改造终获成功，闲置的数控机床重新焕发生机。

多年来，蒲鹰先后攻克了多项设备技术难题，为企业创造了可观的经济效益，推动数控调试工作全面进步。

经历过人才紧缺的岁月，蒲鹰深知人才对企业发展的重要性。企业的创新发展需要团队的配合，需要集体的力量。近几年，蒲鹰已经为公司培养了10多名调试人员，基本满足企业生产调试需求。在"传帮带"过程中，每当徒弟碰到难题，蒲鹰并不直接告诉徒弟解决方法，而是先让徒弟自己尝试解决，解决不了再帮助他们。他认为，培养徒弟学会动手、思考、创新的能力十分重要。

（资料来源：https://baijiahao.baidu.com/s?id=1654943261925429177&wfr=spider&for=pc，有改动）

思考与练习

一、填空题

1. 由圆锥表面与一定尺寸所限定的几何体称为_____。它分为_____和_____。

2. 最大圆锥直径 D 和最小圆锥直径 d 之差与圆锥长度 L 之比称为_____。它一般用_____形式表示。

3. 国家标准中对一般用途圆锥的锥度与锥角系列规定了_____个基本值。选用时，应优先选用_____，其次选用_____。

4. 圆锥角公差 AT 共分_____个公差等级，如需要更高或更低等级的圆锥角公差时，可按公比_____向两端延伸得到。

5. 两种圆锥公差的给定方法为_____和_____。

6. 用圆锥量规检验圆锥工件时，应采用_____检验锥度，要求在锥体的大端接触，接触长度不低于国家标准的规定：对于高精度工件，接触长度不低于工作长度的_____；对于精密工件，接触长度不低于工作长度的_____；对于普通工件，接触长度不低于工作长度的_____。

二、选择题

1. 圆锥配合具有（   ）特点。
   A．同轴度高　　　B．加工方便　　　C．间隙可以调整　　　D．密封性好

2．圆锥配合的主要参数有（　　）。
　　A．圆锥直径　　　　　　　　　　B．圆锥角
　　C．圆锥长度　　　　　　　　　　D．锥度
3．常用的圆锥直径有（　　）。
　　A．最小圆锥直径　　　　　　　　B．给定截面上的圆锥直径
　　C．最大圆锥直径　　　　　　　　D．极限圆锥直径
4．圆锥公差包括（　　）。
　　A．圆锥直径公差　　　　　　　　B．圆锥的形状公差
　　C．圆锥角公差　　　　　　　　　D．给定截面圆锥直径公差
5．比较测量法中常用的量具有（　　）。
　　A．直角尺　　　　　　　　　　　B．钢球
　　C．滚柱　　　　　　　　　　　　D．圆锥量规

三、判断题

1．圆锥角的极限偏差只能按双向取值。　　　　　　　　　　　　　　　（　　）
2．圆锥的形状公差包括直线度公差和面轮廓度公差。　　　　　　　　　（　　）
3．国家标准规定了四种圆锥公差，所以在实际应用中，对一个具体的圆锥零件，应同时标注圆锥的全部四项公差。　　　　　　　　　　　　　　　　　　　（　　）
4．结构型圆锥配合可以是间隙配合、过渡配合或过盈配合。　　　　　　（　　）
5．标注两个相配合圆锥的尺寸及公差时，应确定标注尺寸公差的圆锥直径的基本尺寸一致。　　　　　　　　　　　　　　　　　　　　　　　　　　　　（　　）

四、问答题

1．某圆锥的最大直径为 100 mm，最小直径为 95 mm，圆锥长度为 100 mm，试确定其锥度 C 和基本圆锥角 α。

2．圆锥公差有哪几种给定方法？

3．圆锥配合有哪几种？如何选用？

4．有一位移型圆锥配合，锥度 C 为 1∶50，基本圆锥直径为 100 mm，要求配合后得到 H8/s7 的配合性质，试计算极限轴向位移及轴向位移公差。

5．常用的检测锥度与锥角的方法有哪几种？

项目八 键和花键的公差配合与检测

项目导读

键和花键在机械制造中应用非常广泛,通常用于轴和轴上传动件之间的连接,用以传递转矩。当轴与传动件之间有轴向相对运动要求时,键和花键还可起导向作用。为了满足键和花键的使用要求,保证其互换性,我国颁布了 GB/T 1095—2003、GB/T 1096—2003 和 GB/T 1144—2001 等国家标准。

项目目标

- 了解键和花键的分类
- 掌握平键连接的公差与配合
- 掌握矩形花键连接的公差与配合
- 了解键和花键的检测

技能目标

- 会进行键的检测
- 会进行花键的检测

素质目标

- 树立客观、严谨、细致的工作作风
- 培育崇实尚业、刻苦钻研、精益求精的工匠精神

项目八　键和花键的公差配合与检测

任务一　键的公差配合与检测

任务引入

在机械设备中，通常用键来连接轴和轴上的零件（如齿轮、皮带轮等），使它们能一起转动，即在轮孔和轴上分别加工键槽，用键将轮和轴连接起来进行转动，这种连接称为键连接。其中，平键连接是最常见的一种键连接，如图 8-1 所示。通过本任务的学习，我们将探究平键的公差配合知识和检测方法。

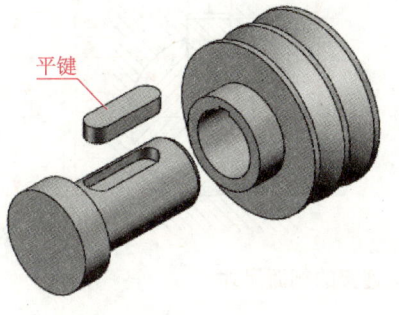

图 8-1　平键连接

扫一扫

码上学——平键

相关知识

键又称单键，按其结构形式不同，可分为平键、半圆键、楔键和切向键四种，如表 8-1 所示。其中，平键应用最广，它又可分为普通平键和导向平键两种，前者用于固定连接，后者用于导向连接。

表 8-1　键的类型

类型		图形	类型	图形
平键	普通平键	A 型 B 型 C 型	楔键	普通楔键 A 型 B 型 C 型
	导向平键	A 型 B 型		钩头楔键
半圆键			切向键	

一、键的公差与配合

因在四种键中，平键应用最广，故在此以平键连接为例介绍键的公差与配合。

1. 平键的公差与配合

如图 8-2 所示，平键连接由平键、轴槽和轮毂槽三部分组成。键同时与轴槽和轮毂槽配合，通过键的侧面与键槽的侧面相互接触来传递转矩。因此，键宽和键槽宽 b 为配合尺寸，应规定较小的公差；而键高 h、键长 L、轴槽深 t_1 和轮毂槽深 t_2 均为非配合尺寸，可规定较大的公差。

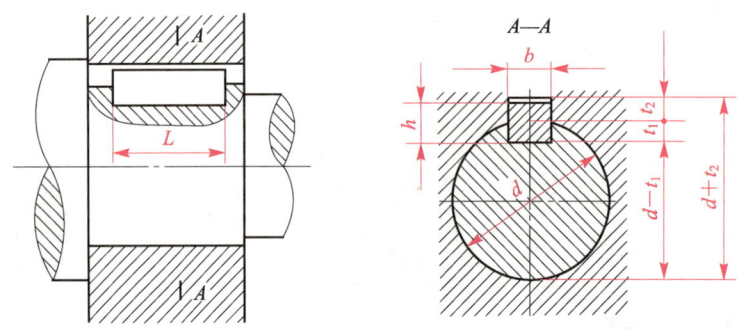

图 8-2　平键连接的剖面尺寸

由于平键为标准件，所以平键与轴槽和轮毂槽的配合采用基轴制。国家标准中对键宽只规定了一种公差带 h8，对轴槽和轮毂槽的宽度各规定了 3 种公差带，分别与平键构成松连接、正常连接和紧密连接，其配合公差带如图 8-3 所示，配合性质及应用如表 8-2 所示。

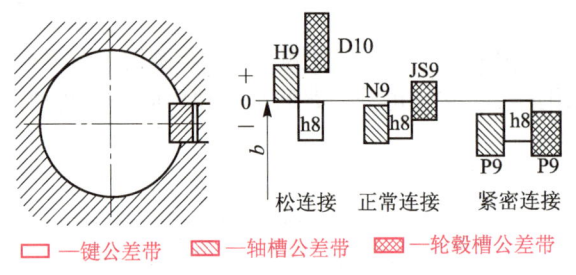

□—键公差带　▨—轴槽公差带　▩—轮毂槽公差带

图 8-3　平键配合公差带

表 8-2　平键的配合性质及应用

配合类型	尺寸 b 的公差带			配合性质及应用
	键	轴槽	轮毂槽	
松连接	h8	H9	D10	键在轴槽和轮毂槽中均能滑动，用于导向平键且轮毂可在轴上移动的场合
正常连接	h8	N9	JS9	键在轴槽和轮毂槽中均固定，用于载荷不大的场合
紧密连接	h8	P9	P9	键在轴槽和轮毂槽中均固定，比正常连接配合紧，用于载荷较大、有冲击和双向转矩的场合

国家标准对普通平键连接的键槽宽 b 和槽深 t_1、t_2 的尺寸与公差也进行了规定，如

表 8-3 所示。此外，键长 L 的公差带为 h14，轴槽长的公差带为 H14。

表 8-3 普通平键键槽的尺寸与公差（摘自 GB/T 1095—2003）   单位：mm

轴的公称直径 d 推荐值	键尺寸 $b \times h$	键槽 宽度 b						深度			
		基本尺寸	极限偏差					轴 t_1		毂 t_2	
			正常连接		紧密连接	松连接		基本尺寸	极限偏差	基本尺寸	极限偏差
			轴 N9	毂 JS9	轴和毂 P9	轴 H9	毂 D10				
>6~8	2×2	2	−0.004 −0.029	±0.012 5	−0.006 −0.031	+0.025 0	+0.060 +0.020	1.2	+0.1 0	1.0	+0.1 0
>8~10	3×3	3						1.8		1.4	
>10~12	4×4	4	0 −0.030	±0.015	−0.012 −0.042	+0.030 0	+0.078 +0.030	2.5		1.8	
>12~17	5×5	5						3.0		2.3	
>17~22	6×6	6						3.5		2.8	
>22~30	8×7	8	0 −0.036	±0.018	−0.015 −0.051	+0.036 0	+0.098 +0.040	4.0		3.3	
>30~38	10×8	10						5.0		3.3	
>38~44	12×8	12	0 −0.043	±0.021 5	−0.018 −0.061	+0.043 0	+0.120 +0.050	5.0	+0.2 0	3.3	+0.2 0
>44~50	14×9	14						5.5		3.8	
>50~58	16×10	16						6.0		4.3	
>58~65	18×11	18						7.0		4.4	
>65~75	20×12	20	0 −0.052	±0.026	−0.022 −0.074	+0.052 0	+0.149 +0.065	7.5	+0.2 0	4.9	+0.2 0
>75~85	22×14	22						9.0		5.4	
>85~95	25×14	25						9.0		5.4	
>95~110	28×16	28						10.0		6.4	
>110~130	32×18	32	0 −0.062	±0.031	−0.026 −0.088	+0.062 0	+0.180 +0.080	11.0	+0.3 0	7.4	+0.3 0
>130~150	36×20	36						12.0		8.4	
>150~170	40×22	40						13.0		9.4	
>170~200	45×25	45						15.0		10.4	
>200~230	50×28	50						17.0		11.4	

选用平键连接时，首先根据轴的公称直径 d，查表 8-3 确定键宽 b 及槽深 t_1、t_2 的基本尺寸和极限偏差；然后根据零件的使用性能要求，查表 8-2 确定平键连接的配合类型；再查表 8-3，确定轴槽宽和轮毂槽宽的极限偏差。

2. 平键连接的几何公差、表面粗糙度及图样标注

为保证键与键槽之间有足够的接触面积，避免装配困难，应分别规定轴槽和轮毂槽的宽度 b 对轴和轮毂轴线的对称度公差，一般可按 GB/T 1184—1996 中规定的对称度公差 7~9 级选取。

轴槽和轮毂槽的键槽宽度 b 两侧面的表面粗糙度 Ra 值一般取 1.6~3.2 μm，轴槽底面

和轮毂槽底面的表面粗糙度 Ra 值取 6.3 μm。

轴槽和轮毂槽的尺寸与公差标注示例如图 8-4 所示。

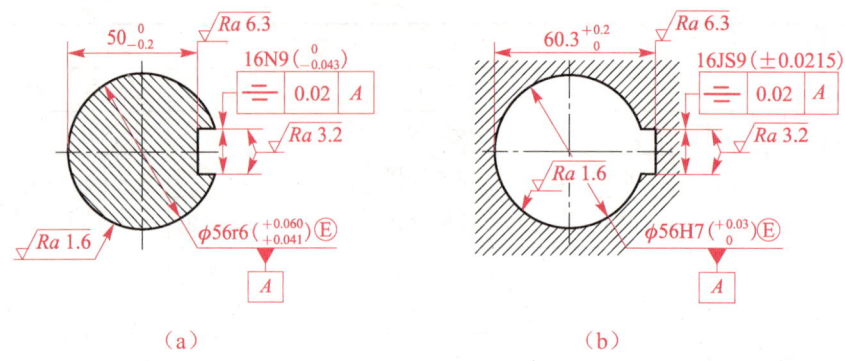

图 8-4 轴槽和轮毂槽的尺寸与公差标注

二、平键的检测

平键的检测主要包括尺寸检测（键宽、轴键槽和轮毂槽的宽度及深度）和对称度检测（键槽的对称度）。

键宽、轴键槽和轮毂槽的宽度及深度的检测比较简单，在单件、小批量生产中，常采用通用计量器具（如游标卡尺、千分尺）检测；在大批量生产中，常采用专用量规进行检测。如图 8-5 所示为键槽极限量规，这 3 种量规均具有通端和止端，检测时通端能通过而止端不能通过为合格。

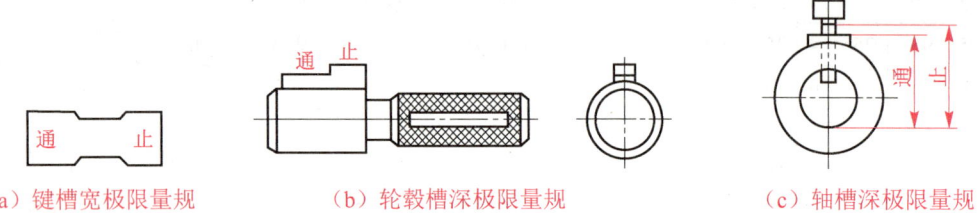

(a) 键槽宽极限量规　　(b) 轮毂槽深极限量规　　(c) 轴槽深极限量规

图 8-5 键槽极限量规

对于对称度的检测，在单件、小批量生产中，可采用分度头、V 形块和百分表等进行检测；在大批量生产中，可采用专用量规进行检测。如图 8-6 所示为检测轴槽和轮毂槽的对称度极限量规，这两种量规只有通端，没有止端，检测时量规能通过即为合格。

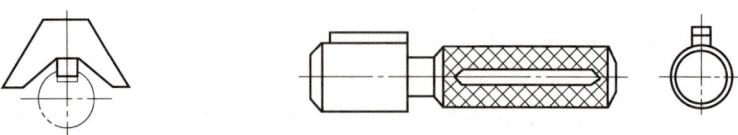

(a) 轴槽对称度极限量规　　(b) 轮毂槽对称度极限量规

图 8-6 对称度极限量规

任务实施

（1）将学生分为若干小组，各小组根据以下要求确定键槽的基本尺寸、尺寸极限偏差、几何公差和表面粗糙度。

某一齿轮与轴的连接采用平键传递转矩，平键长度 $L=28$ mm，截面为矩形，齿轮与轴的配合为 $\phi 35H7/h6$，传递载荷较大，且需要双向传递转矩。

（2）小组成员根据所查结果画出平键连接剖视图，整理好后以报告形式提交给老师。

码上学——参考答案

拓展阅读

如切如磋，如琢如磨

当神舟十二号载人飞船的"太空出差"再次吸引世界目光之时，"时代楷模"、全国五一劳动奖章获得者徐立平，早已带领中国航天科技集团第四研究院固体火箭发动机药面整形班组投入到另外的工作中了。神舟十二号火箭逃逸系统固体燃料药面的微整形，就是他们班组完成的。

在火药上动刀，每一次落刀，都能听到心跳。一旦操作不当，就会引起燃烧甚至爆炸。30多年间，徐立平一直保持着100%合格率和零失误。从青春岁月到年逾半百，徐立平初心不改，使命不移，扛得起大国工匠的担当。

我国自古就有尊崇和弘扬工匠精神的传统。《诗经》中的"如切如磋，如琢如磨"，反映的就是古代工匠在雕琢器物时执着专注的工作态度。"庖丁解牛""巧夺天工""匠心独运""技近乎道"……经过千年岁月洗礼，这种精益求精的精神品质早已融入中华民族的血液中了。

当今时代，传统意义上的工匠虽然日益减少，但工匠精神在各行各业传承不息。小到一颗螺丝钉、一块智能芯片，大到卫星、火箭、高铁、航母，它们背后都离不开新时代劳动者身体力行的工匠精神。

奋斗创造历史，实干成就未来。在通往中华民族伟大复兴的征程上，我们更需锻造灼灼匠心，在平凡岗位上创造不凡，用干劲、闯劲、钻劲谱写美好生活新篇章，让新时代工匠精神激励鼓舞更多人。

（资料来源：https://www.12371.cn/2021/10/27/ARTI1635306483315860.shtml，有改动）

任务二　花键的公差配合与检测

任务引入

由于平键无法承受很大的转矩,所以当需要传递较大转矩时,就需要一种承载能力更强的花键。除了承载能力强外,花键连接还有定心精度高、导向性好等优点。花键连接可用于固定连接,也可用于滑动连接,在机床、汽车等行业有广泛应用。通过本任务的学习,我们将探究花键连接的公差知识和检测方法。

相关知识

按花键齿形状不同,花键可分为矩形花键、渐开线花键和三角形花键三种,如图8-7所示。其中,矩形花键应用最广,因此本任务主要介绍矩形花键。花键连接由内花键(花键孔)和外花键(花键轴)组成。与单键连接相比,花键连接具有承载能力强、定心精度高、导向性好等优点,但花键的加工工艺复杂,成本较高。

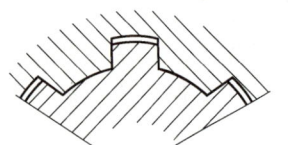　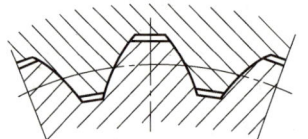　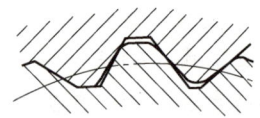

(a)矩形花键　　　　　(b)渐开线花键　　　　　(c)三角形花键

图8-7　花键类型

一、矩形花键的主要尺寸及定心方式

1. 矩形花键的主要尺寸

矩形花键的主要尺寸包括小径 d、大径 D 和键宽(键槽宽)B,如图8-8所示。

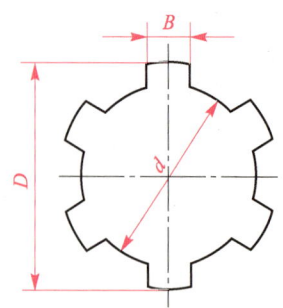

图8-8　矩形花键的主要尺寸

国家标准《矩形花键尺寸、公差和检验》（GB/T 1144—2001）规定，矩形花键的键数 N 为偶数，有 6、8、10 三种。按承载能力不同，矩形花键的尺寸分为轻、中两个系列，如表 8-4 所示。中系列的键高尺寸比轻系列大，故承载能力较强。

表 8-4　矩形花键基本尺寸系列（摘自 GB/T 1144—2001）　　　单位：mm

小径 d	轻系列				中系列			
	规格 $N\times d\times D\times B$	键数 N	大径 D	键宽 B	规格 $N\times d\times D\times B$	键数 N	大径 D	键宽 B
11					6×11×14×3		14	3
13					6×13×16×3.5		16	3.5
16	—		—	—	6×16×20×4		20	4
18					6×18×22×5	6	22	5
21					6×21×25×5		25	
23	6×23×26×6		26		6×23×28×6		28	6
26	6×26×30×6		30	6	6×26×32×6		32	
28	6×28×32×7	6	32	7	6×28×34×7		34	7
32	6×32×36×6		36	6	8×32×38×6		38	6
36	8×36×40×7		40	7	8×36×42×7		42	7
42	8×42×46×8		46	8	8×42×48×8		48	8
46	8×46×50×9		50	9	8×46×54×9	8	54	9
52	8×52×58×10	8	58		8×52×60×10		60	10
56	8×56×62×10		62	10	8×56×65×10		65	
62	8×62×68×12		68		8×62×72×12		72	
72	10×72×78×12		78	12	10×72×82×12		82	12
82	10×82×88×12		88		10×82×92×12		92	
92	10×92×98×14	10	98	14	10×92×102×14	10	102	14
102	10×102×108×16		108	16	10×102×112×16		112	16
112	10×112×120×18		120	18	10×112×125×18		125	18

2. 矩形花键的定心方式

在制造矩形花键时，若要求小径、大径和键宽（键槽宽）三个尺寸都能精密配合，同时起定心作用，是非常困难的。实际生产中，为了既保证矩形花键连接的配合精度，又降低矩形花键的制造难度，可在三个尺寸中选择一个作为定心尺寸，对其提出较高的精度要求；其余两个尺寸作为非定心尺寸，可以采用较低的精度要求。但由于矩形花键是靠键侧和键槽侧接触来传递转矩的，因此，键宽（键槽宽）不论是否为定心尺寸，都应保证有足够的精度。

矩形花键连接以小径作为定心尺寸，即小径定心，如图 8-9 所示。这是因为小径定心的定心精度高，定心稳定性好，使用寿命长，有利于提高产品质量。

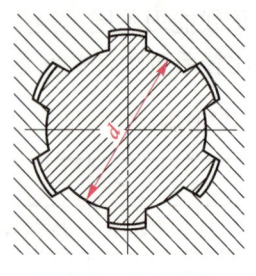

图 8-9　小径定心

二、矩形花键的公差与配合

为了减少专用刀具、量具（如拉刀、量规）的种类和数量，矩形花键连接采用基孔制配合。矩形花键的小径、大径和键宽（键槽宽）的尺寸公差带分为一般用和精密传动用两类。

按装配要求不同，矩形花键连接可分为滑动、紧滑动和固定三种配合。其中，滑动配合的间隙最大，紧滑动配合的间隙次之，固定配合的间隙最小。前两种配合既可传递转矩，也可让花键在轴上轴向移动；第三种配合只能传递转矩，花键在轴上无轴向移动。

矩形花键的各尺寸公差带如表 8-5 所示。

表 8-5　矩形花键的尺寸公差带（摘自 GB/T 1144—2001）

内花键					外花键			装配形式
小径 d	大径 D	键宽 B			小径 d	大径 D	键宽 B	
		拉削后不热处理	拉削后热处理					
一般用								
H7	H10	H9	H11		f7	a11	d10	滑动
					g7		f9	紧滑动
					h7		h10	固定
精密传动用								
H5	H10	H7、H9			f5	a11	d8	滑动
					g5		f7	紧滑动
					h5		h8	固定
H6					f6		d8	滑动
					g6		f7	紧滑动
					h6		h8	固定

注：① 精密传动用的内花键，当需要控制键侧配合间隙时，键槽宽可选 H7，一般情况下可选 H9。
　　② 小径 d 为 H6 和 H7 的内花键，允许与提高一级的外花键配合。

选用矩形花键连接的一般原则：当定心精度要求高时，应选用精密传动用尺寸公差带，反之可选一般用尺寸公差带；当要求传递转矩大或经常有正反转变动时，应选紧一些的配合，反之可选松一些的配合；当内、外花键需频繁相对滑动或配合长度较大时，应选紧一些的配合，反之可选松一些的配合。

三、矩形花键的几何公差和表面粗糙度

矩形花键的几何公差综合控制花键各键之间的角位置、各键对轴线的对称度误差、各键对轴线的平行度误差等。在大批量生产条件下，一般规定矩形花键的位置度公差。它遵循最大实体原则，用综合量规进行综合检测。矩形花键的位置度公差值 t_1 如表 8-6 所示，它在图样上的标注如图 8-10 所示。

表 8-6　矩形花键的位置度公差值（摘自 GB/T 1144—2001）　　　　单位：mm

键槽宽或键宽 B		3	3.5～6	7～10	12～18
t_1	键槽宽	0.010	0.015	0.020	0.025
	键宽 滑动、固定	0.010	0.015	0.020	0.025
	紧滑动	0.006	0.010	0.013	0.016

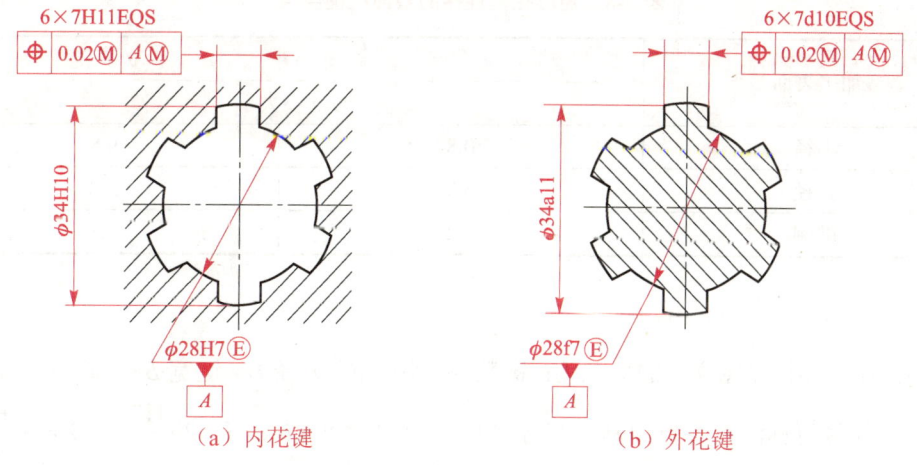

图 8-10　矩形花键位置度公差标注

在单件、小批量生产条件下，一般规定矩形花键的对称度公差和等分度公差。它们遵循独立原则，进行单项检测。

矩形花键的对称度公差值 t_2 如表 8-7 所示，它在图样上的标注如图 8-11 所示。矩形花键的等分度公差是指花键各齿沿 360°圆周方向均匀分布理想位置的最大允许偏离值，它等于矩形花键的对称度公差值。

表 8-7　矩形花键的对称度公差值（摘自 GB/T 1144—2001）　　　　单位：mm

键槽宽或键宽 B		3	3.5～6	7～10	12～18
t_2	一般用	0.010	0.012	0.015	0.018
	精密传动用	0.006	0.008	0.009	0.011

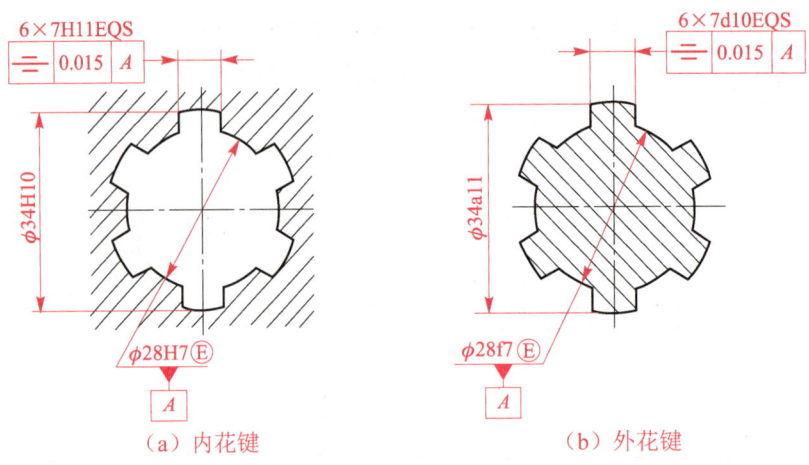

图 8-11 矩形花键的对称度公差标注

对较长的矩形花键,可根据产品性能,自行规定键侧对轴线的平行度公差。

矩形花键连接的表面粗糙度值如表 8-8 所示。

表 8-8 矩形花键连接的表面粗糙度值　　　　　　　　　　　　　单位：μm

加工表面	内花键	外花键
	Ra 不大于	
小径	0.8	0.8
大径	6.3	3.2
键侧	3.2	0.8

四、矩形花键的标记

矩形花键连接在图样上的标记为：键数 $N×$ 小径 $d×$ 大径 $D×$ 键宽 B　标准号。其各自的公差带代号可标注在各自的基本尺寸之后。例如，$N=6$、$d=23\dfrac{H7}{f7}$、$D=26\dfrac{H10}{a11}$、$B=6\dfrac{H11}{d10}$ 的花键标记如下。

花键规格：$N×d×D×B$　$6×23×26×6$

花键副：$6×23\dfrac{H7}{f7}×26\dfrac{H10}{a11}×6\dfrac{H11}{d10}$　GB/T 1144—2001

内花键：$6×23H7×26H10×6H11$　GB/T 1144—2001

外花键：$6×23f7×26a11×6d10$　GB/T 1144—2001

五、矩形花键的检测

矩形花键的检测分为单项检测和综合检测。

1. 单项检测

单项检测主要用于单件、小批量生产中，用游标卡尺、千分尺和指示表等通用计量器具分别测量矩形花键的各尺寸（小径 d、大径 D、键宽 B）误差，并检测键宽的对称度误差、键齿（槽）的等分度误差和大小径的同轴度误差等。

2. 综合检测

综合检测一般用于大批量生产中，用综合量规进行检验。其中，用于检验内花键的为花键塞规，用于检验外花键的为花键环规，如图 8-12 所示。

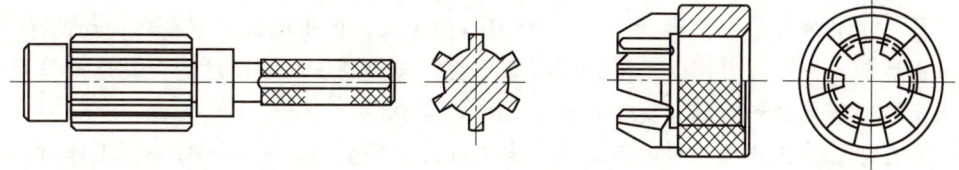

（a）花键塞规　　　　　　　　　　（b）花键环规

图 8-12　花键综合量规

综合检测内、外花键时，先用综合量规控制被测花键的最大实体边界，即综合检验小径、大径及键宽（键槽宽）的关联作用尺寸，使其控制在最大实体边界内；然后用单项止端量规分别检验尺寸 d、D 和 B 的最小实体尺寸。若综合量规能通过，而单项止端量规不能通过，则被测花键合格；反之不合格。

任务实施

（1）将学生分为若干小组，各小组根据以下要求试确定：
① 各尺寸的公差带代号，并写出其在图样上的标记代号。
② 几何公差和表面粗糙度。

某变速箱中有一矩形花键连接，内、外花键需要经常相对滑动，花键规格为 6×28×32×7，精度要求一般，小批量生产，需要热处理。

（2）小组成员根据所查结果画出矩形花键，并将其尺寸公差分别标注在内、外花键的图样上，整理好后以报告形式提交给老师。

扫一扫

码上学——参考答案

拓展阅读

高倍显微镜下手工精磨刀具

2016 年 6 月 25 日 20 点，长征七号火箭在海南文昌航天发射中心首次升空，创造了中国航天史的多项第一。就在火箭发射的前一个月，来自全国各地数以万计的火箭零部件被汇集在总装车间进行组装测试，但有一个部件需要被特别处理，它就是长征七号火箭的惯性导航组合（简称惯导）的加速度计。

惯导部件中每减少 1 μm 的变形，就能减小火箭在太空中几千米的轨道误差，而加速度计更是惯导部件的重中之重，可就在测试时发现加速度计存在几微米的加工误差。航天科技集团第九研究院的铣工李峰经过检查发现，加工刀具的刀刃上存在一个小缺口，正是这个小缺口导致了几微米的加工误差，必须对刀具进行精磨修整。

在高倍显微镜下手工精磨刀具是李峰的绝活。李峰磨刀具时心细如发，探手轻柔，所有的精力都汇聚在手上。看李峰借助 200 倍的放大镜手工磨刀才会明白，为什么工匠的技能被称为"手艺"。磨刀具的李峰，就用他那一双精巧灵动的手，一面拨轮，一面按刀，以无限的耐心磨下去。与金刚石同等硬度的刀具逐渐呈现出李峰所需要的形状和角度，这是真正的以柔克刚。

在李峰的工作模式里，速度不来自表面的急促紧迫，而源于每一个工作行为的准确有效。在他心里，精益求精已经成为一种信仰。

（资料来源：http://news.cctv.com/2016/10/07/ARTIXLLUNZpM7YJ5VIje5kuE161007.shtml）

思考与练习

一、填空题

1. 键又称为_____，按其结构形式不同，可分为_____、_____、_____和_____四种。其中，_____应用最广。
2. 按花键齿形状不同，花键可分为_____、_____和_____三种。其中，_____应用最广。
3. 平键与轴槽和轮毂槽的配合采用_____，矩形花键连接的配合采用_____。
4. 平键连接的三种配合为_____、_____和_____。
5. 矩形花键的主要尺寸包括_____、_____和_____。
6. 按装配要求不同，矩形花键连接可分为_____、_____和_____三种配合。

二、选择题

1. 与键连接相比，花键连接具有（　　）等优点。
   A．承载能力强　　　　　　　　B．导向性好
   C．定心精度高　　　　　　　　D．成本低
2. 平键连接的配合尺寸为（　　）。
   A．键高 h 　　　　　　　　　B．键宽 b
   C．轴槽深 t_1 　　　　　　　　D．轮毂槽深 t_2

3. 矩形花键的键数 N 包括（　　）。
   A. 4　　　　　　　　　　B. 6
   C. 8　　　　　　　　　　D. 10
4. 矩形花键连接采用（　　）定心。
   A. 大径　　　　　　　　　B. 小径
   C. 键宽　　　　　　　　　D. 键数
5. 当矩形花键连接经常有正反转变动时，应选用（　　）。
   A. 滑动配合　　　　　　　B. 固定配合
   C. 紧滑动配合　　　　　　D. 松配合
6. 内、外花键小径 d 的极限尺寸遵循（　　）原则。
   A. 包容　　　　　　　　　B. 最大实体
   C. 最小实体　　　　　　　D. 独立

三、判断题

1. 国家标准对平键键宽只规定了一种公差带 h9。（　　）
2. 国家标准规定平键键高 h 的公差带为 h11。（　　）
3. 矩形花键中系列的键高尺寸比轻系列大，故承载能力较强。（　　）
4. 矩形花键的键宽和键槽宽不论是否为定心尺寸，都应保证有足够的精度。（　　）
5. 矩形花键连接中，固定配合既可传递转矩，也可让花键在轴上轴向移动。（　　）
6. 综合检测内、外花键时，若综合量规能通过，而单项止端量规不能通过，则被测花键合格。（　　）

四、问答题

1. 某轴与齿轮的配合为 $\phi40H8/k7$，采用平键正常连接，平键截面为矩形，键长为 55 mm，试确定键槽的基本尺寸、尺寸极限偏差、几何公差和表面粗糙度，并标注在图 8-13 中。

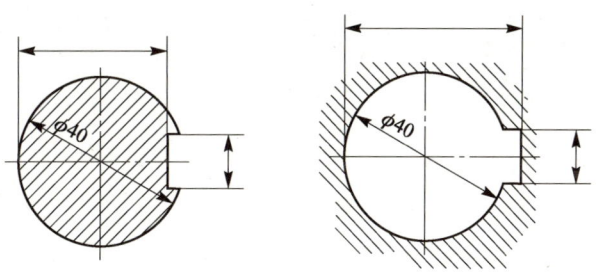

图 8-13　题 1 图

2. 矩形花键连接中，除规定尺寸公差外，还需规定哪些位置公差？
3. 某机床变速箱中，有一个矩形花键连接，花键规格为 6×26×30×6，花键孔长 30 mm，花键轴长 75 mm，花键孔经常需要与花键轴做轴向移动，要求定心精度高，大批量生产。

试确定：

（1）齿轮花键孔与花键轴的公差带代号，并写出其在图样上的标记代号。

（2）几何公差和表面粗糙度，并将各尺寸及公差标注在图 8-14 中。

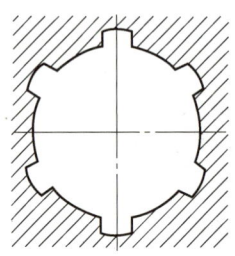 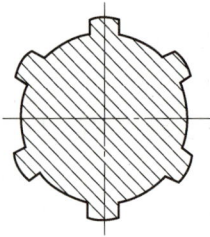

图 8-14　题 3 图

4．平键的检测主要检测哪几项？

项目九　圆柱齿轮的公差配合与检测

项目导读

齿轮主要用于传递运动和动力，是机器和仪器中最常用的传动件之一。齿轮传动的质量将会直接影响机器或仪器的工作精度、承载能力和使用寿命。为了保证齿轮传动的精度和互换性，我国颁布了 GB/T 10095.1—2008、GB/T 10095.2—2008、GB/T 13924—2008、GB/Z 18620.1—2008、GB/Z 18620.2—2008、GB/Z 18620.3—2008、GB/Z 18620.4—2008 等国家标准及标准化指导性技术文件。

项目目标

- 了解齿轮传动的使用要求
- 掌握圆柱齿轮精度的评定指标及检测方法
- 掌握齿轮副精度的评定指标
- 掌握圆柱齿轮精度标准

技能目标

- 会进行圆柱齿轮精度的评定指标的检测
- 会选择圆柱齿轮精度等级

素质目标

- 树立技能成才、技能报国的人生理想
- 培育执着专注、踏实认真的职业素质

任务一　圆柱齿轮精度的评定指标及检测

任务引入

马师傅在进行一项试验时发现某齿轮减速器传动不平稳，且实际传动比与理论传动比相差较大。他怀疑该齿轮减速器中齿轮精度不符合要求，便让小吴进行检测。齿轮精度的评定指标很多，小吴该检测哪些项目呢？

相关知识

一、齿轮传动的使用要求

齿轮传动的使用要求可归纳为以下四个方面。

1. 传动的准确性

理论上，齿轮应按设计规定的传动比来传递运动，即主动轮转过一个角度时，从动轮应按传动比关系转过一个相应的角度。但实际中，由于齿轮存在加工误差和安装误差，所以，齿轮传动不可能一直保持恒定的传动比，从动轮的实际转角将会产生转角误差。传动的准确性就是要求齿轮在一转范围内的传动比变化尽量小，以使其最大转角误差限制在一定范围内，保证从动轮与主动轮的运动协调。

2. 传动的平稳性

齿轮传动过程中，当瞬时传动比变化时，从动轮转速将会不断变化，产生瞬时加速度和惯性冲击力，引起冲击、振动和噪声。传动的平稳性就是要求齿轮传动中的瞬时传动比变化尽量小，以降低冲击、振动和噪声，保证传动平稳，提高工作精度。

3. 载荷分布的均匀性

齿轮传递载荷时，若齿面上的载荷分布不均匀，将会引起齿面局部应力集中，导致齿面发生磨损、点蚀甚至轮齿折断等现象。载荷分布的均匀性就是要求齿轮啮合时齿面接触良好，使轮齿承载均匀，从而提高齿轮的承载能力和使用寿命。

4. 传动侧隙的合理性

在齿轮传动中，为了储存润滑油，补偿齿轮因受力变形、受热变形、制造和安装误差等产生的尺寸变化，在相啮合轮齿的非工作面间应留有一定的齿侧间隙（简称侧隙），以防止齿轮传动过程中出现卡死或烧伤现象。但该侧隙也不能过大，尤其是对于经常需要正反转的齿轮，如果侧隙过大，会产生空程，引起换向冲击。因此，应合理确定侧隙的大小。

实际工作中，为保证齿轮传动具有较好的工作性能，对上述四个方面均要有一定的要求。但因齿轮的用途和工作条件不同，对其使用要求应有不同的侧重。

❀ **对用于精密机床分度机构和测量仪器读数机构的齿轮**：由于其分度要求准确、载荷不大、转速低，故对齿轮传动的准确性要求较高，且要求侧隙较小。
- **对用于传递动力的齿轮**：如矿山机械、重型机械中的低速齿轮，由于其工作载荷较大，模数和齿宽也较大，转速较低，故对载荷分布的均匀性要求较高，且要求侧隙应足够大。
- **对用于高速传动的齿轮**：如汽轮机、高速发动机、减速器及高速机床变速箱中的齿轮，由于其传递功率大、转速高，且要求工作时的振动、冲击和噪声小，故对齿轮传动的平稳性和载荷分布的均匀性要求较高，且要求侧隙较大。

二、传动准确性的评定指标与检测

传动准确性的评定指标共有五项。其中，属于综合指标的有切向综合总偏差 F_i' 和齿距累积总偏差 F_p，属于单项指标的有径向跳动 F_r、径向综合总偏差 F_i'' 和公法线长度变动 ΔF_w。

1. 切向综合总偏差 F_i'

切向综合总偏差 F_i' 是指被测齿轮与测量齿轮单面啮合检验时，被测齿轮一转内，齿轮分度圆上实际圆周位移与理论圆周位移的最大差值，以分度圆弧长计值。它能综合反映出径向误差和切向误差对齿轮传动准确性的影响，是评定齿轮传动准确性比较理想的综合指标。

切向综合总偏差 F_i' 用单面啮合综合检查仪（简称单啮仪）进行测量。单啮仪的种类很多，有机械式、光栅式、磁分度式等。下面以机械式为例进行介绍。

如图 9-1（a）所示为双圆盘摩擦式单啮仪的测量原理示意图。被测齿轮 1 与作为测量基准的测量齿轮 2，在公称中心距 a 下形成单面啮合齿轮副传动；两个与被测齿轮 1 和测量齿轮 2 分度圆直径相等的精密摩擦盘 4 和 3 之间的纯滚动形成标准传动。

若被测齿轮 1 没有误差，则其传动轴 6 与精密摩擦盘 4 同步，传感器 7 无信号输出；若被测齿轮 1 有误差，则其传动轴 6 与精密摩擦盘 4 不同步，两者产生的相对转角误差由传感器 7 经放大器 8 传至记录器 9，并可绘出一条光滑、连续的齿轮转角误差曲线，如图 9-1（b）所示。该曲线称为切向误差曲线，其最大幅值即为 F_i'。

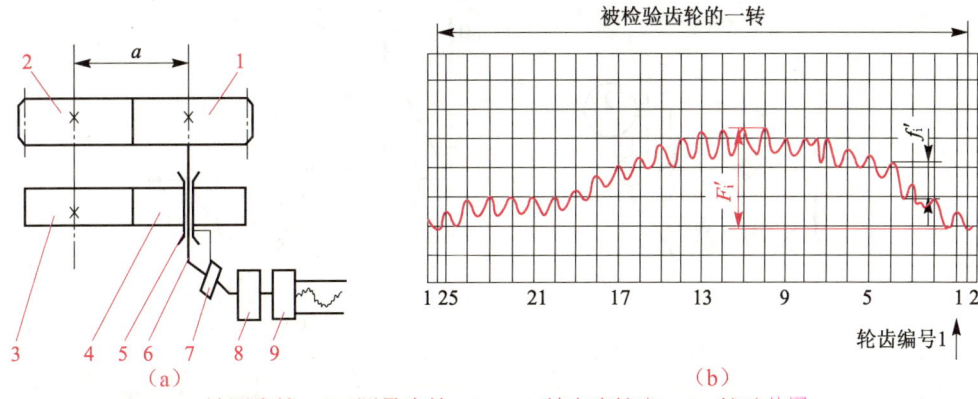

1—被测齿轮；2—测量齿轮；3、4—精密摩擦盘；5—辅助装置；
6—传动轴；7—传感器；8—放大器；9—记录器。

图 9-1 单面啮合综合测量

用单啮仪测量时，测量过程较接近齿轮实际工作状态，因而测量结果能较好地反映出齿轮的使用质量，且测量效率高，便于实现自动化；但单啮仪的制造精度要求较高，价格也较贵。

2. 齿距累积总偏差 F_p

齿距累积总偏差 F_p 是指齿轮同侧齿面任意弧段（$k=1$ 至 $k=z$，z 为齿轮齿数）内的最大齿距累积偏差，它表现为齿距累积偏差曲线的总幅值。其中，齿距累积偏差 F_{pk} 是指任意 k 个齿距的实际弧长与理论弧长的代数差。

齿距累积总偏差 F_p 反映了分度圆上齿距的不均匀性。F_p 越大，齿廓间的相互位置误差就越大，齿轮一转内的最大转角误差也越大，传动的准确性就越差；反之，传动的准确性就越高。

由于齿距累积总偏差 F_p 同样能综合反映出径向误差和切向误差对齿轮传动准确性的影响，因此，它也是评定齿轮传动准确性的综合指标。

为避免齿距累积总偏差 F_p 在整个齿圈上的分布过于集中，必要时可加检 F_{pk}。除非另有规定，F_{pk} 的计值仅限于不超过圆周 1/8 的弧段内，因此，F_{pk} 的允许值适用于齿距数 k 为 2 到 $z/8$ 的弧段内。通常，取 $k \approx z/8$ 就足够了。但如果对于某些特殊应用（如高速齿轮），还需检验较小弧段，并规定相应的 k 值。

F_p 和 F_{pk} 的测量方法有绝对法和相对法两种，应用较为广泛的是相对法。采用相对法测量时，常用的仪器有齿距仪和万能测齿仪。下面以齿距仪为例进行介绍。

如图 9-2（a）所示为用齿距仪进行测量的示意图。测量时，先用定位支脚 1 和 4 在被测齿轮的齿顶圆上定位，调整固定量爪 2 和活动量爪 3，使其在相邻两齿同侧齿廓的分度圆附近与齿面接触。以被测齿轮上任意一个齿距为基准，将仪器的指示表调到零位。然后依次测出其余各实际齿距相对于基准齿距的偏差 Δ，经数据处理，便可得齿距累积总偏差 F_p 和 k 个齿距累积偏差 F_{pk}，如图 9-2（b）所示。

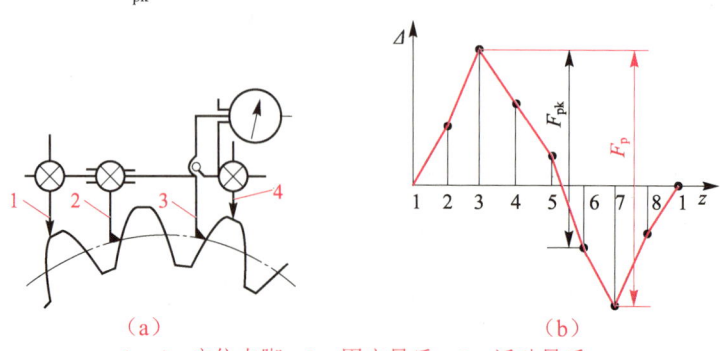

（a） （b）

1、4—定位支脚；2—固定量爪；3—活动量爪。

图 9-2 齿距偏差的测量

由于齿距偏差的测量仅对分度圆上的若干点（每个同侧齿廓与分度圆的交点）进行测

量，测量结果 F_p 从不连续的折线上取得，如图 9-2（b）所示，因此，它只能反映出这些有限点的偏差，用它来评定齿轮传动准确性时，不及切向综合总偏差 F_i' 全面。

3. 径向跳动 F_r

径向跳动 F_r 是指测头相继置于每个齿槽内时，其到齿轮轴线的最大和最小径向距离之差。检验时，测头（球形、圆柱形和砧形）应在近似齿高中部与左右齿面接触。

径向跳动 F_r 仅能反映齿轮的径向误差，属于评定齿轮传动准确性的单项指标。

径向跳动 F_r 可用齿圈径向跳动检查仪或普通偏摆检查仪测量。如图 9-3（a）所示为用齿圈径向跳动检查仪进行测量的示意图。测量时，被测齿轮绕其基准轴线 O' 转动，将测头依次放入每一个齿槽内，对所有齿槽进行测量。与测头连接的指示表的示值变动 Δr 如图 9-3（b）所示，其中的最大值与最小值之差即为被测齿轮的径向跳动 F_r。

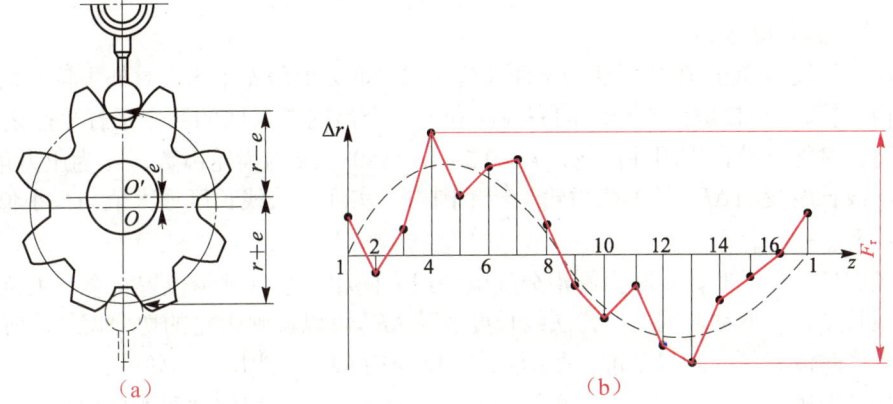

图 9-3 径向跳动的测量

4. 径向综合总偏差 F_i''

径向综合总偏差 F_i'' 是指进行径向综合检验时，被测齿轮的左右齿面同时与测量齿轮接触（双面啮合），在转过一转的过程中出现的中心距最大值与最小值之差（最大变动量）。

由于测量齿轮的轮齿在测量中相当于一个锥形测头，因此，在双面啮合状态下中心距的最大变动量 F_i'' 类似于径向跳动 F_r，主要反映齿轮的径向误差。但由于 F_i'' 是在齿轮连续回转状态下测得的，齿轮的基节误差、齿廓形状误差等以一齿转角为周期的误差也能综合反映在 F_i'' 中，故将双面啮合状态下中心距的最大变动量称为径向综合总偏差。

径向综合总偏差 F_i'' 作为齿轮传动准确性的评定指标，与径向跳动一样，属于径向性质的单项指标。

径向综合总偏差 F_i'' 用齿轮双面啮合仪（简称双啮仪）进行测量，其测量原理如图 9-4（a）所示。被测齿轮 5 安装在固定溜板 6 的心轴上，测量齿轮 3 安装在滑动溜板 4 的心轴上，借助弹簧 2 的作用，使两齿轮做无侧隙双面啮合。在被测齿轮一转内，双啮中心距 a 连续变动，使滑动溜板 4 产生位移，通过指示表 1 测出最大与最小中心距变动的差值，即为径向综合总偏差 F_i''。同时，自动记录装置可记录双啮中心距误差曲线，如图 9-4（b）所示，误差曲线的最大幅值即为 F_i''。

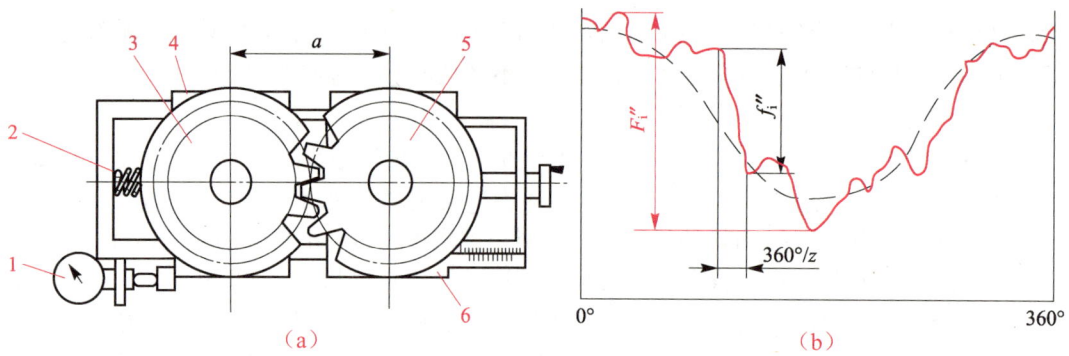

1—指示表；2—弹簧；3—测量齿轮；4—滑动溜板；5—被测齿轮；6—固定溜板。

图 9-4 双面啮合综合测量

5. 公法线长度变动 ΔF_W

公法线长度 W 是指在基圆柱切平面（公法线平面）上跨 k 个齿（对外齿轮）或 k 个齿槽（对内齿轮），在接触到一个齿的右齿面和另一个齿的左齿面的两个平行平面之间所测得的距离。对于标准直齿圆柱齿轮，$k = 0.5 + z\alpha/180°$（z 为齿轮齿数，α 为压力角）。

公法线长度变动 ΔF_W 是指在齿轮一转范围内，实际公法线长度最大值与最小值之差，即 $\Delta F_W = W_{max} - W_{min}$。

齿轮有切向误差时，实际齿廓沿分度圆切线方向相对于其理论位置将会产生位移，使得公法线长度发生变动，因此，公法线长度变动 ΔF_W 可以反映齿轮的切向误差。而因测量公法线长度时没有径向测量基准，故公法线长度变动 ΔF_W 不能反映齿轮的径向误差。因此，在齿轮传动准确性的评定指标中，公法线长度变动 ΔF_W 属于切向性质的单项指标。

测量公法线长度常用公法线千分尺或公法线指示卡规。其中，公法线千分尺的分度值为 0.01 mm，用于一般精度齿轮的公法线长度测量，如图 9-5（a）所示；公法线指示卡规是根据比较法来进行测量的，其分度值为 0.005 mm，用于精度较高齿轮的公法线长度测量，如图 9-5（b）所示。对于精度较低的齿轮，公法线长度也可用分度值为 0.02 mm 的游标卡尺进行测量。

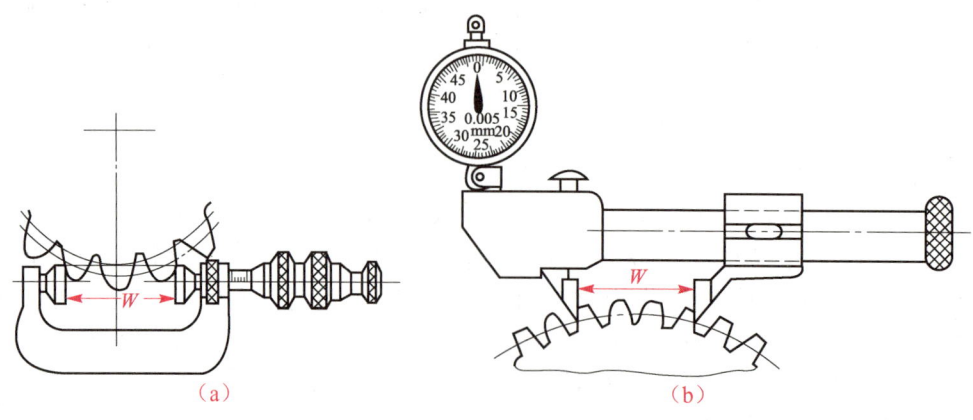

图 9-5 公法线长度测量

在齿轮设计中，不必将上述五项齿轮传动准确性的评定指标全部提出，可根据生产条件和工作要求，采用一项综合指标或两项单项指标的组合。但采用单项指标时，径向指标和切向指标必须各选一项。对于精度较低的齿轮，也可只用一个径向误差的评定指标（切向误差由机床精度保证）。因此，齿轮传动准确性的检验组包括以下五组。

（1）切向综合总偏差 F'_i。

（2）齿距累积总偏差 F_p（必要时加检 F_{pk}）。

（3）径向跳动 F_r 和公法线长度变动 ΔF_W。

（4）径向综合总偏差 F''_i 和公法线长度变动 ΔF_W。

（5）径向跳动 F_r（仅用于 10～12 级精度的齿轮）。

经验传承

由于同一齿轮的径向误差与切向误差有可能相互叠加或补偿，故采用 F_r 和 ΔF_W 或 F''_i 和 ΔF_W 的组合来评定时，若其中有一项超差，不应将该齿轮判废，而应加检齿距累积总偏差 F_p，并按 F_p 来检定和验收齿轮精度。

三、传动平稳性的评定指标与检测

传动平稳性的评定指标共有五项。其中，属于综合指标的有一齿切向综合偏差 f'_i 和一齿径向综合偏差 f''_i，属于单项指标的有基节偏差 f_{pb}、齿廓总偏差 F_α 和单个齿距偏差 f_{pt}。

1. 一齿切向综合偏差 f'_i

一齿切向综合偏差 f'_i 是指进行被测齿轮与测量齿轮单面啮合检验时，在被测齿轮一个齿距内，齿轮分度圆上实际圆周位移与理论圆周位移的最大差值，以分度圆弧长计值。

一齿切向综合偏差 f'_i 能综合反映出基节误差和齿廓形状误差对齿轮传动平稳性的影响，是评定齿轮传动平稳性较理想的综合指标。

用单啮仪测量切向综合总偏差 F'_i 的同时可测得 f'_i。如图 9-1（b）所示，在波长为一个齿距的范围内，小波纹的最大幅值即为 f'_i。

2. 一齿径向综合偏差 f''_i

一齿径向综合偏差 f''_i 是指进行径向综合检验时，被测齿轮与测量齿轮双面啮合，在被测齿轮一个齿距内，双啮中心距的最大值与最小值之差。

一齿径向综合偏差 f''_i 在一定程度上也能综合反映基节误差和齿廓形状误差对齿轮传动平稳性的影响，也是评定齿轮传动平稳性的综合指标。但 f''_i 的测量结果还会受到左、右两齿面误差的影响，因此，用 f''_i 评定传动平稳性不如 f'_i 精确。

用双啮仪测量径向综合总偏差 F''_i 的同时可测得 f''_i。如图 9-4（b）所示，在波长为一个齿距的范围内，小波纹的最大幅值即为 f''_i。

3. 基节偏差 f_{pb}

基节偏差 f_{pb} 又称基圆齿距偏差，是指实际基节与理论基节之差，如图 9-6 所示。其中，实际基节是指基圆柱切平面所截两相邻同侧齿面交线之间的法向距离，理论基节是指基圆周长与齿数之比。

基节偏差 f_{pb} 仅能反映齿轮的基节误差,属于评定齿轮传动平稳性的单项指标。

基节偏差 f_{pb} 常用基节检查仪或万能测齿仪进行测量。如图 9-7 所示为基节检查仪的测量原理图。测量时,先按被测齿轮 1 的理论基节数值,用量块把基节检查仪的活动量爪 2 和固定量爪 5 之间的位置调整好,并使指示表 4 对零;然后将支脚 3 靠在齿轮上,并使两量爪与基圆切线和两相邻同侧齿面的交点相接触。此时,指示表的读数即为实际基节与理论基节之差。

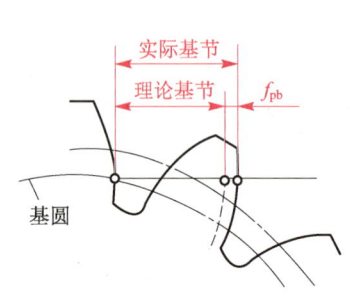

图 9-6 基节偏差

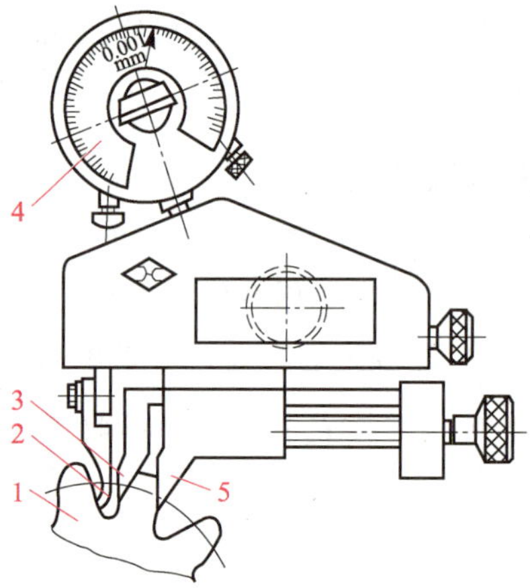

1—被测齿轮;2—活动量爪;3—支脚;
4—指示表;5—固定量爪。

图 9-7 基节检查仪的测量原理图

测量时,一般要求逐齿测量,并且要测量轮齿的两个侧面,以测得的最大实际偏差作为被测齿轮的基节偏差 f_{pb}。

4. 齿廓总偏差 F_α

齿廓总偏差 F_α 是指在计值范围 L_α 内,包容实际齿廓迹线的两条设计齿廓迹线间的距离,如图 9-8 所示。齿廓的计值范围 L_α 是指齿廓从齿顶倒棱或倒圆的起始点 A 到与配对齿轮或基本齿条相啮合的有效齿廓的起始点 E 之间的长度,它约占齿廓有效长度的 92%。

通常,设计齿形为理论渐开线。但在齿轮设计中,对于高速齿轮,为减小基节偏差和弹性变形引起的冲击,可采用修形的渐开线,如图 9-8(b)和图 9-8(c)所示。

齿廓总偏差 F_α 仅能反映齿轮的齿廓形状误差,属于评定齿轮传动平稳性的单项指标。

齿廓总偏差 F_α 通常用渐开线检查仪进行测量。渐开线检查仪有单盘式和万能式两种。如图 9-9 所示为单盘式渐开线检查仪的测量原理图。被测齿轮 3 与一直径等于该齿轮基圆直径的基圆盘 2 同轴安装。基圆盘 2 在弹簧力作用下与直尺 1 紧靠。杠杆 4 安装在直尺 1 上,并随之一起移动;它一端的测头与被测齿面接触,另一端与指示表或记录器相连。

项目九　圆柱齿轮的公差配合与检测

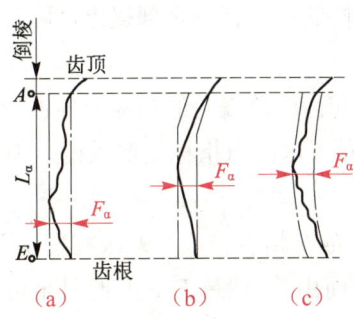

图 9-8　齿廓总偏差

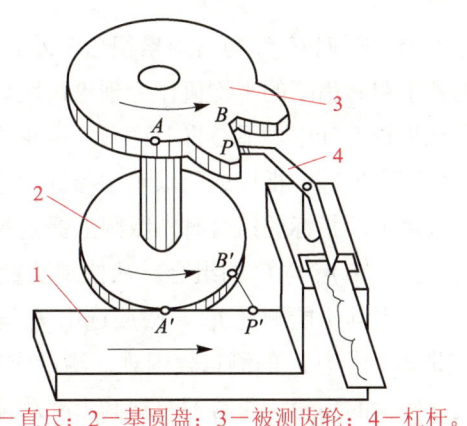

1—直尺；2—基圆盘；3—被测齿轮；4—杠杆。

图 9-9　单盘式渐开线检查仪的测量原理图

直尺 1 做直线运动时，通过摩擦力带动基圆盘 2 旋转，两者做无滑动的纯滚动，则直尺 1 工作面与基圆盘 2 最初接触的切点相对于基圆盘 2 运动的轨迹是一条理论渐开线。

测量时，被测齿轮 3 与基圆盘 2 同步转动。将杠杆 4 的测头与被测齿轮 3 齿面的接触点调整在直尺 1 与基圆盘 2 相切的平面内，则测头端点相对于基圆盘 2 的运动轨迹为一条渐开线，也就是被测齿轮 3 齿面的理论渐开线。

当杠杆 4 测头在一定测量力作用下与被测齿轮 3 齿面接触时，若被测齿形为理论渐开线，则在测量过程中，测头相对于齿面无移动，指示表的指针也不会动，记录器记下的是一条直线（或折线和凸形线），如图 9-8 所示点画线；若实际齿形相对于理论渐开线有偏差，则测头会产生相对运动，指示表的指针发生偏转，记录器记录下的是一条弯曲的曲线，如图 9-8 所示实线。

在计值范围 L_α 内，指示表读数的最大值与最小值之差，或记录器记录的曲线上，包容实际齿形的两条虚线之间的距离，即为齿廓总偏差 F_α。

5. 单个齿距偏差 f_{pt}

单个齿距偏差 f_{pt} 是指在端平面上，接近齿高中部的一个与齿轮同心的圆上，实际齿距与理论齿距的代数差，如图 9-10 所示。

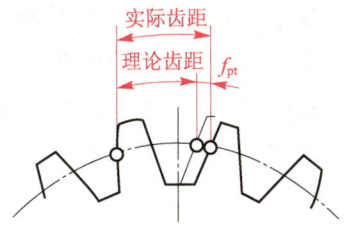

图 9-10　单个齿距偏差

单个齿距偏差 f_{pt} 作为传动平稳性的评定指标，可代替 f_{pt} 或 F_α（9 级精度以下的齿轮）。但由于单个齿距偏差 f_{pt} 不能全面反映出齿轮的基节偏差和齿廓总偏差对齿轮传动平稳性的影响，所以，f_{pt} 只是评定齿轮传动平稳性的单项指标。

单个齿距偏差 f_{pt} 与齿距累积总偏差 F_p 的测量方法相同。采用相对法测量时，用所测得的各个实际齿距的平均值作为理论齿距。

在齿轮设计中，不必将上述五项齿轮传动平稳性的评定指标全部提出，可根据实际情况，采用一项综合指标或两项单项指标的组合。

采用单项指标的组合时，原则上评定基节偏差和齿廓总偏差的指标应各占一项，即可用 f_{pb} 与 F_α 或 f_{pt} 与 F_α 的组合。从控制质量的观点看，这两组指标是等效的。但对于修缘齿轮，由于其不能测量 f_{pb}，故应选用 f_{pt} 与 F_α 组合。

此外，考虑 F_α 的测量较困难，测量成本较高，故对精度较低（9 级精度以下），特别是尺寸较大的齿轮，通常不控制其齿廓总偏差 F_α，而由 f_{pb} 代替 F_α，有时甚至可以只检查 f_{pt} 或 f_{pb}（10～12 级精度）。

因此，齿轮传动平稳性的检验组包括以下六组。

（1）一齿切向综合偏差 f_i'。

（2）一齿径向综合偏差 f_i''。

（3）基节偏差 f_{pb} 和齿廓总偏差 F_α。

（4）单个齿距偏差 f_{pt} 和齿廓总偏差 F_α。

（5）单个齿距偏差 f_{pt} 和基节偏差 f_{pb}（用于 9～12 级精度）。

（6）单个齿距偏差 f_{pt} 或基节偏差 f_{pb}（用于 10～12 级精度）。

四、载荷分布均匀性的评定指标与检测

影响载荷分布均匀性的主要因素是相啮合轮齿齿面接触的均匀性。齿面接触不均匀，载荷分布也就不均匀。

对于单个齿轮，影响齿面均匀接触的误差，沿齿长方向主要是齿向误差；沿齿高方向主要是齿廓形状误差。而齿廓形状误差已由传动平稳性指标限制，故载荷分布均匀性的评定指标只有齿长方向的指标，即螺旋线总偏差 F_β。

螺旋线总偏差 F_β 是指在计值范围 L_β 内，包容实际螺旋线迹线的两条设计螺旋线迹线间的距离，如图 9-11（a）所示。螺旋线的计值范围 L_β 是指在轮齿两端处各减去齿宽的 5% 或一个模数的长度（取两者中的较小值）后的齿线长度。

为了改善齿面接触，提高齿轮承载能力，也可对螺旋线进行修形，如图 9-11（b）和图 9-11（c）所示鼓形齿和两端修薄齿等。

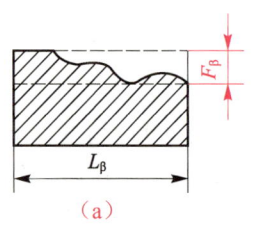
(a)

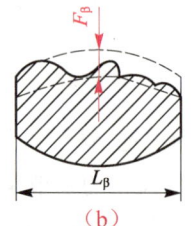
(b)

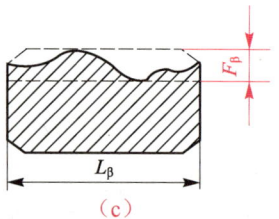
(c)

图 9-11　螺旋线总偏差

螺旋线总偏差 $F_β$ 仅能反映齿轮沿齿长方向载荷分布的均匀性,是评定载荷分布均匀性的单项指标。

螺旋线总偏差 $F_β$ 常用螺旋线偏差测量仪进行测量。如图 9-12 所示为其原理图。被测齿轮 3 安装在量仪主轴顶尖和尾座顶尖之间,纵向滑台 8 上安装有传感器 5,它一端的测头 4 与被测齿轮 3 的齿面在接近齿高中部接触,另一端与记录器 6 相连。

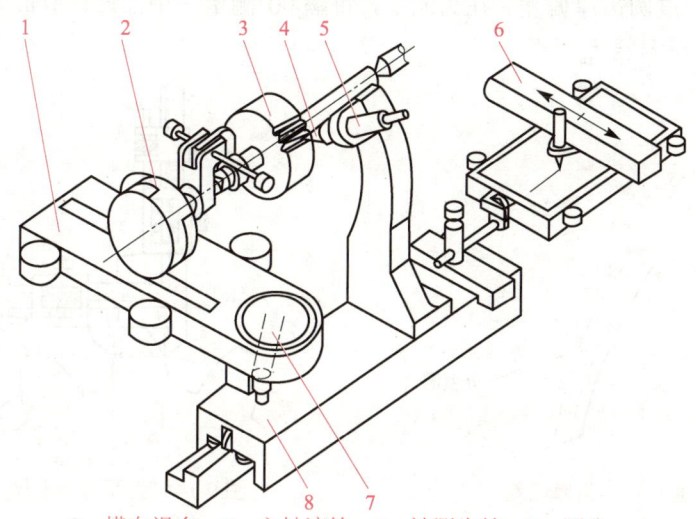

1—横向滑台;2—主轴滚轮;3—被测齿轮;4—测头;
5—传感器;6—记录器;7—带导槽的分度盘;8—纵向滑台。

图 9-12　螺旋线偏差测量仪原理图

当纵向滑台 8 平行于齿轮基准轴线移动时,测头 4 和记录器 6 上的记录纸随之一起轴向移动。同时,它的滑柱在横向滑台 1 上分度盘 7 的导槽中移动,使横向滑台 1 在垂直于齿轮基准轴线的方向移动,相应地使主轴滚轮 2 带动被测齿轮 3 绕其基准轴线回转,以实现被测齿面相对于测头做螺旋线运动。

测量时,若实际被测螺旋线为理论螺旋线,则测量过程中测头 4 的位移为零,记录器 6 记录下的图形为一条直线或凸形线,如图 9-11 所示的虚线;若实际螺旋线相对理论螺旋线有偏差,则测量过程中,测头 4 会产生位移,记录器 6 记录下的图形为一条曲线,如图 9-11 所示的实线。

五、传动侧隙合理性的评定指标与检测

对于齿轮副,为保证齿轮正常啮合,必须具有齿侧间隙。在中心距确定的条件下,常通过减薄齿厚的方法获得齿侧间隙。而齿轮齿厚减薄量可以用齿厚偏差 f_{sn} 或公法线平均长度偏差 ΔE_W 来评定。

1. 齿厚偏差 f_{sn}

齿厚偏差 f_{sn} 是指分度圆柱面上,齿厚的实际值 S_{na} 与公称值 S_n 之差,以分度圆弧长计值,如图 9-13 所示。其中,实际齿厚 S_{na} 是指通过测量确定的齿厚;公称齿厚 S_n 是指在分度圆柱上法向平面的齿厚理论值,具有该齿厚的互啮齿轮在基本中心距下实现无侧隙啮合。

设计时，规定齿厚极限偏差（上极限偏差 E_{sns}、下极限偏差 E_{sni}）作为对齿厚偏差允许变化的界限值，即 $E_{sni} \leqslant f_{sn} \leqslant E_{sns}$。

测量齿厚常用的量具为齿厚游标卡尺。按定义，齿厚应以分度圆弧长计值，但为了方便，一般测量分度圆弦齿厚。如图 9-14 所示，测量时，以齿顶圆为基准，调整纵向游标尺来确定分度圆弦齿顶高 h_c，再用横向游标尺测出齿厚的实际值 S_{nca}，用实际值 S_{nca} 减去公称值 S_{nc}，即为分度圆齿厚偏差。在齿圈上，每隔 90° 测量一个齿厚，取最大的齿厚偏差值作为该齿轮的齿厚偏差 f_{sn}。

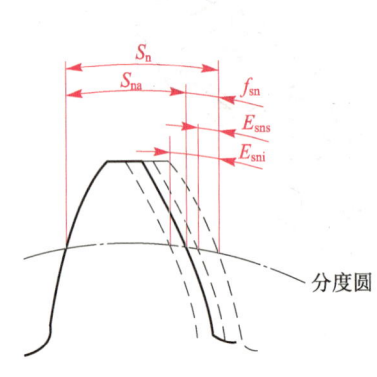

图 9-13　齿厚偏差

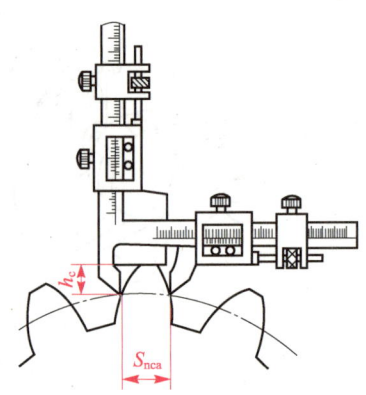

图 9-14　齿厚游标卡尺测量齿厚

对于直齿圆柱齿轮，分度圆的公称弦齿顶高 h_c 和公称弦齿厚 S_{nc} 分别为

$$h_c = m\left[1 + \frac{z}{2}\left(1 - \cos\frac{90°}{z}\right)\right] \tag{9-1}$$

$$S_{nc} = mz\sin\frac{90°}{z} \tag{9-2}$$

式中：

m ——齿轮模数；

z ——齿轮齿数。

由于测量是以齿顶圆为基准进行的，而齿顶圆直径的实际偏差和齿顶圆柱面对基准轴线的径向跳动都会对测量结果产生较大的影响，因此，此方法只适用于测量精度较低，或模数较大的齿轮。

2. 公法线平均长度偏差 ΔE_W

公法线平均长度偏差 ΔE_W 是指在齿轮一转内，公法线实际长度的平均值与公称值之差。

公法线长度公称值的计算公式为

$$W = m_n\cos\alpha_n[(k - 0.5)\pi + z\mathrm{inv}\alpha_t + 2x\tan\alpha_n] \tag{9-3}$$

式中：

m_n ——法向模数（mm）；

α_n ——法向压力角（°）；

k ——跨齿数，对标准直齿圆柱齿轮，$k = 0.5 + z\alpha/180°$；

α_t ——端面压力角（°），$\alpha_t = \arctan(\tan\alpha_n/\cos\beta)$，$\beta$ 为螺旋角；

项目九　圆柱齿轮的公差配合与检测

$inv\alpha_t$ ——渐开线函数，$inv20° = 0.014\,904$；

x ——变位系数，对标准直齿圆柱齿轮，$x = 0$。

公法线平均长度极限偏差（上极限偏差 E_{Wms}、下极限偏差 E_{Wmi}）是对公法线平均长度偏差的限制，即 $E_{Wmi} \leqslant \Delta E_W \leqslant E_{Wms}$。

齿轮齿厚减薄时，公法线长度也相应减小，反之亦然。因此，控制公法线平均长度偏差，实质上就是间接控制齿厚偏差。

公法线平均长度偏差 ΔE_W 的测量与 ΔF_W 的测量一样，可用公法线千分尺、公法线指示卡规或游标卡尺等量具进行。在测量 ΔF_W 的同时可测得 ΔE_W。

由于测量公法线长度并不以齿顶圆为基准，因此，测量结果不受齿顶圆直径的实际偏差和齿顶圆柱面对基准轴线的径向跳动影响，测量精度较高。但为排除切向误差对测量结果的影响，应在齿轮一转内至少测量均布的六段公法线长度，并取其平均值为 ΔE_W。

任务实施

（1）将学生分为若干小组，各小组对圆柱齿轮精度的评定指标进行归类，并说明评定指标的含义、检测仪器及检测方法。

（2）将结果以图片或表格的形式提交给老师。

拓展阅读

王立鼎的齿轮人生

王立鼎长期从事精密机械和微纳机械方面的研究。1990 年，他组织百名科技人员设计研制出中国第一台光盘伺服槽及预制格式刻划机，达到国际先进水平。1992 年，他组建中国第一个微机械工程研究室，是中国微纳米技术的开拓者之一。

2017 年，王立鼎带领团队成功研制出 1 级精度基准标准齿轮，精度指标国际领先。该项技术具有全部自主知识产权，填补了国内外 1 级精度齿轮制造工艺技术与测量方法的空白。

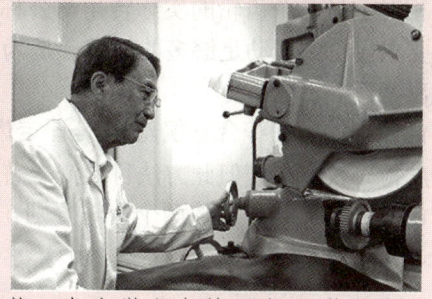

王立鼎主持的科研项目先后获得国家科技进步二等奖 2 项、国家科技进步三等奖 1 项、全国科学大会奖 1 项等多项科技奖；发表学术专著 2 部，学术论文 200 余篇。2019 年，在中国仪器仪表学会 40 周年年会庆典上，他获得"当代我国仪器仪表与测量控制领域杰出科学家"荣誉称号。

从满头青丝到双鬓染霜，80 多岁的王立鼎仍然在超精密齿轮领域奋力前行。"科学研究就像一场硬仗，我愿永远做科研战线上的一名战士。"王立鼎动情地说。

> 回溯往事，王立鼎改写了《钢铁是怎样炼成的》主人公保尔·柯察金的一段话来描述自己的一生："一个人的生命应该这样度过：当他回首往事的时候，不会因虚度年华而悔恨，也不会因碌碌无为而羞愧，我的一生全部献给了我国的科学事业。"
>
> （资料来源：http://www.rmzxb.com.cn/c/2019-11-22/2471525.shtml，有改动）

任务二 齿轮副精度的评定指标

任务引入

前面所讨论的评定指标都是针对单个齿轮提出的，而当两个齿轮啮合时，除控制单个齿轮的精度外，还必须控制齿轮副的精度。那么，齿轮副精度的评定指标有哪些呢？

相关知识

齿轮副精度的评定指标主要有齿轮副的切向综合总偏差 F'_{ic}、齿轮副的一齿切向综合偏差 f'_{ic}、齿轮副的接触斑点、齿轮副的侧隙、齿轮副中心距偏差 f_a，以及齿轮副轴线平行度偏差 $f_{\Sigma\delta}$、$f_{\Sigma\beta}$。

一、齿轮副的切向综合总偏差 F'_{ic}

齿轮副的切向综合总偏差 F'_{ic} 是指安装好的齿轮副，在啮合转动足够多的转数内，一个齿轮相对于另一个齿轮的实际转角与公称转角之差的总幅度值，以分度圆弧长计值。测量时，要求齿轮副转动足够多的转数，是为了使误差在齿轮相对位置变化的全部周期中充分显现出来。

齿轮副的切向综合总偏差 F'_{ic} 是评定齿轮副传动准确性的综合指标。它应在装配后用传动精度检查仪测量，但此方法目前尚未普遍应用，所以，允许在齿轮式单啮仪上装相配的两个齿轮进行测量，或按两个齿轮分别在单啮仪上测得的切向综合总偏差 F'_{i1} 和 F'_{i2} 之和来推定，即 $F'_{ic} = F'_{i1} + F'_{i2}$。

二、齿轮副的一齿切向综合偏差 f'_{ic}

齿轮副的一齿切向综合偏差 f'_{ic} 是指安装好的齿轮副，在啮合转动足够多的转数内，一个齿轮相对于另一个齿轮，在一个齿距内实际转角与公称转角之差的最大幅度值，以分度圆弧长计值。

齿轮副的一齿切向综合偏差 f'_{ic} 是评定齿轮副传动平稳性的综合指标，其测量方法与

F'_{ic} 相同。当用两个齿轮的一齿切向综合偏差来推定时，$f'_{ic} = f'_{i1} + f'_{i2}$。

三、齿轮副的接触斑点

齿轮副的接触斑点是指安装好的齿轮副，在轻微制动下运转后，齿面上分布的接触擦亮痕迹。接触斑点用接触痕迹占齿宽 b 和有效齿面高度 h 的百分比表示，如图 9-15 所示。

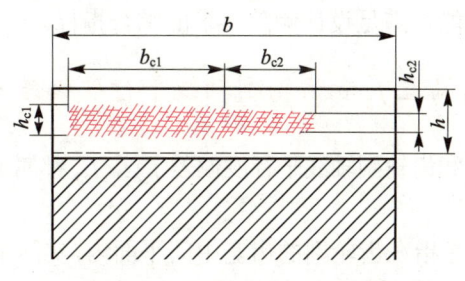

图 9-15　接触斑点分布示意图

齿轮副的接触斑点是评定齿轮副载荷分布均匀性的综合指标。它综合反映了齿轮加工误差和安装误差对载荷分布的影响，比检验单个齿轮载荷分布均匀性的指标更为理想，测量过程也较简单、方便。

若齿轮副的接触斑点不小于规定的百分比，则齿轮副的载荷分布均匀性满足要求。此时，齿轮副中单个齿轮载荷分布均匀性的评定指标可不检验。

四、齿轮副的侧隙

对齿轮副精度有影响的齿轮副侧隙包括圆周侧隙 j_{wt} 和法向侧隙 j_{bn}。

1. 圆周侧隙 j_{wt}

圆周侧隙 j_{wt} 是指当固定两相啮合齿轮中的一个时，另一个齿轮所能转过的节圆弧长的最大值，如图 9-16（a）所示。它可用指示表测量。

2. 法向侧隙 j_{bn}

法向侧隙 j_{bn} 是指当两个齿轮的工作齿面互相接触时，其非工作齿面之间的最短距离，如图 9-16（b）所示。它可用塞尺进行测量。

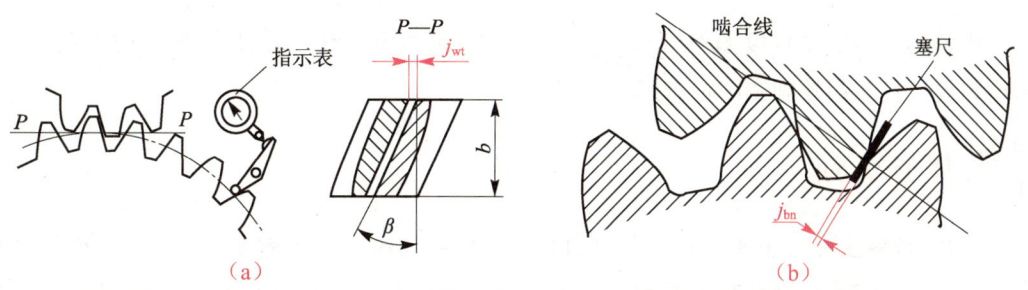

图 9-16　圆周侧隙和法向侧隙的测量

圆周侧隙 j_{wt} 和法向侧隙 j_{bn} 之间的关系为

$$j_{bn} = j_{wt} \cos\alpha_{wt} \cos\beta_b \tag{9-4}$$

式中：

α_{wt}——端面齿形角；

β_b——基圆螺旋角。

侧隙（j_{bn} 和 j_{wt}）的大小主要取决于齿轮副的安装中心距和单个齿轮影响的侧隙大小的加工误差，是直接体现能否满足设计侧隙要求的综合指标。

五、齿轮副中心距偏差 f_a 和齿轮副轴线平行度偏差 $f_{\Sigma\delta}$、$f_{\Sigma\beta}$

齿轮副中心距偏差 f_a 和齿轮副轴线平行度偏差 $f_{\Sigma\delta}$、$f_{\Sigma\beta}$ 都属于齿轮副的安装精度项目。

1. 齿轮副中心距偏差 f_a

齿轮副中心距偏差 f_a 是指在齿轮副的齿宽中间平面内，实际中心距与公称中心距之差。其大小直接影响装配后侧隙的大小。

2. 齿轮副轴线平行度偏差 $f_{\Sigma\delta}$、$f_{\Sigma\beta}$

由于轴线平行度偏差的影响与其向量的方向有关，因此，对轴线平面内的偏差 $f_{\Sigma\delta}$ 和垂直平面上的偏差 $f_{\Sigma\beta}$ 分别作了规定，具体如下。

（1）轴线平面内的偏差 $f_{\Sigma\delta}$ 是指一对齿轮的轴线在两轴线公共平面上投影的平行度误差，如图 9-17 所示。

（2）垂直平面上的偏差 $f_{\Sigma\beta}$ 是指一对齿轮的轴线在两轴线公共平面的垂直平面上投影的平行度误差，如图 9-17 所示。

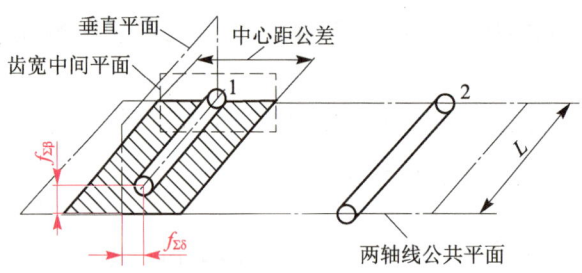

图 9-17 齿轮副中心距偏差和轴线的平行度偏差

齿轮副轴线的平行度偏差 $f_{\Sigma\delta}$、$f_{\Sigma\beta}$ 主要影响螺旋线啮合偏差，即影响齿轮副载荷分布的均匀性，且对齿轮副侧隙也有影响。

任务实施

（1）将学生分为若干小组，各小组对齿轮副精度的评定指标进行归类，并说明评定指标的含义、检测仪器及检测方法。

（2）将结果以图片或表格的形式提交给老师。

项目九　圆柱齿轮的公差配合与检测

拓展阅读

齿轮"转动"中国高铁

中国高铁从无到有，再到今天的"世界速度"，俨然成为中国制造的一张"国家名片"，它正以超乎想象的速度呼啸而来，改变着中国，同时也震撼着世界。在中国高端装备崛起的背后，有一支项目团队通过自主技术创新，突破核心关键部件落后的掣肘，为高铁跑出"世界速度"保驾护航。

齿轮传动系统是高铁能量转换与传递的核心部件，其工作性能的好坏直接影响高铁列车运行的可靠性和安全性，也是高铁跑出"世界速度"的关键所在。多年以前，高铁列车用齿轮传动系统完全被德国和日本企业垄断，并且其箱体开裂、寿命不够等质量问题频发，严重制约了我国高铁的发展。此外，相较国外的高铁，我国高铁因南北温差大、跨度广、速度快、长时间运行等复杂多变工况，对齿轮传动系统的温度控制、振动、可靠性等的要求更为苛刻。

为解决这一国际性难题，在国家、部委科技计划支持下，中车戚墅堰机车车辆工艺研究所有限公司（简称中车戚墅堰所）充分发挥在齿轮传动方面的技术优势，与大连理工大学、北京工业大学密切合作，另辟蹊径，用创新的机械结构和多学科综合优化方法，围绕温升、振动、集成设计及可靠性等方面开展技术攻关。该公司重点开发了CRH2、CRH380A等型号高铁列车用齿轮传动系统，并实现批量应用，产品覆盖了时速160～350 km的全部车型和全部高铁线路，建立了国内重要的高铁列车用高可靠齿轮传动系统研发和产业化平台。2018年1月，由该公司完成的"高铁列车用高可靠齿轮传动系统"项目成功获得了国家科技进步奖二等奖。

创新是一个民族的灵魂，是一个国家兴旺发达的不竭动力，更是科技进步的源泉。只有自主创新，才能拥有自己的自主品牌，打破国外垄断，走向世界。正是由于中车戚墅堰所在创新道路上的永不止步，才使中国高铁的"世界第一速度"真正成为可能。

（资料来源：http://www.stdaily.com/index/quyu/2018-01/08/content_618887.shtml，有改动）

任务三　圆柱齿轮精度标准

任务引入

通过前两个任务的学习，我们知道了齿轮精度和齿轮副精度的评定指标，但在实际应用中应如何选择精度等级和检验项目呢？一个合格的齿轮配合还需要考虑哪些参数？

251

相关知识

有关圆柱齿轮精度的国家标准及标准化指导性技术文件主要有 GB/T 10095.1—2008、GB/Z 18620.3—2008。此外，行业标准（如 JB/ZQ 4074—2006 等）还对圆柱齿轮精度作了补充规定。

一、精度等级及其选择、标注

GB/T 10095.1—2008 规定了单个渐开线圆柱齿轮轮齿同侧齿面的精度制，GB/T 10095.2—2008 规定了单个渐开线圆柱齿轮径向综合偏差与径向跳动的精度制。这两个标准均适用于单个齿轮的各要素，不包括相互啮合的齿轮副的精度。

1. 精度等级

GB/T 10095.1—2008 规定了齿轮的 13 个精度等级，用 0、1、2、……、12 表示，其中，0 级精度最高，12 级精度最低，其模数范围为 0.5～70 mm，分度圆直径范围为 5～10 000 mm，齿宽范围为 4～1 000 mm。

GB/T 10095.2—2008 中对径向综合偏差 F_i''、f_i'' 只规定了 4、5、……、12 共 9 个精度等级，其中，4 级精度最高，12 级精度最低，其模数范围为 0.2～10 mm，分度圆直径范围为 5～1 000 mm；对径向跳动的精度等级规定与 GB/T 10095.1—2008 相同。

如表 9-1 至表 9-9 所示为齿轮参数项目 f_{pt}、F_p、F_α、F_β、f_i'/K、F_i''、f_i''、F_r、f_{pb} 在部分精度等级中的最大允许值。

表 9-1 单个齿距偏差 $\pm f_{pt}$（摘自 GB/T 10095.1—2008）　　　　　　单位：μm

分度圆直径 d/mm	模数 m/mm	精度等级				
		5	6	7	8	9
50 < d ≤ 125	0.5 ≤ m ≤ 2	5.5	7.5	11.0	15.0	21.0
	2 < m ≤ 3.5	6.0	8.5	12.0	17.0	23.0
	3.5 < m ≤ 6	6.5	9.0	13.0	18.0	26.0
	6 < m ≤ 10	7.5	10.0	15.0	21.0	30.0
125 < d ≤ 280	0.5 ≤ m ≤ 2	6.0	8.5	12.0	17.0	24.0
	2 < m ≤ 3.5	6.5	9.0	13.0	18.0	26.0
	3.5 < m ≤ 6	7.0	10.0	14.0	20.0	28.0
	6 < m ≤ 10	8.0	11.0	16.0	23.0	32.0
280 < d ≤ 560	0.5 ≤ m ≤ 2	6.5	9.5	13.0	19.0	27.0
	2 < m ≤ 3.5	7.0	10.0	14.0	20.0	29.0
	3.5 < m ≤ 6	8.0	11.0	16.0	22.0	31.0
	6 < m ≤ 10	8.5	12.0	17.0	25.0	35.0

表 9-2 齿距累积总偏差 F_p（摘自 GB/T 10095.1—2008） 单位：μm

分度圆直径 d/mm	模数 m/mm	精度等级				
		5	6	7	8	9
$50 < d \leqslant 125$	$0.5 \leqslant m \leqslant 2$	18.0	26.0	37.0	52.0	74.0
	$2 < m \leqslant 3.5$	19.0	27.0	38.0	53.0	76.0
	$3.5 < m \leqslant 6$	19.0	28.0	39.0	55.0	78.0
	$6 < m \leqslant 10$	20.0	29.0	41.0	58.0	82.0
$125 < d \leqslant 280$	$0.5 \leqslant m \leqslant 2$	24.0	35.0	49.0	69.0	98.0
	$2 < m \leqslant 3.5$	25.0	35.0	50.0	70.0	100.0
$280 < d \leqslant 560$	$0.5 \leqslant m \leqslant 2$	32.0	46.0	64.0	91.0	129.0
	$2 < m \leqslant 3.5$	33.0	46.0	65.0	92.0	131.0
	$3.5 < m \leqslant 6$	33.0	47.0	66.0	94.0	133.0
	$6 < m \leqslant 10$	34.0	48.0	68.0	97.0	137.0

表 9-3 齿廓总偏差 F_α（摘自 GB/T 10095.1—2008） 单位：μm

分度圆直径 d/mm	模数 m/mm	精度等级				
		5	6	7	8	9
$50 < d \leqslant 125$	$0.5 \leqslant m \leqslant 2$	6.0	8.5	12.0	17.0	23.0
	$2 < m \leqslant 3.5$	8.0	11.0	16.0	22.0	31.0
	$3.5 < m \leqslant 6$	9.5	13.0	19.0	27.0	38.0
	$6 < m \leqslant 10$	12.0	16.0	23.0	33.0	46.0
$125 < d \leqslant 280$	$0.5 \leqslant m \leqslant 2$	7.0	10.0	14.0	20.0	28.0
	$2 < m \leqslant 3.5$	9.0	13.0	18.0	25.0	36.0
	$3.5 < m \leqslant 6$	11.0	15.0	21.0	30.0	42.0
	$6 < m \leqslant 10$	13.0	18.0	25.0	36.0	50.0
$280 < d \leqslant 560$	$0.5 \leqslant m \leqslant 2$	8.5	12.0	17.0	23.0	33.0
	$2 < m \leqslant 3.5$	10.0	15.0	21.0	29.0	41.0
	$3.5 < m \leqslant 6$	12.0	17.0	24.0	34.0	48.0
	$6 < m \leqslant 10$	14.0	20.0	28.0	40.0	56.0

表 9-4 螺旋线总偏差 F_β（摘自 GB/T 10095.1—2008） 单位：μm

分度圆直径 d/mm	模数 m/mm	精度等级				
		5	6	7	8	9
$50 < d \leqslant 125$	$10 < b \leqslant 20$	7.5	11.0	15.0	21.0	30.0
	$20 < b \leqslant 40$	8.5	12.0	17.0	24.0	34.0
	$40 < b \leqslant 80$	10.0	14.0	20.0	28.0	39.0
	$80 < b \leqslant 160$	12.0	17.0	24.0	33.0	47.0

表 9-4（续）

分度圆直径 d/mm	模数 m/mm	精度等级				
		5	6	7	8	9
$125 < d \leqslant 280$	$10 < b \leqslant 20$	8.0	11.0	16.0	22.0	32.0
	$20 < b \leqslant 40$	9.0	13.0	18.0	25.0	36.0
	$40 < b \leqslant 80$	10.0	15.0	21.0	29.0	41.0
	$80 < b \leqslant 160$	12.0	17.0	25.0	35.0	49.0
$280 < d \leqslant 560$	$10 < b \leqslant 20$	8.5	12.0	17.0	24.0	34.0
	$20 < b \leqslant 40$	9.5	13.0	19.0	27.0	38.0
	$40 < b \leqslant 80$	11.0	15.0	22.0	31.0	44.0
	$80 < b \leqslant 160$	13.0	18.0	26.0	36.0	52.0

表 9-5　f_i'/K 的比值（摘自 GB/T 10095.1—2008）　　　　　　　　　　　　　　　单位：μm

分度圆直径 d/mm	模数 m/mm	精度等级				
		5	6	7	8	9
$50 < d \leqslant 125$	$0.5 \leqslant m \leqslant 2$	16.0	22.0	31.0	44.0	62.0
	$2 < m \leqslant 3.5$	18.0	25.0	36.0	51.0	72.0
	$3.5 < m \leqslant 6$	20.0	29.0	40.0	57.0	81.0
	$6 < m \leqslant 10$	23.0	33.0	47.0	66.0	93.0
$125 < d \leqslant 280$	$0.5 \leqslant m \leqslant 2$	17.0	24.0	34.0	49.0	69.0
	$2 < m \leqslant 3.5$	20.0	28.0	39.0	56.0	79.0
	$3.5 < m \leqslant 6$	22.0	31.0	44.0	62.0	88.0
	$6 < m \leqslant 10$	25.0	35.0	50.0	70.0	100.0
$280 < d \leqslant 560$	$0.5 \leqslant m \leqslant 2$	19.0	27.0	39.0	54.0	77.0
	$2 < m \leqslant 3.5$	22.0	31.0	44.0	62.0	87.0
	$3.5 < m \leqslant 6$	24.0	34.0	48.0	68.0	96.0
	$6 < m \leqslant 10$	27.0	38.0	54.0	76.0	108.0

表 9-6　径向综合总偏差 F_i''（摘自 GB/T 10095.2—2008）　　　　　　　　　　　　单位：μm

分度圆直径 d/mm	法向模数 m_n/mm	精度等级				
		5	6	7	8	9
$50 < d \leqslant 125$	$1.5 < m_n \leqslant 2.5$	22	31	43	61	86
	$2.5 < m_n \leqslant 4.0$	25	36	51	72	102
	$4.0 < m_n \leqslant 6.0$	31	44	62	88	124
	$6.0 < m_n \leqslant 10$	40	57	80	114	161
$125 < d \leqslant 280$	$1.5 < m_n \leqslant 2.5$	26	37	53	75	106
	$2.5 < m_n \leqslant 4.0$	30	43	61	86	121
	$4.0 < m_n \leqslant 6.0$	36	51	72	102	144
	$6.0 < m_n \leqslant 10$	45	64	90	127	180

表 9-6（续）

分度圆直径 d/mm	法向模数 m_n/mm	精度等级				
		5	6	7	8	9
280 < d ≤ 560	1.5 < m_n ≤ 2.5	33	46	65	92	131
	2.5 < m_n ≤ 4.0	37	52	73	104	146
	4.0 < m_n ≤ 6.0	42	60	84	119	169
	6.0 < m_n ≤ 10	51	73	103	145	205

表 9-7　一齿径向综合偏差 f_i''（摘自 GB/T 10095.2—2008）　　　　单位：μm

分度圆直径 d/mm	法向模数 m_n/mm	精度等级				
		5	6	7	8	9
50 < d ≤ 125	1.5 < m_n ≤ 2.5	6.5	9.5	13	19	26
	2.5 < m_n ≤ 4.0	10	14	20	29	41
	4.0 < m_n ≤ 6.0	15	22	31	44	62
	6.0 < m_n ≤ 10	24	34	48	67	95
125 < d ≤ 280	1.5 < m_n ≤ 2.5	6.5	9.5	13	19	27
	2.5 < m_n ≤ 4.0	10	15	21	29	41
	4.0 < m_n ≤ 6.0	15	22	31	44	62
	6.0 < m_n ≤ 10	24	34	48	67	95
280 < d ≤ 560	1.5 < m_n ≤ 2.5	6.5	9.5	13	19	27
	2.5 < m_n ≤ 4.0	10	15	21	29	41
	4.0 < m_n ≤ 6.0	15	22	31	44	62
	6.0 < m_n ≤ 10	24	34	48	68	96

表 9-8　径向跳动 F_r（摘自 GB/T 10095.2—2008）　　　　单位：μm

分度圆直径 d/mm	法向模数 m_n/mm	精度等级				
		5	6	7	8	9
50 < d ≤ 125	0.5 ≤ m_n ≤ 2.0	15	21	29	42	59
	2.0 < m_n ≤ 3.5	15	21	30	43	61
	3.5 < m_n ≤ 6.0	16	22	31	44	62
	6.0 < m_n ≤ 10	16	23	33	46	65
125 < d ≤ 280	0.5 ≤ m_n ≤ 2.0	20	28	39	55	78
	2.0 < m_n ≤ 3.5	20	28	40	56	80

表 9-8（续）

分度圆直径 d/mm	法向模数 m_n/mm	精度等级				
		5	6	7	8	9
$125 < d \leqslant 280$	$3.5 < m_n \leqslant 6.0$	20	29	41	58	82
	$6.0 < m_n \leqslant 10$	21	30	42	60	85
$280 < d \leqslant 560$	$0.5 \leqslant m_n \leqslant 2.0$	26	36	51	73	103
	$2.0 < m_n \leqslant 3.5$	26	37	52	74	105
	$3.5 < m_n \leqslant 6.0$	27	38	53	75	106
	$6.0 < m_n \leqslant 10$	27	39	55	77	109

表 9-9　基节偏差 $\pm f_{pb}$（摘自 JB/ZQ 4074—2006）　　　　　　　　　单位：μm

分度圆直径 d/mm	法向模数 m_n/mm	精度等级				
		5	6	7	8	9
$d \leqslant 125$	$1 \leqslant m_n \leqslant 3.5$	5	9	13	18	25
	$3.5 < m_n \leqslant 6.3$	7	11	16	22	32
	$6.3 < m_n \leqslant 10$	8	13	18	25	36
$125 < d \leqslant 400$	$1 \leqslant m_n \leqslant 3.5$	6	10	14	20	30
	$3.5 < m_n \leqslant 6.3$	8	13	18	25	36
	$6.3 < m_n \leqslant 10$	9	14	20	30	40
$400 < d \leqslant 800$	$1 \leqslant m_n \leqslant 3.5$	7	11	16	22	32
	$3.5 < m_n \leqslant 6.3$	8	13	18	25	36
	$6.3 < m_n \leqslant 10$	10	16	22	32	45

一齿切向综合偏差 f_i' 可查表 9-5 后计算得出。其中，K 值为：当总重合度 $\varepsilon_r < 4$ 时，$K = 0.2(\varepsilon_r + 4)/\varepsilon_r$；当 $\varepsilon_r \geqslant 4$ 时，$K = 0.4$。

切向综合总偏差 F_i' 为 $F_i' = F_p + f_i'$。

齿轮副轴线平行度偏差 $f_{\Sigma\delta}$、$f_{\Sigma\beta}$ 的推荐最大值为

$$f_{\Sigma\beta} = 0.5(L/b)F_\beta \tag{9-5}$$

$$f_{\Sigma\delta} = 2f_{\Sigma\beta} \tag{9-6}$$

如表 9-10 和表 9-11 所示为齿轮装配后（空载）检测时，齿轮精度等级和接触斑点分布的一般关系。

表 9-10　斜齿轮装配后的接触斑点（摘自 GB/Z 18620.4—2008）

精度等级 （按 GB/T 10095）	b_{c1} 占 b 的百分比	h_{c1} 占 h 的百分比	b_{c2} 占 b 的百分比	h_{c2} 占 h 的百分比
4 级及更高	50%	50%	40%	30%
5 级和 6 级	45%	40%	35%	20%
7 级和 8 级	35%	40%	35%	20%
9～12 级	25%	40%	25%	20%

表 9-11　直齿轮装配后的接触斑点（摘自 GB/Z 18620.4—2008）

精度等级 （按 GB/T 10095）	b_{c1} 占 b 的百分比	h_{c1} 占 h 的百分比	b_{c2} 占 b 的百分比	h_{c2} 占 h 的百分比
4 级及更高	50%	70%	40%	50%
5 级和 6 级	45%	50%	35%	30%
7 级和 8 级	35%	50%	35%	30%
9～12 级	25%	50%	25%	30%

经验传承

不能利用这两个表格，通过接触斑点的检查结果，去反推齿轮的精度等级。

2．精度等级的选择

选择齿轮精度等级的主要依据是齿轮传动的用途、工作条件和使用要求。要综合考虑齿轮的圆周速度、传递的功率、传动精度、振动和噪声、工作持续时间、生产成本和使用寿命等因素，在满足使用要求的前提下，尽量选择较低的精度等级。

精度等级的选择方法主要有计算法和类比法两种。其中，计算法是根据传动链误差的传递规律或强度及振动等理论来确定精度等级的，它主要用于精密齿轮传动系统中；类比法是根据生产实践中总结出来的同类产品的经验资料，经过对比来选择精度等级的。实际生产中，一般采用类比法。

表 9-12 所示为各种机械采用的齿轮精度等级范围。

表 9-12　各种机械采用的齿轮精度等级范围

齿轮的应用	精度等级	齿轮的应用	精度等级
单啮仪、双啮仪等测量齿轮	2～5	载重汽车	6～9
蜗轮减速器	3～5	通用减速器	6～8
金属切削机床	3～8	轧钢机	5～10
航空发动机	4～7	矿用绞车	6～10
内燃机车、电气机车	5～8	起重机	6～9
轻型汽车	5～8	拖拉机	6～10

3．齿轮精度等级在图样上的标注

（1）齿轮各检验项目的精度等级相同时，可标注精度等级和标准号。例如，各检验项目同为 6 级的齿轮标注为

$$6 \text{GB/T } 10095.1 - 2008$$

（2）齿轮各检验项目的精度等级不同时，需要标注各检验项目及其精度等级、标准号。例如，齿距累积总偏差 F_p 为 6 级、齿廓总偏差 F_α 为 7 级、螺旋线总偏差 F_β 为 7 级时，标注为

$$6（F_p）7（F_\alpha、F_\beta）\text{GB/T } 10095.1 - 2008$$

二、检验项目的选择

齿轮精度的评定指标很多，在检查和验收齿轮精度时，不必对所有的评定指标都进行检验。推荐的齿轮检验组如表 9-13 所示。

表 9-13 推荐的齿轮检验组

组别	检验项目
1	f_{pt}、F_p、F_α、F_β、F_r
2	F_{pk}、f_{pt}、F_p、F_α、F_β、F_r
3	F_i''、f_i''
4	F_p、F_r（10～12 级）
5	F_i'、f_i'（协议有要求时）

三、齿轮副侧隙、齿厚偏差及公法线平均长度偏差的确定

设计过程中，在选择齿轮精度评定指标的同时，还必须选择合适的齿轮副侧隙及计算齿厚偏差或公法线平均长度偏差。

1．齿轮副侧隙

齿轮副的侧隙由齿轮的工作条件决定，与齿轮的精度等级无关。在工作中有较大温升的齿轮，为保证正常润滑，避免发热卡死，要求有较大的法向侧隙；对需要正反转或有读数机构的齿轮，为避免空程影响，要求有较小的法向侧隙。

1）最小法向侧隙

正常润滑时所需的最小法向侧隙量 j_{bn1} 取决于润滑方式和齿轮的圆周速度，其值可参考表 9-14 所示选取。

表 9-14 j_{bn1} 的推荐值　　　　　　　　　　　　　　　　　　　　单位：mm

润滑方式	圆周速度/m·s^{-1}			
	≤10	>10～25	>25～60	>60
喷油润滑	$0.01m_n$	$0.02m_n$	$0.03m_n$	$(0.03～0.05)m_n$
油池润滑	$(0.005～0.01)m_n$			

注：m_n 为法向模数（mm）。

当温度变化时，为补偿温升引起变形所需的最小法向侧隙量 j_{bn2}（mm）为

$$j_{bn2} = a(\alpha_1 \Delta t_1 - \alpha_2 \Delta t_2) 2\sin\alpha_n \qquad (9-7)$$

式中：

a ——齿轮副中心距（mm）；

α_1、α_2 ——分别为齿轮和箱体材料的线膨胀系数（K^{-1}）；

Δt_1、Δt_2 ——分别为齿轮和箱体的工作温度与标准温度之差（K）；

α_n ——法向压力角（°）。

综上所述，齿轮副的最小法向侧隙 j_{bnmin} 应为

$$j_{bnmin} = j_{bn1} + j_{bn2} \qquad (9-8)$$

2）最大法向侧隙

一对齿轮副的最大法向侧隙 j_{bnmax} 是齿厚公差、中心距变动和轮齿几何形状变异的影响之和。理论上的最大法向侧隙 j_{bnmax} 发生于两个理想齿轮按最小齿厚的规定制成，且在最松的中心距条件下啮合时。其中，最松的中心距，对外齿轮是指最大的中心距，对内齿轮是指最小的中心距。

当最小法向侧隙和齿轮的制造、安装精度确定后，最大法向侧隙自然形成，一般不必再计算。

2．齿厚偏差

齿厚偏差包括齿厚上偏差 E_{sns} 和齿厚下偏差 E_{sni}。

齿厚上偏差 E_{sns} 不仅要保证齿轮副传动所需的最小侧隙，同时还要补偿由加工、安装误差所引起的侧隙减小量，其计算公式为

$$E_{sns} = -f_a \tan\alpha_n - (j_{bnmin} + J_n)/2\cos\alpha_n \qquad (9-9)$$

$$J_n = [f_{pb1}^2 + f_{pb2}^2 + 2(F_\beta\cos\alpha_n)^2 + (f_{\Sigma\delta}\sin\alpha_n)^2 + (f_{\Sigma\beta}\cos\alpha_n)^2]^{1/2} \qquad (9-10)$$

式中：

f_a ——中心距偏差（mm）；

J_n ——齿轮和齿轮副的加工和安装误差对侧隙减小的补偿量（mm）；

f_{pb} ——基节偏差（mm）；

F_β ——螺旋线总偏差（mm）；

$f_{\Sigma\delta}$、$f_{\Sigma\beta}$ ——轴线平面内的偏差和垂直平面上的偏差（mm）。

齿厚下偏差 E_{sni} 的计算公式为

$$E_{sni} = E_{sns} - T_{sn} \qquad (9-11)$$

$$T_{sn} = 2\tan\alpha_n \sqrt{F_r^2 + b_r^2} \qquad (9-12)$$

式中：

T_{sn} ——齿厚公差（mm）；

F_r ——径向跳动（mm）；

b_r ——切齿径向进刀公差（mm），其值如表 9-15 所示。

表9-15 切齿径向进刀公差 b_r

切齿工艺	磨齿		滚、插齿		铣齿	
F_p、F_r 的精度等级	4	5	6	7	8	9
b_r	1.26IT7	IT8	1.26IT8	IT9	1.26IT9	IT10

3．公法线平均长度偏差

公法线平均长度偏差 E_{Wm} 是反映齿厚减薄量的另一种形式。由于测量公法线长度比测量齿厚更加方便、准确，而且还能在评定侧隙的同时，通过测量公法线长度的变动来评定传动的准确性。因此，在设计时，通常将齿厚的上、下偏差分别换算成公法线平均长度的上、下偏差（E_{Wms}、E_{Wmi}），其换算关系为

对外齿轮

$$E_{Wms} = E_{sns}\cos\alpha_n - 0.72F_r\sin\alpha_n \quad (9\text{-}13)$$

$$E_{Wmi} = E_{sni}\cos\alpha_n + 0.72F_r\sin\alpha_n \quad (9\text{-}14)$$

对内齿轮

$$E_{Wms} = -E_{sni}\cos\alpha_n - 0.72F_r\sin\alpha_n \quad (9\text{-}15)$$

$$E_{Wmi} = -E_{sns}\cos\alpha_n + 0.72F_r\sin\alpha_n \quad (9\text{-}16)$$

四、齿轮坯和箱体精度

齿轮坯的尺寸偏差和齿轮箱体的尺寸偏差对于齿轮副的接触条件和运行状况有着极大的影响。由于加工高精度的齿轮坯和箱体，比加工高精度的齿轮要经济得多，因此，应首先根据拥有的制造设备和条件，使齿轮坯和箱体的制造公差保持在可能的最小值，这样可使齿轮有较松的公差，从而获得更为经济的整体设计。

1．齿轮坯精度

有关齿轮轮齿参数的数值，只有在明确其基准轴线时才有意义。若在测量时齿轮基准轴线改变，则这些参数值也将改变。因此，在齿轮图样上必须把规定齿轮公差的基准轴线明确表示出来。

1）基准轴线与工作轴线之间的关系

基准轴线是指制造者（检测者）用来确定单个轮齿几何形状的轴线，它由基准面中心确定。工作轴线是指齿轮在工作时绕其旋转的轴线，它由工作安装面中心确定。为满足齿轮的性能和精度要求，应尽量使齿轮基准轴线与工作轴线重合，即将安装面作为基准面。

2）确定基准轴线的方法

一个零件的基准轴线是用基准面来确定的，它可用三种基本方法来实现，如表9-16所示。

表 9-16　确定基准轴线的方法（摘自 GB/Z 18620.3—2008）

序号	说明	图示
1	用两个"短的"圆柱或圆锥形基准面上设定的两个圆的圆心来确定基准轴线上的两点	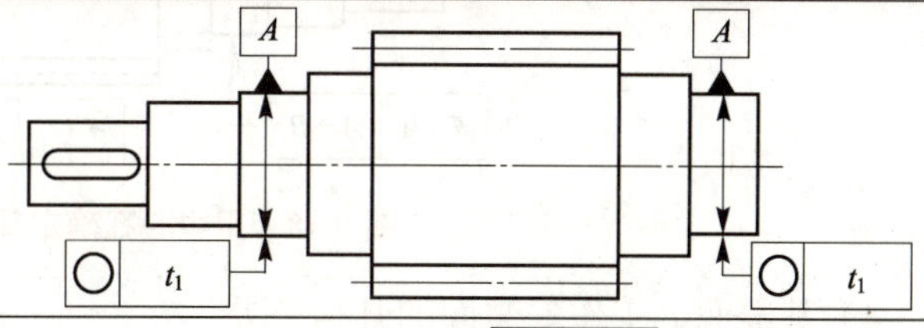
2	用一个"长的"圆柱或圆锥形的面来同时确定轴线的位置和方向。孔的轴线可用与之相匹配且正确装配的工作心轴的轴线来代表	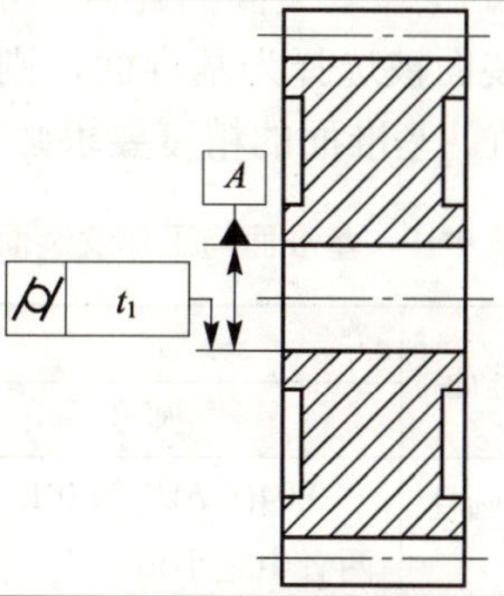
3	轴线的位置用一个"短的"圆柱形基准面上的一个圆的圆心来确定，而其方向则用垂直于此轴线的一个基准端面来确定	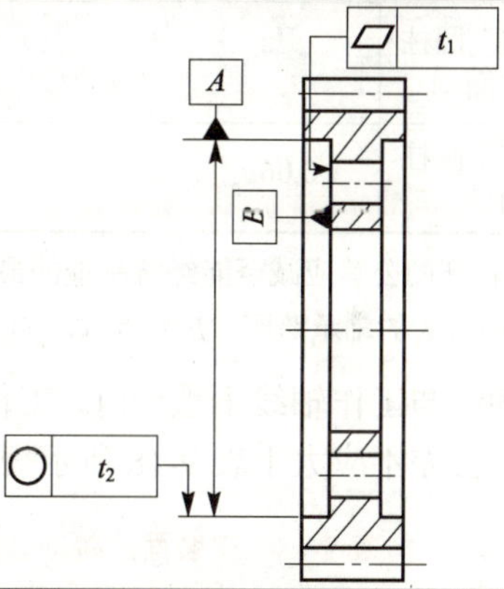

经验传承

如果采用第 1 种或第 3 种方法，其圆柱或圆锥形基准面必须是轴向很短的，以保证它们自己不会单独确定另一条轴线。在第 3 种方法中，基准端面的直径越大越好。

3）中心孔的应用

在制造和检测时，对和轴做成一体的小齿轮，最常用的也是最满意的工艺基准是轴两端的中心孔，通过中心孔将轴安装在顶尖上。这样，两个中心孔就确定了它的基准轴线，齿轮公差及工作安装面的公差均须相对于此轴线来规定（见图 9-18），且工作安装面相对于中心孔的跳动公差必须规定很小的公差值。

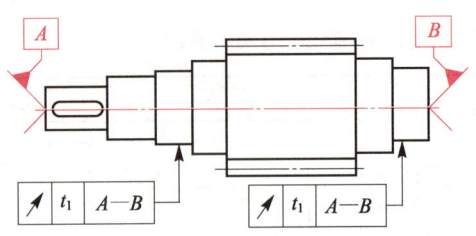

图 9-18 用中心孔确定基准轴线

4）基准面、工作安装面的几何公差

若工作安装面被选择为基准面，则基准面和工作安装面的形状公差不应大于表 9-17 所示规定的数值。基准面的精度要求必须在零件图上规定。

表 9-17 基准面与工作安装面的形状公差（摘自 GB/Z 18620.3—2008）

确定轴线的基准面	公差项目		
	圆度	圆柱度	平面度
两个"短的"圆柱或圆锥形基准面	$0.04(L/b)F_\beta$ 或 $0.1F_p$，取两者中之小值		
一个"长的"圆柱或圆锥形基准面		$0.04(L/b)F_\beta$ 或 $0.1F_p$，取两者中之小值	
一个"短的"圆柱面和一个端面	$0.06F_p$		$0.06(D_d/b)F_\beta$

注：① 齿轮坯的公差应减至能经济制造的最小值。
　　② L 为较大的轴承跨距，b 为齿宽，D_d 为基准面直径。

当基准轴线与工作轴线不重合时，工作安装面相对于基准轴线的跳动必须在图样上予以表示。跳动公差不应大于表 9-18 所示规定的数值。

表 9-18 安装面的跳动公差（摘自 GB/Z 18620.3—2008）

确定轴线的基准面	跳动量（总的指示幅度）	
	径向	轴向
仅指圆柱或圆锥形基准面	$0.15(L/b)F_\beta$ 或 $0.3F_p$，取两者中之大值	
一个圆柱基准面和一个端面基准	$0.3F_p$	$0.2(D_d/b)F_\beta$

5）齿顶圆柱面

设计者应适当选择齿顶圆直径的公差，以保证最小的设计重合度，同时又具有足够的顶隙。如果把齿顶圆柱面作为基准面，表 9-18 所示数值可用作尺寸公差，而其形状公差不应大于表 9-17 所示数值。

2. 箱体公差

箱体公差包括齿轮箱体支承轴线间的孔心距极限偏差 f_a' 和平行度偏差 $f_{\Sigma\delta}'$、$f_{\Sigma\beta}'$。实际生产中，通常以箱体支承孔的轴线代替齿轮副的轴线，以测量箱体孔轴线的孔心距和平行度来评定齿轮副的安装精度。但除箱体外，还有其他零件（如轴承等）会影响齿轮副中心距的大小和齿轮副轴线的平行度误差。因此，箱体孔心距极限偏差 f_a' 和平行度偏差 $f_{\Sigma\delta}'$、$f_{\Sigma\beta}'$ 应分别比齿轮副中心距极限偏差 f_a 和轴线平行度偏差 $f_{\Sigma\delta}$、$f_{\Sigma\beta}$ 要小，通常取其 80%，即

$$f_a' = 80\% f_a \qquad (9\text{-}17)$$

$$f_{\Sigma\delta}' = 80\% f_{\Sigma\delta} \qquad (9\text{-}18)$$

$$f_{\Sigma\beta}' = 80\% f_{\Sigma\beta} \qquad (9\text{-}19)$$

齿轮副中心距极限偏差 f_a 如表 9-19 所示。

表 9-19 齿轮副中心距极限偏差 $\pm f_a$

F_α、f_{pt} 精度等级	0~1	2~3	4~5	6~7	8~9	10~12
f_a	0.5IT4	0.5IT6	0.5IT7	0.5IT8	0.5IT9	0.5IT11

五、齿面粗糙度

齿面粗糙度 Ra 的推荐值如表 9-20 所示。

表 9-20 齿面粗糙度 Ra 的推荐值（摘自 GB/QZ 4074—2006） 单位：μm

齿轮精度等级	4		5		6		7		8		9	
齿面	硬	软	硬	软	硬	软	硬	软	硬	软	硬	软
Ra	≤0.4	≤0.8	≤1.6	≤0.8	≤1.6	≤3.2	≤6.3	≤3.2	≤6.3			

任务实施

（1）将学生分为若干小组，各小组根据以下条件确定小齿轮的精度等级、检验组、最小法向侧隙、齿厚极限偏差、公法线平均长度极限偏差及齿面粗糙度。

> 某直齿圆柱齿轮减速器，其传递的功率为 5 kW，高速轴转速 $n = 700$ r/min，模数 $m = 3$ mm，压力角 $\alpha = 20°$。小齿轮为轴齿轮，齿数 $z_1 = 20$，齿宽 $b = 60$ mm，大齿轮齿数 $z_2 = 79$。齿轮材料为 45 钢，线膨胀系数 $\alpha_1 = 11.5 \times 10^{-6}$ K^{-1}，其硬度为 48 HRC；箱体材料为铸铁，线膨胀系数 $\alpha_2 = 10.5 \times 10^{-6}$ K^{-1}；在工作时，齿轮的温度 $t_1 = 45℃$，箱体的温度 $t_2 = 30℃$。箱体上的轴承跨距 $L = 105$ mm。该减速器为小批量生产，喷油润滑。

码上学——参考答案

（2）将结果做成大字报，老师随机选取小组代表上台阐述分析过程。

拓展阅读

国家的需要，就是我科研的方向

齿轮是机械传动的关键核心零部件，被广泛应用于汽车、工程机械等装备的传动系统中。滚齿工艺是高精度齿轮齿部成形的主要工艺，不过由于滚切用量大、效率低，其加工过程需大量使用切削油，因此会造成严重的车间环境污染并对工人身体健康造成危害。同时，我国滚齿工艺的自动化程度低，难以满足汽车、工程机械等行业对齿轮绿色、高效的生产要求。

"国家的需要，就是我科研的方向。"从 2010 年起，重庆大学教授曹华军开始带领团队展开攻关，并最终研发出了齿轮高速干式滚切工艺。应用该技术，在切削加工过程中，可不使用切削液，没有污染且能提高加工效率。与传统湿切方式相比，应用此技术后，滚刀的使用寿命可延长 2～5 倍，节约加工成本 20%～30%。此技术打破了国外垄断，使我国齿轮制造向高端迈进。

此外，曹华军团队还与重庆机床（集团）有限责任公司合作研制出了复合高速干切机床，填补了国内空白，打破了国内高端干切机床依赖进口的局面。目前，该系列机床装备在国内的市场占有率超过 50%，可完全替代进口。

同时，通过集成应用研发，曹华军团队还成功研制出轿车齿轮自动加工生产线，实现了轿车齿轮大批量稳定绿色加工，填补了国内在相关领域的空白。该项成果获得 2019 年度中国机械工业科学技术奖一等奖。

（资料来源：https://ishare.ifeng.com/c/s/7sFgscyuUbW，有改动）

思考与练习

一、填空题

1. 对齿轮传动的使用要求主要包括_____、_____、_____和_____等四个方面。

2. 传动准确性的评定指标共有五项。其中，属于综合指标的有_____和_____，属于单项指标的有_____、_____和_____。

3. 接触斑点用接触痕迹占_____和_____的百分比表示。

4. 齿轮副的侧隙分为_____、_____和_____。其中，_____和_____可用于评定齿轮副的齿间侧隙。

5. GB/T 10095.1—2008 规定了齿轮的_____个精度等级，用_____表示，其中，____级精度最高，____级精度最低。GB/T 10095.2—2008 中对_____只规定了_____共 9 个精度等级；对_____的精度等级规定与 GB/T 10095.1—2008 相同。

6. 齿轮副的侧隙由齿轮的_____决定，与齿轮的_____无关。在工作中有较大温升的齿轮，为保证正常润滑，避免发热卡死，要求有____的法向侧隙；对需要正反转或有读数机构的齿轮，为避免空程影响，则要求有____的法向侧隙。

7. 箱体公差包括齿轮箱体支承轴线间的_____和_____。

二、选择题

1. 影响齿轮传动平稳性的评定指标有（　　）。
   A. 单个齿距偏差 f_{pt}
   B. 一齿切向综合偏差 f_i'
   C. 螺旋线总偏差 F_β
   D. 齿距累积总偏差 F_p

2. 影响齿轮载荷分布均匀性的评定指标有（　　）。
   A. 单个齿距偏差 f_{pt}
   B. 一齿切向综合偏差 f_i'
   C. 螺旋线总偏差 F_β
   D. 齿距累积总偏差 F_p

3. 影响齿轮传动侧隙合理性的评定指标有（　　）。
   A. 公法线平均长度偏差 ΔE_W
   B. 一齿径向综合偏差 f_i''
   C. 公法线长度变动 ΔF_W
   D. 径向跳动 F_r

4. 下列属于齿轮副的安装精度项目的有（　　）。
   A. 齿轮副中心距偏差 f_a
   B. 垂直平面上的偏差 $f_{\Sigma\beta}$
   C. 轴线平面内的偏差 $f_{\Sigma\delta}$
   D. 径向跳动 F_r

5. 当确定轴线的基准面为一个"短的"圆柱面和一个端面时，应规定的基准面与安装面的形状公差为（　　）。
   A. 圆度
   B. 垂直度
   C. 圆柱度
   D. 平面度

三、判断题

1. 影响传动准确性的误差是以齿轮一转为周期的径向误差和切向误差。（　　）
2. 径向综合总偏差 F_i'' 是评定齿轮传动准确性的综合指标。（　　）
3. 公法线平均长度偏差 ΔE_W 是指在齿轮一转范围内，实际公法线长度最大值与最小值之差。（　　）
4. 在制造和检测时，对和轴做成一体的小齿轮，最常用的也是最满意的工艺基准是轴两端的中心孔，通过中心孔将轴安装在顶尖上。（　　）

四、问答题

1. 齿距累积总偏差 F_p 和齿距累积偏差 F_{pk} 是如何定义的?当作为 F_p 传动准确性的评定指标时,为什么必要时需加验 F_{pk},其 k 值如何确定?

2. 齿轮传动平稳性的检验组有哪几组?

3. 齿轮副精度的评定指标主要有哪些?

4. 什么是齿轮的基准轴线和工作轴线?体现齿轮基准轴线的基本方法有哪几种?

5. 某齿轮箱中一对直齿圆柱齿轮副,模数 $m=4$ mm,小轴齿轮齿数 $z_1=30$,齿宽 $b=40$ mm,大齿轮齿数 $z_2=96$,压力角 $\alpha=20°$。两齿轮材料为 45 钢,软齿面,线膨胀系数 $\alpha_1=11.5\times10^{-6}$ K^{-1};箱体材料为 HT200,线膨胀系数 $\alpha_2=10.5\times10^{-6}$ K^{-1},齿轮和箱体的工作温度分别为:$t_1=60℃$、$t_2=30℃$。采用喷油润滑,传递最大功率 7.5 kW,转速 $n=1500$ r/min,小批量生产,试对小齿轮进行精度设计。

附 表

附表 1 轴的基本偏差数值

公称尺寸/mm		上极限偏差 es										基本偏			
		所有标准公差等级										IT5和IT6	IT7	IT8	IT4~IT7
大于	至	a	b	c	cd	d	e	ef	f	fg	g	h	js	j		
—	3	−270	−140	−60	−34	−20	−14	−10	−6	−4	−2	0		−2	−4	−6	0
3	6	−270	−140	−70	−46	−30	−20	−14	−10	−6	−4	0		−2	−4		+1
6	10	−280	−150	−80	−56	−40	−25	−18	−13	−8	−5	0		−2	−5		+1
10	14	−290	−150	−95		−50	−32		−16		−6	0		−3	−6		+1
14	18	−290	−150	−95		−50	−32		−16		−6	0		−3	−6		+1
18	24	−300	−160	−110		−65	−40		−20		−7	0		−4	−8		+2
24	30	−300	−160	−110		−65	−40		−20		−7	0		−4	−8		+2
30	40	−310	−170	−120		−80	−50		−25		−9	0		−5	−10		+2
40	50	−320	−180	−130		−80	−50		−25		−9	0		−5	−10		+2
50	65	−340	−190	−140		−100	−60		−30		−10	0		−7	−12		+2
65	80	−360	−200	−150		−100	−60		−30		−10	0		−7	−12		+2
80	100	−380	−220	−170		−120	−72		−36		−12	0		−9	−15		+3
100	120	−410	−240	−180		−120	−72		−36		−12	0		−9	−15		+3
120	140	−460	−260	−200		−145	−85		−43		−14	0		−11	−18		+3
140	160	−520	−280	−210		−145	−85		−43		−14	0		−11	−18		+3
160	180	−580	−310	−230		−145	−85		−43		−14	0		−11	−18		+3
180	200	−660	−340	−240		−170	−100		−50		−15	0		−13	−21		+4
200	225	−740	−380	−260		−170	−100		−50		−15	0		−13	−21		+4
225	250	−820	−420	−280		−170	−100		−50		−15	0		−13	−21		+4
250	280	−920	−480	−300		−190	−110		−56		−17	0		−16	−26		+4
280	315	−1050	−540	−330		−190	−110		−56		−17	0		−16	−26		+4
315	355	−1200	−600	−360		−210	−125		−62		−18	0		−18	−28		+4
355	400	−1350	−680	−400		−210	−125		−62		−18	0		−18	−28		+4
400	450	−1500	−760	−440		−230	−135		−68		−20	0		−20	−32		+5
450	500	−1650	−840	−480		−230	−135		−68		−20	0		−20	−32		+5
500	560					−260	−145		−76		−22	0	偏差=±ITn/2, 式中ITn是IT数值				0
560	630					−260	−145		−76		−22	0					0
630	710					−290	−160		−80		−24	0					0
710	800					−290	−160		−80		−24	0					0
800	900					−320	−170		−86		−26	0					0
900	1 000					−320	−170		−86		−26	0					0
1 000	1 120					−350	−195		−98		−28	0					0
1 120	1 250					−350	−195		−98		−28	0					0
1 250	1 400					−390	−220		−110		−30	0					0
1 400	1 600					−390	−220		−110		−30	0					0
1 600	1 800					−430	−240		−120		−32	0					0
1 800	2 000					−430	−240		−120		−32	0					0
2 000	2 240					−480	−260		−130		−34	0					0
2 240	2 500					−480	−260		−130		−34	0					0
2 500	2 800					−520	−290		−145		−38	0					0
2 800	3 150					−520	−290		−145		−38	0					0

注：① 公称尺寸小于或等于 1 mm 时，基本偏差 a 和 b 均不采用。

② 公差带 js7~js11，若 ITn 数值为奇数，则取偏差 = $\pm \dfrac{ITn-1}{2}$。

（摘自 GB/T 1800.1—2009） 单位：μm

差数值														
					下极限偏差 ei									
≤IT3 >IT7				所有标准公差等级										
k	m	n	p	r	s	t	u	v	x	y	z	za	zb	zc
0	+2	+4	+6	+10	+14		+18		+20		+26	+32	+40	+60
0	+4	+8	+12	+15	+19		+23		+28		+35	+42	+50	+80
0	+6	+10	+15	+19	+23		+28		+34		+42	+52	+67	+97
0	+7	+12	+18	+23	+28		+33		+40		+50	+64	+90	+130
							+39		+45		+60	+77	+108	+150
0	+8	+15	+22	+28	+35		+41	+47	+54	+63	+73	+98	+136	+188
						+41	+48	+55	+64	+75	+88	+118	+160	+218
0	+9	+17	+26	+34	+43	+48	+60	+68	+80	+94	+112	+148	+200	+274
						+54	+70	+81	+97	+114	+136	+180	+242	+325
0	+11	+20	+32	+41	+53	+66	+87	+102	+122	+144	+172	+226	+300	+405
				+43	+59	+75	+102	+120	+146	+174	+210	+274	+360	+480
0	+13	+23	+37	+51	+71	+91	+124	+146	+178	+214	+258	+335	+445	+585
				+54	+79	+104	+144	+172	+210	+254	+310	+400	+525	+690
0	+15	+27	+43	+63	+92	+122	+170	+202	+248	+300	+365	+470	+620	+800
				+65	+100	+134	+190	+228	+280	+340	+415	+535	+700	+900
				+68	+108	+146	+210	+252	+310	+380	+465	+600	+780	+1 000
0	+17	+31	+50	+77	+122	+166	+236	+284	+350	+425	+520	+670	+880	+1 150
				+80	+130	+180	+258	+310	+385	+470	+575	+740	+960	+1 250
				+84	+140	+196	+284	+340	+425	+520	+640	+820	+1 050	+1 350
0	+20	+34	+56	+94	+158	+218	+315	+385	+475	+580	+710	+920	+1 200	+1 550
				+98	+170	+240	+350	+425	+525	+650	+790	+1 000	+1 300	+1 700
0	+21	+37	+62	+108	+190	+268	+390	+475	+590	+730	+900	+1 150	+1 500	+1 900
				+114	+208	+294	+435	+530	+660	+820	+1 000	+1 300	+1 650	+2 100
0	+23	+40	+68	+126	+232	+330	+490	+595	+740	+920	+1 100	+1 450	+1 850	+2 400
				+132	+252	+360	+540	+660	+820	+1 000	+1 250	+1 600	+2 100	+2 600
0	+26	+44	+78	+150	+280	+400	+600							
				+155	+310	+450	+660							
0	+30	+50	+88	+175	+340	+500	+740							
				+185	+380	+560	+840							
0	+34	+56	+100	+210	+430	+620	+940							
				+220	+470	+680	+1 050							
0	+40	+66	+120	+250	+520	+780	+1 150							
				+260	+580	+840	+1 300							
0	+48	+78	+140	+300	+640	+960	+1 450							
				+330	+720	+1 050	+1 600							
0	+58	+92	+170	+370	+820	+1 200	+1 850							
				+400	+920	+1 350	+2 000							
0	+68	+110	+195	+440	+1 000	+1 500	+2 300							
				+460	+1 100	+1 650	+2 500							
0	+76	+135	+240	+550	+1 250	+1 900	+2 900							
				+580	+1 400	+2 100	+3 200							

附表 2　孔的基本偏差数值

公称尺寸/mm		下极限偏差 EI										基本偏差							
		所有标准公差等级										IT6	IT7	IT8	≤IT8	>IT8	≤IT8	>IT8	≤IT8	>IT8
大于	至	A	B	C	CD	D	E	EF	F	FG	G	H	JS	J			K		M		N
—	3	+270	+140	+60	+34	+20	+14	+10	+6	+4	+2	0		+2	+4	+6	0	0	−2	−2	−4	−4
3	6	+270	+140	+70	+46	+30	+20	+14	+10	+6	+4	0		+5	+6	+10	−1+Δ		−4+Δ	−4	−8+Δ	0
6	10	+280	+150	+80	+56	+40	+25	+18	+13	+8	+5	0		+5	+8	+12	−1+Δ		−6+Δ	−6	−10+Δ	0
10	14	+290	+150	+95		+50	+32		+16		+6	0		+6	+10	+15	−1+Δ		−7+Δ	−7	−12+Δ	0
14	18																					
18	24	+300	+160	+110		+65	+40		+20		+7	0		+8	+12	+20	−2+Δ		−8+Δ	−8	−15+Δ	0
24	30																					
30	40	+310	+170	+120		+80	+50		+25		+9	0		+10	+14	+24	−2+Δ		−9+Δ	−9	−17+Δ	0
40	50	+320	+180	+130																		
50	65	+340	+190	+140		+100	+60		+30		+10	0		+13	+18	+28	−2+Δ		−11+Δ	−11	−20+Δ	0
65	80	+360	+200	+150																		
80	100	+380	+220	+170		+120	+72		+36		+12	0		+16	+22	+34	−3+Δ		−13+Δ	−13	−23+Δ	0
100	120	+410	+240	+180																		
120	140	+460	+260	+200		+145	+85		+43		+14	0		+18	+26	+41	−3+Δ		−15+Δ	−15	−27+Δ	0
140	160	+520	+280	+210																		
160	180	+580	+310	+230																		
180	200	+660	+340	+240		+170	+100		+50		+15	0		+22	+30	+47	−4+Δ		−17+Δ	−17	−31+Δ	0
200	225	+740	+380	+260																		
225	250	+820	+420	+280																		
250	280	+920	+480	+300		+190	+110		+56		+17	0		+25	+36	+55	−4+Δ		−20+Δ	−20	−34+Δ	0
280	315	+1 050	+540	+330																		
315	355	+1 200	+600	+360		+210	+125		+62		+18	0		+29	+39	+60	−4+Δ		−21+Δ	−21	−37+Δ	0
355	400	+1 350	+680	+400																		
400	450	+1 500	+760	+440		+230	+135		+68		+20	0		+33	+43	+66	−5+Δ		−23+Δ	−23	−40+Δ	0
450	500	+1 650	+840	+480																		
500	560					+260	+145		+76		+22	0					0		−26		−44	
560	630																					
630	710					+290	+160		+80		+24	0					0		−30		−50	
710	800																					
800	900					+320	+170		+86		+26	0					0		−34		−56	
900	1 000																					
1 000	1 120					+350	+195		+98		+28	0					0		−40		−66	
1 120	1 250																					
1 250	1 400					+390	+220		+110		+30	0					0		−48		−78	
1 400	1 600																					
1 600	1 800					+430	+240		+120		+32	0					0		−58		−92	
1 800	2 000																					
2 000	2 240					+480	+260		+130		+34	0					0		−68		−110	
2 240	2 500																					
2 500	2 800					+520	+290		+145		+38	0					0		−76		−135	
2 800	3 150																					

JS 列：偏差 = $\pm\dfrac{ITn}{2}$，式中 ITn 是 IT 数值

注：① 公称尺寸小于或等于 1 mm 时，基本偏差 A 和 B 及大于 IT8 的 N 均不采用。

② 公差带 JS7～JS11，若 ITn 数值为奇数，则取偏差 $=\pm\dfrac{ITn-1}{2}$。

附　表

（摘自 GB/T 1800.1—2009）　　　　　　　　　　　　　　　　　　　　　　　　　　单位：μm

差数值												Δ 值					
	上极限偏差 ES																
≤IT7	标准公差等级大于 IT7											标准公差等级					
P 至 ZC	P	R	S	T	U	V	X	Y	Z	ZA	ZB	ZC	IT3	IT4	IT5	IT6	IT7	IT8
−6	−10	−14		−18		−20		−26	−32	−40	−60	0	0	0	0	0	0
−12	−15	−19		−23		−28		−35	−42	−50	−80	1	1.5	1	3	4	6
−15	−19	−23		−28		−34		−42	−52	−67	−97	1	1.5	2	3	6	7
−18	−23	−28		−33		−40		−50	−64	−90	−130	1	2	3	3	7	9
						−39	−45		−60	−77	−108	−150						
−22	−28	−35		−41	−41	−47	−54	−63	−73	−98	−136	−188	1.5	2	3	4	8	12
					−48	−55	−64	−75	−88	−118	−160	−218						
−26	−34	−43		−48	−60	−68	−80	−94	−112	−148	−200	−274	1.5	3	4	5	9	14
				−54	−70	−81	−97	−114	−136	−180	−242	−325						
−32		−41	−53	−66	−87	−102	−122	−144	−172	−226	−300	−405	2	3	5	6	11	16
		−43	−59	−75	−102	−120	−146	−174	−210	−274	−360	−480						
−37		−51	−71	−91	−124	−146	−178	−214	−258	−335	−445	−585	2	4	5	7	13	19
		−54	−79	−104	−144	−172	−210	−254	−310	−400	−525	−690						
−43		−63	−92	−122	−170	−202	−248	−300	−365	−470	−620	−800	3	4	6	7	15	23
		−65	−100	−134	−190	−228	−280	−340	−415	−535	−700	−900						
		−68	−108	−146	−210	−252	−310	−380	−465	−600	−780	−1 000						
−50		−77	−122	−166	−236	−284	−350	−425	−520	−670	−880	−1 150	3	4	6	9	17	26
		−80	−130	−180	−258	−310	−385	−470	−575	−740	−960	−1 250						
		−84	−140	−196	−284	−340	−425	−520	−640	−820	−1 050	−1 350						
−56		−94	−158	−218	−315	−385	−475	−580	−710	−920	−1 200	−1 550	4	4	7	9	20	29
		−98	−170	−240	−350	−425	−525	−650	−790	−1 000	−1 300	−1 700						
−62		−108	−190	−268	−390	−475	−590	−730	−900	−1 150	−1 500	−1 900	4	5	7	11	21	32
		−114	−208	−294	−435	−530	−660	−820	−1 000	−1 300	−1 650	−2 100						
−68		−126	−232	−330	−490	−595	−740	−920	−1 100	−1 450	−1 850	−2 400	5	5	7	13	23	34
		−132	−252	−360	−540	−660	−820	−1 000	−1 250	−1 600	−2 100	−2 600						
−78		−150	−280	−400	−600													
		−155	−310	−450	−660													
−88		−175	−340	−500	−740													
		−185	−380	−560	−840													
−100		−210	−430	−620	−940													
		−220	−470	−680	−1 050													
−120		−250	−520	−780	−1 150													
		−260	−580	−840	−1 300													
−140		−300	−640	−960	−1 450													
		−330	−720	−1 050	−1 600													
−170		−370	−820	−1 200	−1 850													
		−400	−920	−1 350	−2 000													
−195		−440	−1 000	−1 500	−2 300													
		−460	−1 100	−1 650	−2 500													
−240		−550	−1 250	−1 900	−2 900													
		−580	−1 400	−2 100	−3 200													

（在大于 IT7 的相应数值上增加一个 Δ 值）

③ 对小于或等于 IT8 的 K、M、N 和小于或等于 IT7 的 P～ZC，所需 Δ 从表内右侧选取。

例如，18～30 mm 段的 K7：Δ = 8 μm，所以 ES = −2 + 8 = +6 (μm)；

18～30 mm 段的 S6：Δ = 6 μm，所以 ES = −35 + 4 = −31 (μm)。

④ 特殊情况：250～315 mm 段的 M6，ES = −9 μm（代替 −11 μm）。

参考文献

[1] 张林. 极限配合与测量技术：附微课视频 [M]. 3版. 北京：人民邮电出版社，2018.

[2] 张荣. 极限配合与测量技术 [M]. 北京：清华大学出版社，2017.

[3] 马恒，孙素荣. 公差配合与测量技术 [M]. 北京：机械工业出版社，2016.

[4] 徐茂功. 公差配合与技术测量 [M]. 4版. 北京：机械工业出版社，2012.

[5] 黄云清. 公差配合与测量技术 [M]. 3版. 北京：机械工业出版社，2012.